# 建筑材料检测

杨晓东 编著

中国建材工业出版社

**图书在版编目（CIP）数据**

建筑材料检测/杨晓东编著．--北京：中国建材
工业出版社，2018.3（2023.2重印）
ISBN 978-7-5160-2155-2

Ⅰ.①建… Ⅱ.①杨… Ⅲ.①建筑材料—检测—教材
Ⅳ.①TU502

中国版本图书馆 CIP 数据核字（2018）第 030256 号

## 内 容 简 介

本书主要内容包括：常用建筑材料的理论知识、现行建筑材料技术标准；材料
常规检测的主要仪器、检测环境、检测步骤、检测数据处理方法以及钢材、焊缝、
混凝土、烧结普通砖的无损检测；建筑材料检测取样、原始记录和报告的编写。本
书根据现行最新国家标准和执业标准编写，书中内容与工程联系十分紧密，具有很
强的实用性和操作性。

本书可作为土建行业从事材料检测及相关专业的人员继续教育培训教材，也可
作为本科、高职土建类相关专业教材。

**建筑材料检测**

杨晓东　编著

出版发行：**中国建材工业出版社**
地　　址：北京市海淀区三里河路 11 号
邮　　编：100831
经　　销：全国各地新华书店
印　　刷：北京雁林吉兆印刷有限公司
开　　本：787mm×1092mm　1/16
印　　张：17.5
字　　数：430 千字
版　　次：2018 年 3 月第 1 版
印　　次：2023 年 2 月第 3 次
定　　价：**45.00 元**

本社网址：www.jccbs.com　　微信公众号：zgjcgycbs
**本书如出现印装质量问题，由我社市场营销部负责调换。联系电话：(010)57811387**

# 本书荐语（一）

随着社会的进步和发展，人们对健康、环保和安全的重视程度不断加强，而检测正是通过对相应领域中的各种产品或环境要素进行技术验证，检验其是否满足相关法律、法规的要求，是否符合健康、环保和安全的要求。建筑材料质量的合格与否，直接影响人们生命和财产安全，这一方面促使政府加大力度推进各项检测标准的升级，也使得各种强制性认证检测项目不断增加；另一方面，促使生产企业和建设企业更加注重通过检测认证提升自身的竞争力。

建材检测认证行业主要服务于建筑材料生产企业和工程建设单位，属于人才、技术密集型产业，对高端复合型技术人才需求较高。不论是检测项目的更新，还是检测设备的运用，都需要高素质技术人才作为支撑。对检测人员进行在岗培训和继续教育，是提升其检测技能和操作水平，避免检测过程中出现差错和疏漏的重要手段。

目前市场上有关建筑材料检测的图书不在少数，中国建材工业出版社出版的这本《建筑材料检测》，适用面宽、实操性强。书中针对不同土建原材料，全面简洁地阐明材料性能，详细解读最新国家和行业标准、规范的主要内容和质量控制要点；在土建原材料检测内容方面，将检测仪器、操作等以二维码的形式展现，扫码即可查看，使本书内容得到立体化呈现，更加丰富了读者的阅读体验。

希望本书的出版，能为不断壮大的建材行业检测机构、从业人员提供有益的帮助，也为高校建筑材料检测教学和实验提供可资借鉴的素材，为建材检测人员的培养事业做出一定贡献。

中国建材检验认证集团总经理　马振珠

# 本书荐语（二）

　　《建筑材料检测》的编写，在充实理论条件下，突出实用性，使读者不仅可以了解土建原材料检测标准、规范的主要内容，正确选择、评价土建原材料的性能，还有助于更好理解相关建材标准、规范的主要质量控制点，特别是该书还在实操环节等内容方面，增加二维码嵌入，拓展教材内容。

　　该书适用面宽、应用性强，体现了最新的国家（行业）土建原材料技术标准，既可作为本科、高职院校学生、继续教育等培训教材，也可作为土建行业相关专业人员的参考书。

陕西省建筑材料联合会

2018 年 3 月

# 前　　言

　　优良的建筑材料是建筑工程质量保障的必备条件，为避免劣质的材料用于建筑工程中，材料检测是其中重要的一个环节。确保检测的可靠性就需要检测人员掌握一定土建原材料理论知识以及相关技术标准和检测方法。本书参考了大量的理论文献和现行国家（行业）标准编写，书中主要内容有：土建原材料检测的基本性质参数、检测数据处理、胶凝材料及矿物掺合料、骨料、砂浆、混凝土、防水材料、钢材、化学外加剂、墙体块状材料、简易土工、预应力钢绞线及锚夹具的理论知识和检测要点，以及检测试样的制取和原始记录、报告编写。书中还编写了部分"钢材、焊接、混凝土、烧结砖"的无损检测。编写力求材料理论知识与现行检测规范结合，使阅读者能够正确选择、评价土建原材料的性能，理解相关建材标准的主要质量控制点。该书可作为大、中专院校学生的教材，也可作为建筑行业相关从业人员岗位培训及专业技术人员继续教育的培训教材和参考书。

　　本书由杨晓东高级工程师主编，董振平高级工程师副主编。在编写过程中，编者得到了陕西省建筑材料联合会、西安建筑科技大学、陕西省质量技术监督局有关同志的大力支持，在此特别感谢。

　　由于检测技术、方法不断发展，检测标准也不断更新，编者的水平有限，书中不妥之处难免，敬请读者和专家批评指正。

编　者

2018 年 2 月

# 目　　录

# 第一章  土建原材料检测基础知识

## 第一节  材料的基本性质参数

### 一、物理性能参数

#### 1. 密度

材料在绝对密实状态下单位体积的质量，称为材料的密度。用公式表示如下：

$$\rho = \frac{m}{V}$$

式中  $\rho$——材料密度，$g/cm^3$；

　　　$m$——材料干燥恒重质量，$g$；

　　　$V$——干燥材料在绝对密实状下的体积，$cm^3$。

材料在绝对密实状态下的体积，指不包括材料内部孔隙的固体物质本身的体积。测定含孔材料的密度时，须将材料磨成细粉（粒径小于 0.20mm），干燥恒重后用李氏瓶测其体积。

#### 2. 表观密度

材料在自然状态下单位体积的质量称为材料的表观密度，也称体积密度。用公式表示为：

$$\rho_0 = \frac{m}{V_0}$$

式中  $\rho_0$——材料表观密度，$g/cm^3$；

　　　$m$——材料干燥恒重质量，$g$；

　　　$V_0$——材料在自然状态下的体积，$cm^3$。

材料在自然状态下的体积是指材料包含全部孔隙的体积。对于外形规则的材料，其表观密度测定，只要测得材料的质量和体积，即可算得。

不规则材料表面应预先涂上蜡，以防水分渗入材料内部而测值不准，然后采用排水法求得体积。材料表观密度的大小与其含水情况有关。当材料含水时，其质量增大，体积也会发生不同程度的变化，因此测定材料表观密度时，须同时测定其含水率，并予以注明。通常材料的表观密度是指气干状态下的表观密度。材料在烘干状态下的表观密度称干表观密度。

#### 3. 堆积密度

散粒材料在自然堆积状态下单位体积的质量称为堆积密度。可用下式表示为：

$$\rho'_0 = \frac{m}{V'_0}$$

式中  $\rho'_0$——散粒材料的堆积密度，$kg/m^3$；

$m$——散粒材料的质量，kg；

$V'_0$——散粒材料在自然堆积状态下的体积，m³。

散粒材料在自然堆积状态下的体积，既含颗粒内部的孔隙又含颗粒之间空隙在内的总体积。测定散粒材料的体积通过已标定容积的容器计量而得。若以捣实体积计算时，则称紧密堆积密度。

### 4. 孔隙率

材料内部孔隙的体积占材料总体积的百分率，称为材料的孔隙率。材料孔隙率的大小直接反映材料的密实程度，孔隙率大，则密实度小。孔隙率相同的材料，它们的孔隙特征（孔隙构造与孔径）不一定相同。按孔隙构造，材料的孔可分为开口孔和闭口孔，两者孔隙率之和等于材料的总隙率。按孔隙孔径的大小，可分为微孔、细孔及大孔。不同的孔隙对材料的性能影响各不相同。孔隙率可用下式表示：

$$P = \frac{V_0 - V}{V_0} \times 100\% = \left(1 - \frac{\rho_0}{\rho}\right) \times 100\%$$

式中　$P$——材料的孔隙率，%；

　　　$V_0$——材料自然状态含孔的总体积，cm³；

　　　$V$——材料绝对密实状态下体积，cm³；

　　　$\rho_0$——材料的表观密度，g/cm³；

　　　$\rho$——材料的密度，g/cm³。

### 5. 导热系数

两侧面存在温度差的材料，热量由温度高的一侧，通过材料传递到温度低的一侧，材料的传导热量的能力，称导热性。导热性用导热系数来表示，其物理意义是：单位厚度（1m）的材料，温度变化 1K 时，单位时间（1h）内通过 1m² 面积的热量。公式表示如下：

$$\lambda = \frac{Qd}{FZ(t_2 - t_1)}$$

式中　$\lambda$——材料的导热系数，W/(m·K)；

　　　$Q$——传导的热量，J；

　　　$d$——材料的厚度，m；

　　　$F$——材料传热的面积，m²；

　　　$Z$——传热时间，h；

　　$t_2 - t_1$——材料两侧温度差，K。

材料的导热系数越小，其绝热性能越好。各种土建原材料的导热系数差别很大。

### 6. 软化系数

材料长期在水作用下不破坏、强度也不显著降低的性质称为耐水性。材料的耐水性用软化系数表示。公式如下：

$$K_R = \frac{f_b}{f_R}$$

式中　$K_R$——材料的软化系数；

　　　$f_b$——材料在饱水状态下的抗压强度，MPa；

　　　$f_R$——材料在干燥状态下的抗压强度，MPa。

$K_R$的大小表明材料在浸水饱和后强度降低的程度。许多土建原材料被水浸湿后，强度均会有所降低。因为水分被材料的微粒表面吸附，形成水膜，削弱了微粒间的结合力。$K_R$值越小，表示材料吸水饱和后强度下降越大，即耐水性越差。材料的软化系数在 0～1 之间。不同材料的软化系数相差较大。

### 7. 吸水率

材料在水中吸收水分的性质称为吸水性，材料的吸水性用吸水率表示。吸水率有质量吸水率和体积吸水率两种表达。

（1）质量吸水率

质量吸水率是指材料在吸水饱和时，内部所吸水分的质量占材料干质量的百分率。公式如下：

$$W_m = \frac{m_b - m_g}{m_g} \times 100\%$$

式中　$W_m$——材料的质量吸水率，%；

　　　$m_b$——材料在吸水饱和状态下的质量，g；

　　　$m_g$——材料在干燥状态下的质量，g。

（2）体积吸水率

体积吸水率是指材料吸水饱和时，内部所吸水分的体积占干材料自然体积的百分率。公式表示如下：

$$W_V = \frac{m_b - m_g}{V_0} \cdot \frac{1}{\rho_w} \times 100\%$$

式中　$W_V$——材料的体积吸水率，%；

　　　$V_0$——干燥材料在自然状态下的体积，$cm^3$；

　　　$\rho_w$——水的密度，$g/cm^3$，常温下取 $\rho_w = 1g/cm^3$。

质量吸水率与体积吸水率存在下列关系：

$$W_V = W_m \cdot \rho_0$$

材料吸收水分是通过开口孔吸入的，开口孔隙率越大，材料吸水率越大。材料吸水达饱和时的体积吸水率，即为材料的开口孔隙率。材料的吸水性还与材料的孔隙率和孔隙特征有关：细微连通孔隙，孔隙率越大，则吸水率越大；闭口孔隙不能吸水，而开口大孔虽然水分易进入，但不能存留，只能润湿孔壁，所以吸水率仍然较小。各种土建材料的吸水率差异很大。

### 8. 含水率

材料中水的质量占材料干质量的百分数，用公式表达如下：

$$\omega = \left( \frac{m_0}{m_d} - 1 \right) \times 100\%$$

式中　$\omega$——材料含水率，%；

　　　$m_d$——干材料质量，g；

　　　$m_0$——湿材料质量，g。

### 9. 渗透系数

材料抗渗性是抵抗水压力渗透的性质。抗渗性用渗透系数表示，其物理意义是：一定厚度的材料，在单位压力水头作用下，单位时间内透过单位面积的水量。用公式表示为：

$$K_s = \frac{Qd}{AtH}$$

式中　　$K_s$——材料的渗透系数，$cm^3/(cm^2 \cdot h)$；

　　　　$Q$——渗透水量，$cm^3$；

　　　　$d$——材料的厚度，$cm$；

　　　　$A$——渗水面积，$cm^2$；

　　　　$t$——渗水时间，$h$；

　　　　$H$——静水压力水头，$cm$。

$K_s$ 越大，表示材料渗透的水量越多，抗渗性越差。

**10. 抗冻性**

水饱和状态下的材料，经多次冻融循环作用而不破坏、强度也不严重降低的性质，称材料的抗冻性。材料的抗冻性用抗冻等级（或冻融循环次数）表示。抗冻等级是以规定的试件、在规定冻融试验条件下，测得其强度降低不超过规定值，且外观无明显损坏、剥落时，所能经受的最大冻融循环次数来确定。

材料的饱水系数可以在一定程度上估计材料的抗冻性，一般饱水系数小于 0.85 的材料比较抗冻。因为相当一部分孔隙未被水充满，可以缓解水结冰时的冰涨压力。

## 二、力学性能参数

**1. 强度**

材料在应力作用下抵抗破坏的能力称为强度。材料内部的应力多由外部荷载作用而引起，随着外力增加，内部应力也随之增大，直至应力超过材料内部质点所能抵抗的极限，材料发生破坏。土建原材料强度有抗拉、抗压、抗剪、抗折强度等，如图 1-1 所示。材料的强度主要取决于材料的组成和结构。不同种类的材料，强度差别较大；同类材料，强度也有不少差异。受力形式、受力方向及构件的几何尺寸对材料强度均有不同影响。

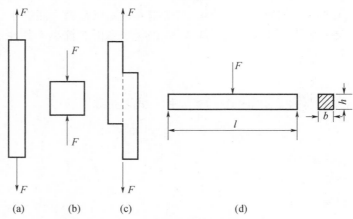

**图 1-1　土建原材料外力作用示意图**

（a）抗拉；（b）抗压；（c）抗剪；（d）抗折

检测时，采用破坏试验法对材料的强度进行检测，将试件安放在材料试验机上，施加荷载，直至破坏，根据试件尺寸和破坏时的荷载值，计算材料的强度。材料的抗拉、抗压及抗剪强度按下式计算：

$$f = \frac{F_{max}}{S}$$

式中　$f$——材料的极限强度，MPa；

$\quad\quad F_{max}$——材料破坏荷载，N；

$\quad\quad S$——材料受力面积，$mm^2$。

材料的抗折强度与试件受力情况、截面形状及支承条件有关。试验方法是将条形试件放在两支点上，中间作用一集中荷载。土建原材料的矩形截面试件，抗折强度按下式计算：

$$f = \frac{3F_{max}l}{2bh^2}$$

式中　$f$——材料的抗折极限强度，MPa；

$\quad\quad F_{max}$——抗折破坏荷载，N；

$\quad\quad l$——两支点的间距，mm；

$\quad\quad b，h$——分别为抗折试件截面的宽和高，mm。

**2. 弹性和塑性**

外力作用在材料上，材料产生变形，外力去除后，变形消失，材料恢复原有形状的性能称之为弹性。如图 1-2 所示，当施加荷载至 $A$，产生的弹性变形为 $Oa$，荷载卸除，变形恢复至 $O$ 点。这种性能称为完全弹性。弹性变形与荷载成正比关系，即 $OA$ 为一直线。荷载与变形之比，或应力与应变之比，即 $\tan\varphi$，称为材料的弹性模量。

外力作用在材料上，材料产生变形，外力去除，部分变形不能恢复，这种性质称之为塑性，不能恢复的变形，称为塑性变形。如图 1-2 所示，荷载施加超过 $A$ 点至 $B$ 点，材料产生明显的塑性变形，$ab$ 即为塑性变形，荷载卸除，变形恢复至 $O'$ 点，$OO'$ 为永久变形。对理想的弹塑性材料，$OA // BO'$，$OO' = ab$，低碳钢近似于理想的弹塑性材料，荷载在 $A$ 点以下，近似于理想的弹性材料。材料受力变形的机理也比较复杂，实际材料的受力变形过程和性质与理想模型有一定差距。许多土建材料的荷载-变形如图 1-3 所示，材料受力后并不产生明显的塑性变形，但荷载-变形关系呈曲线形，当荷载卸除，变形恢复至 $O'$，$OO'$ 为不可恢复的塑性变形。

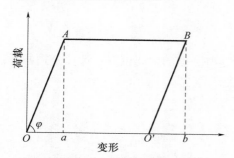

图 1-2　理想材料弹性和塑性变形曲线

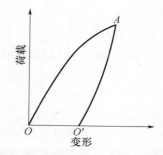

图 1-3　实际材料（低碳钢）弹塑性变形曲线

**3. 硬度**

材料表面抵抗其他物体刻划、压入其表面的能力称为硬度。一般来说，硬度大的材料耐磨性较强，但不易加工，可利用材料硬度与强度间的关系，间接推定材料的强度。常用检测方法有：刻划法，回弹法和压入法。

刻划法，主要用于天然矿物硬度的划分，硬度等级分为 10 个：从软至硬的顺序按滑石、石膏、方解石、萤石、磷灰石、长石、石英、黄玉、刚玉、金刚石等。

回弹法，用于测定混凝土、砖、砂浆、塑料、橡胶、金属等的表面硬度并间接推算其强度。

压入法，用于测定金属、木材等的硬度。

**4. 磨耗率**

材料表面抵抗磨损的能力称耐磨性。材料耐磨性用磨耗率表示，按下式计算：

$$Q_{ab} = \frac{m_1 - m_2}{m_1} \times 100\%$$

式中　　$Q_{ab}$——材料的磨耗率，%；

$m_1$——试件磨耗前的质量，g；

$m_2$——试件磨耗后的质量，g。

颗粒状材料（如石料）耐磨性检测，在洛杉矶磨耗试验机上进行，即以一定规格级配的材料（如石料）装入带钢球的金属磨耗鼓内，旋转一定转数后，筛除材料（如石料）磨损部分，以材料（如石料）质量损失的百分率表示。制品材料耐磨性检测，是用一定形状的试件，用磨头在一定摩擦行程后（磨头运行方式有往复式及回转式），检查试件表面质量损失程度来评定。

# 第二节　检测数据处理

## 一、检测数据分析方法

在土建工程检测中，对大量的原材料和半成品进行检测，取得大量检测数据，对这些数据要进行科学的分析，从而评价土建原材料或工程质量，分析常用数理统计方法如下。

**1. 平均值**

（1）算术平均值

这种方法用来了解一批数据的平均水平，度量这些数据的中间位置，计算公式如下：

$$\overline{X} = \frac{X_1 + X_2 + \cdots + X_n}{n} = \frac{\sum X}{n}$$

式中　　　　$\overline{X}$——算术平均值；

$X_1$、$X_2 \cdots X_n$——各个检测数据值；

$\sum X$——各个检测数据的总和；

$n$——检测数据总数量。

（2）均方根平均值

均方根平均值对数据大小跳动反映较为灵敏，计算公式如下：

$$S=\sqrt{\frac{X_1^2+X_2^2+\cdots X_n^2}{n}}=\sqrt{\frac{\sum X_i^2}{n}}$$

式中　　　　$S$——检测数据的均方根平均值；

$X_1$、$X_2\cdots X_n$——各个检测数据值；

　　$\sum X_i^2$——各检测数据值平方的总和；

　　　　$n$——检测数据总数量。

（3）加权平均值

加权平均值是各个检测数据和它的对应数的算术平均值，计算公式如下：

$$m=\frac{X_1g_1+X_2g_2+\cdots+X_ng_n}{g_1+g_1+\cdots+g_n}=\frac{\sum X_ig_i}{\sum g_i}$$

式中　　　　$m$——检测数据的加权平均值；

$X_1$、$X_2\cdots X_n$——各个检测数据值；

　　$\sum X_ig_i$——各个检测数据值和它的对应数乘积的总和；

　　$\sum g_i$——各对应数的总和。

**2. 误差计算**

（1）范围误差

范围误差也叫极差，是检测值中最大值和最小值之差。

例如：一组混凝土试件强度分别为 25.2MPa、26.3MPa、27.2MPa，这组试件的极差或范围误差为：27.2－25.2＝2.0MPa。

（2）算术平均误差

算术平均误差的计算公式为：

$$\delta=\frac{|X_1-\overline{X}|+|X_2-\overline{X}|+\cdots+|X_n-\overline{X}|}{n}=\frac{\sum|X_i-\overline{X}|}{n}$$

式中　　　　$\delta$——算术平均误差；

$X_1$、$X_2\cdots X_n$——各个检测数据值；

　　$\overline{X}$——检测数据算术平均值；

　　　　$n$——检测数据总数。

（3）均方差

要了解数据的波动情况，及其带来的危险性，需要用均方差来衡量。均方差（标准离差）是衡量波动性（离散性大小）的指标。计算公式为：

$$S=\sqrt{\frac{(X_1-\overline{X})^2+(X_2-\overline{X})^2+\cdots(X_n-\overline{X})^2}{n-1}}=\sqrt{\frac{\sum(X_i-\overline{X})^2}{n-1}}$$

式中　　　　$S$——均方差（标准离差）；

$X_1$、$X_2\cdots X_n$——各个检测数据值；

　　$\overline{X}$——检测数据算术平均值；

　　　　$n$——检测数据总数。

（4）级差估计法

极差表示数据离散的范围，也可用来度量数据的离散性。极差是数据中最大值和最小值之差：

$$W = X_{\max} - X_{\min}$$

当一批数据不多时（$n \leqslant 10$），可用极差法估计总体标准离差，按下式计算：

$$\hat{\sigma} = \frac{1}{d_n} W$$

当数据很多时（$n > 10$），要将数据随机分成若干个数量相等的组，对每组求极差，并计算平均值：

$$\overline{\overline{W}} = \frac{\sum W_i}{m}$$

则标准离差的估计近似地用下式计算：

$$\hat{\sigma} = \frac{1}{d_n} \overline{\overline{W}}$$

式中　$d_n$——与 $n$ 有关的系数（表 1-1）；

　　　$m$——数据分组的组数；

　　　$n$——每一组内数据拥有的个数；

　　　$\hat{\sigma}$——标准离差的估计值；

　　$W$、$\overline{\overline{W}}$——极差、各组极差的平均值。

表 1-1　极差估计法系数表

| $n$ | 1 | 2 | 3 | 4 | 5 | 6 | 7 | 8 | 9 | 10 |
|---|---|---|---|---|---|---|---|---|---|---|
| $d_n$ | — | 1.128 | 1.693 | 2.059 | 2.326 | 2.534 | 2.704 | 2.847 | 2.970 | 3.078 |

**3. 变异系数**

标准离差是表示绝对波动大小的指标，当测量较大的量值，绝对误差一般较大；测量较小的量值，绝对误差一般较小。考虑相对波动的大小，用平均值的百分数来表示标准离差，即变异系数。按下式计算：

$$C_v = \frac{S}{\overline{X}} \times 100$$

式中　$C_v$——变异系数，%；

　　　$S$——标准离差；

　　　$\overline{X}$——检测数据的算数平均值。

**4. 正态分布和概率**

研究数据波动的更完整的规律，必须找出频数分布，画出频数分布直方图，如果组分得越细，则直方图的形状逐渐趋于一条曲线，数据波动的规律不同，曲线的形状也不一样。工程中按正态分布曲线的较多。正态分布曲线由概率密度函数给出：

$$\varphi(X) = \frac{1}{\sqrt{2\pi}\sigma} e^{-\frac{(X-\mu)^2}{2\sigma^2}}$$

式中　$X$——检测数据；

　　　$e$——自然对数的底；

　　　$\mu$——曲线最高点横坐标，叫作正态分布的均值，曲线对 $\mu$ 对称；

　　　$\sigma$——正态分布的标准离差。

$\sigma$ 的大小表示曲线的胖瘦程度，$\sigma$ 越大，曲线越胖，数据越分散，反之表示数据集中，如图 1-4 所示。

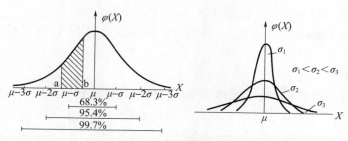

**图 1-4　正态分布曲线**

有了均值 $\mu$ 和标准离差 $\sigma$ 就可以画出正态分布曲线。正态分布，给指导生产带来很大好处，它的数据值 $X$ 落入任意区间 $(a, b)$ 的概率 $P(a < X < b)$ 是明确的。它等于 $X_1 = a$，$X_2 = b$ 时横坐标和曲线 $\varphi(X)$ 所夹的面积（图 1-4 中的阴影面积），用下式求出计算结果：

$$P(a < X < b) = \frac{1}{\sqrt{2\pi}\sigma} \int_a^b e^{-\frac{(X-\mu)^2}{2\sigma^2}} \mathrm{d}X$$

落在 $(\mu - \sigma,\ \mu + \sigma)$ 的概率是 68.3%；

落在 $(\mu - 2\sigma,\ \mu + 2\sigma)$ 的概率是 95.4%；

落在 $(\mu - 3\sigma,\ \mu + 3\sigma)$ 的概率是 99.7%。

为了知道低于设计（标准）要求的概率大小，常用概率分布函数求得：

$$F(X_0) = \int_{-\infty}^{X_0} \varphi(X)\mathrm{d}X = \frac{1}{\sqrt{2\pi}\sigma} \int_{-\infty}^{X_0} e^{-\frac{(X-\mu)^2}{2\sigma^2}} \mathrm{d}X$$

$$\text{令 } t = \frac{X - \mu}{2\sigma}, \qquad \text{则 } \varphi(t) = \frac{1}{\sqrt{2\pi}\sigma} e^{\frac{-t^2}{2}}$$

$$\Phi(t) = \frac{1}{\sqrt{2\pi}} \int_{-\infty}^{t} e^{\frac{-t^2}{2}} \mathrm{d}t$$

根据上述条件，可以编制便于计算概率的表，方便计算。

## 二、数值修约与极限数值的表示

### 1. 数值修约的术语

（1）数值修约——通过省略原数值的最后若干位数字，调整所保留的末位数字，使最后所得到的值最接近原数值的过程。经过修约后的数值称为原数值的修约值。

（2）修约间隔——修约值的最小数值单位。修约间隔的数值一经确定，修约值即为该数值的整数倍。例如，指定修约间隔为 0.1，修约值应在 0.1 的整数倍中选取，相当于将数值修约到一位小数。

（3）极限数值——标准（或技术规范）中规定考核的以数量形式给出且符合该标准（或技术规范）要求的指标数值范围的界限。

### 2. 数据修约规则

不允许数据连续修约。

（1）确定修约间隔

指定修约间隔为 $10^{-n}$（$n$ 为正整数），或指明将数值修约到 $n$ 位小数。

指定修约间隔为1，或指明将数值修约到"个"位数。

指定修约间隔$10^n$（$n$为正整数），或指明将数值修约到$10^n$位数，或指明将数值修约到"十"、"百"、"千"……位数。

（2）检测数据进舍规则

检测的数据和结果都有一定的精度要求，对精度之外的数字，按《数值修约规则与极限数值的表示和判定》（GB/T 8170—2008）进行进舍修约。常用的修约进舍规则可概括为：四舍六入五考虑，五后非零应进一，五后皆零视奇偶，五前为偶应舍去，五前为奇则进一。举例如下：

将 54.2432 修约精确至 0.1，修约得 54.2。

将 36.4823 修约精确至 0.1，修约得 36.5。

将 1.05010 修约精确至 0.1，修约得 1.1。

将 15.4500 修约精确至 0.1，修约得 15.4。

将 15.3500 修约精确至 0.1，修约得 15.4。

（3）0.5 单位修约与 0.2 单位修约

在对数值进行修约时，若有必要，也可采用 0.5 单位修约或 0.2 单位修约。

① 0.5 单位修约（半个单位修约）

0.5 单位修约是指按指定修约间隔对拟修约的数值 0.5 单位进行的修约。0.5 单位修约方法如下：将拟修约数值 $X$ 乘以 2，按指定修约间隔对 $2X$ 依《数值修约规则与极限数值的表示和判定》中的"进舍规则"规定修约，所得数值（$2X$ 修约值）再除以 2。

例如将下列数字修约到"个"数位的 0.5 单位修约：

| 拟修约数值 $X$ | $2X$ | $2X$ 修约值 | $X$ 修约值 |
| --- | --- | --- | --- |
| 60.25 | 120.50 | 120 | 60.0 |
| 60.38 | 120.76 | 121 | 60.5 |
| 60.28 | 120.56 | 121 | 60.5 |
| −60.75 | −121.50 | −122 | −61.0 |

② 0.2 单位修约

0.2 单位修约是指按指定修约间隔对拟修约的数值 0.2 单位进行的修约。0.2 单位修约方法如下：将拟修约数值 $X$ 乘以 5，按指定修约间隔对 $5X$ 依《数值修约规则与极限数值的表示和判定》中的"进舍规则"规定修约，所得数值（$5X$ 修约值）再除以 5。

例如将下列数字修约到"百"数位的 0.2 单位修约：

| 拟修约数值 $X$ | $5X$ | $5X$ 修约值 | $X$ 修约值 |
| --- | --- | --- | --- |
| 830 | 4150 | 4200 | 840 |
| 842 | 4210 | 4200 | 840 |
| 832 | 4160 | 4200 | 840 |
| −930 | −4650 | −4600 | −920 |

### 3. 极限数值的表示

（1）书写极限数值的一般原则

标准（或其他技术规范）中规定考核的以数量形式给出的指标或参数等，应当规定极限数值。极限数值表示符合该标准要求的数值范围的界限值，它通过给出最小极限值和

（或）最大极限值，或给出基本数值与极限偏差值等方式表达。

标准中极限数值的表示形式及书写位数应适当，其有效数字应全部写出。书写位数表示的精确程度，应能保证产品或其他标准化对象应有的性能和质量。

（2）表示极限数值的用语

表达极限数值的基本用语及符号，见表 1-2。

表 1-2　极限数值的基本用语及符号

| 基本用语 | 符号 | 特定情况下的基本用语 | | | 注 |
|---|---|---|---|---|---|
| 大于 A | $>A$ | — | 多于 A | 高于 A | 测定值或计算值恰好为 A 值时不符合要求 |
| 小于 A | $<A$ | — | 少于 A | 低于 A | 测定值或计算值恰好为 A 值时不符合要求 |
| 大于或等于 A | $\geqslant A$ | 不小于 A | 不少于 A | 不低于 A | 测定值或计算值恰好为 A 值时符合要求 |
| 小于或等于 A | $\leqslant A$ | 不大于 A | 不高于 A | 不高于 A | 测定值或计算值恰好为 A 值时符合要求 |

注：1. A 为极限数值；

2. 允许采用以下习惯用语表达极限数值：(a)"超过 A"指数值大于 A（$>A$），(b)"不足 A"指数值小于 A（$<A$）；(c)"A 及以上"或"至少 A"，指数值大于或等于 A（$\geqslant A$）；(d)"A 及以下"或"至多 A"，指数值小于或等于 A（$\leqslant A$）。

（3）基本用语组合表示极限值范围

对特定的考核指标 $X$，允许采用下列用语和符号，见表 1-3。同一标准中一般只应使用一种符号表示方式。

表 1-3　表达极限数值的组合用语及符号

| 组合基本用语 | 组合允许用语 | 符号 | | |
|---|---|---|---|---|
| | | 表示方式 I | 表示方式 II | 表示方式 III |
| 大于或等于 A 且小于或等于 B | 从 A 到 B | $A\leqslant X\leqslant B$ | $A\leqslant\cdot\leqslant B$ | $A\sim B$ |
| 大于 A 且小于或等于 B | 超过 A 到 B | $A<X\leqslant B$ | $A<\cdot\leqslant B$ | $>A\sim B$ |
| 大于或等于 A 且小于 B | 至少 A 不足 B | $A\leqslant X<B$ | $A\leqslant\cdot<B$ | $A\sim<B$ |
| 大于 A 且小于 B | 超过 A 不足 B | $A<X<B$ | $A<\cdot<B$ | — |

（4）带有极限偏差值的数值

① 基本数值 A 带有绝对极限上偏差值 $+b_1$ 和绝对极限下偏差值 $-b_2$，指从 $A-b_2$，到 $A+b_1$ 符合要求，记为 $A^{+b_1}_{-b_2}$，当 $b_1=b_2=b$ 时，$A^{+b_1}_{-b_2}$ 可简记为 $A\pm b$。

② 基本数值 A 带有相对极限上偏差值 $+b_1\%$ 和相对极限下偏差值 $-b_2\%$，指实测值或其计算值 R 对于 A 的相对偏差值 $[(R-A)/A]$ 从 $-b_2\%$ 到 $+b_1\%$ 符合要求，记为 $A^{+b_1}_{-b_2}\%$。当 $b_1=b_2=b$ 时，$A^{+b_1}_{-b_2}\%$，可简记为 $A(1\pm b\%)$。

③ 对基本数值 A，若极限上偏差值 $+b_1$ 和（或）极限下偏差值 $-b_2$ 使得 $A+b_1$ 和（或）$A-b_2$ 不符合要求，则应附加括号，写成 $A^{+b_1}_{-b_2}$（不含 $b_1$ 和 $b_2$）或 $A^{+b_1}_{-b_2}$（不含 $b_1$）、$A^{+b_1}_{-b_2}$（不含 $b_2$）。

# 第二章　胶凝材料检测

## 第一节　水泥理论知识

### 一、通用水泥的生产工序、矿物组成、名称、代号

#### 1. 水泥生产

石灰质（石灰石、白垩、石灰质凝灰岩等）与黏土质原料（黏土、黄土、页岩等）为主、或加入少量铁矿粉、萤石等，按一定比例配合，磨细成生料粉（干法生产）或生料浆（湿法生产），经均化后送入回转窑或立窑中煅烧至部分熔融，得到颗粒状的水泥熟料，水泥熟料和适量的石膏（或再加入混合材）研磨至一定细度成为硅酸盐水泥制品。习惯上把硅酸盐水泥的生产技术简称为两磨一烧，其生产工艺流程如图 2-1 所示。

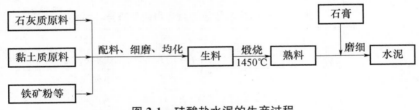

**图 2-1　硅酸盐水泥的生产过程**

硅酸盐水泥熟料和不超过 5% 石灰石或粒化高炉矿渣、适量石膏磨细制成的水硬性胶凝材料，称为硅酸盐水泥（国外通称为波特兰水泥）。

硅酸盐水泥又分两种类型。不掺加混合材料的称 P·I 型硅酸盐水泥。在硅酸盐水泥粉磨时，掺加不超过水泥质量 5% 的石灰石或粒化高炉矿渣混合材料的称 P·II 型硅酸盐水泥。

#### 2. 矿物组成

硅酸盐水泥熟料的矿物组成主要有四种：硅酸三钙、硅酸二钙、铝酸三钙、铁铝酸四钙。四种主要矿物相对含量范围及分子式见表 2-1，其中硅酸三钙和硅酸二钙两种矿物称硅酸盐矿物，占矿物总量的 75%～82%，铝酸三钙、铁铝酸四钙占矿物总量的 18%～25%。水泥熟料中除了四种主要的矿物外，还有少量的 CaO、MgO、$SO_3$ 及碱（$K_2O$ 和 $Na_2O$）等有害成分，相关标准中对有害物质都有严格限制。

**表 2-1　硅酸盐水泥熟料的主要矿物组成**

| 矿物名称 | 分子式 | 简写分子式 | 相对含量/% |
|---|---|---|---|
| 硅酸三钙 | $3CaO \cdot SiO_2$ | $C_3S$ | 37～60 |
| 硅酸二钙 | $2CaO \cdot SiO_2$ | $C_2S$ | 15～37 |

续表

| 矿物名称 | 分子式 | 简写分子式 | 相对含量/% |
|---|---|---|---|
| 铝酸三钙 | $3CaO \cdot Al_2O_3$ | $C_3A$ | 7～15 |
| 铁铝酸四钙 | $4CaO \cdot Al_2O_3 \cdot Fe_2O_3$ | $C_4AF$ | 10～18 |

### 3. 通用水泥的名称、代号

《通用硅酸盐水泥》（GB 175—2007）标准规定：通用硅酸盐水泥按混合材料的品种和掺量分为硅酸盐水泥、普通硅酸盐水泥、矿渣硅酸盐水泥、火山灰质硅酸盐水泥、粉煤灰硅酸盐水泥和复合硅酸盐水泥，其对应的代号及化学指标见表 2-2。

**表 2-2　通用硅酸盐水泥的代号**

| 品种 | 硅酸盐水泥 | 普通硅酸盐水泥 | 矿渣硅酸盐水泥 | 火山灰质硅酸盐水泥 | 粉煤灰硅酸盐水泥 | 复合硅酸盐水泥 |
|---|---|---|---|---|---|---|
| 代号 | P·I<br>P·II | P·O | P·S·A<br>P·S·B | P·P | P·F | P·C |

## 二、水泥熟料矿物特性

### 1. 水泥熟料矿物水化

水泥熟料颗粒与水接触后，熟料各矿物立即与水发生反应，生成新的水化产物，并放出一定的热量。水泥熟料中主要矿物的水化特性如下：

（1）硅酸三钙

硅酸三钙与水作用时反应较快，水化放热量大，生成水化硅酸钙及氢氧化钙：

$$2(3CaO \cdot SiO_2) + 6H_2O == 3CaO \cdot 2SiO_2 \cdot 3H_2O + 3Ca(OH)_2$$
（水化硅酸钙）　　　　（氢氧化钙）

水化硅酸钙几乎不溶于水，而立即以胶体微粒析出，并逐渐凝聚而成为凝胶，称托勃莫来石凝胶。氢氧化钙呈六方晶体，它易溶于水。由于氢氧化钙的溶解，使溶液的氢氧化钙浓度很快达到饱和状态。因此，各矿物成分的水化反应主要是在饱和氢氧化钙溶液中进行的。硅酸三钙水化迅速，强度增长很快，这也是决定水泥强度高低（尤其是早期强度）主要因素，28d 内硅酸三钙大约可水化 70% 左右。

（2）硅酸二钙

硅酸二钙与水作用时，反应较慢，水化放热小，生成水化硅酸钙，也有氢氧化钙析出：

$$2(2CaO \cdot SiO_2) + 4H_2O == 3CaO \cdot 2SiO_2 \cdot 3H_2O + Ca(OH)_2$$

硅酸二钙水化反应速度约为硅酸三钙的 1/20，早期强度低，后期增长稳定，一年左右强度可接近硅酸三钙。

（3）铝酸三钙

铝酸三钙与水作用时，反应极快，水化放热最大，生成水化铝酸三钙：

$$3CaO \cdot Al_2O_3 + 6H_2O == 3CaO \cdot Al_2O_3 \cdot 6H_2O$$
（水化铝酸三钙）

水化铝酸三钙为立方晶体，它易溶于水，强度不高，且增长也很小。

（4）铁铝酸四钙

铁铝酸四钙与水作用时，反应也较快，水化放热中等，生成水化铝酸三钙及水化铁酸钙（水化铁酸钙为凝胶）：

$$4CaO \cdot Al_2O_3 \cdot Fe_2O_3 + 7H_2O \xrightarrow{\hspace{1cm}} 3CaO \cdot Al_2O_3 \cdot 6H_2O + CaO \cdot Fe_2O_3 \cdot H_2O$$

（铁铝酸四钙）　　　　　　　　　　　　　　　（水化铁酸钙）

铁铝酸四钙强度高于铝酸三钙，但后期增长也很少。

此外，在饱和氢氧化钙溶液中，水化铝酸三钙和水化铁酸钙还会与氢氧化钙发生二次反应，分别生成水化铝酸四钙和水化铁酸四钙。

铝酸三钙矿物水化反应过快，不利于水泥正常使用，为调节水泥凝结时间而掺入的少量石膏，与水化铝酸三钙作用，生成水化硫铝酸钙，也称钙矾石：

$$3CaO \cdot Al_2O_3 \cdot 6H_2O + 3(CaSO_4 \cdot 2H_2O) + 19H_2O \xrightarrow{\hspace{1cm}} 3CaO \cdot Al_2O_3 \cdot 3CaSO_4 \cdot 31H_2O$$

（水化硫铝酸钙）

水化硫铝酸钙呈针状晶体，它难溶于水，迅速覆盖于未水化的铝酸三钙周围，阻止其继续快速水化，因而延缓了水泥的凝结时间。

忽略一些次要的和少量的成分，则硅酸盐水泥与水作用后，生成的主要水化产物有：水化硅酸钙和水化铁酸钙凝胶，氢氧化钙、水化铝酸钙和水化硫铝酸钙晶体。在完全水化的水泥石中，水化硅酸钙约占70%，氢氧化钙约占20%～25%。

水泥熟料中各个矿物单独水化所表现的性质不同，所以改变矿物的相对比例，水泥性质将产生变化，提高硅酸二钙和铁铝酸四钙的含量可制得低热硅酸盐水泥；提高硅酸三钙和铝酸三钙可制得快硬硅酸盐水泥。水泥熟料单矿物强度见表2-3，水泥熟料单矿物水化热见表2-4。

表 2-3　熟料单矿物强度（20℃，相对湿度90%以上）

| 矿物 | 抗压强度（MPa） | | | | |
|---|---|---|---|---|---|
| | 3d | 7d | 28d | 90d | 180d |
| $C_3S$ | 29.6 | 32.0 | 49.6 | 55.6 | 62.6 |
| $C_2S$ | 1.4 | 2.2 | 4.6 | 19.4 | 28.6 |
| $C_3A$ | 6.0 | 5.2 | 4.0 | 8.0 | 8.0 |
| $C_4AF$ | 15.4 | 16.8 | 18.6 | 16.6 | 19.6 |

表 2-4　熟料单矿物水化热/（$J \cdot g^{-1}$）

| 化合物 | 凝结硬化时间 | | | | | 完全水化 |
|---|---|---|---|---|---|---|
| | 3d | 7d | 28d | 90d | 180d | |
| $C_3S$ | 406 | 460 | 485 | 519 | 565 | 669 |
| $C_2S$ | 63 | 105 | 167 | 184 | 209 | 331 |
| $C_3A$ | 590 | 661 | 874 | 929 | 1025 | 1063 |
| $C_4AF$ | 92 | 251 | 377 | 414 | — | 569 |

## 2. 水泥的凝结硬化过程

自1882年以来，世界各国学者对水泥凝结硬化的理论进行了一系列的研究，至今仍持有各种论点。多矿物集合体的成品水泥，矿物之间水化时互相影响，实际上水泥的水化反应过程及结果要比单矿物的水化复杂得多，其凝结与硬化过程是复杂的物理化学变化过程。

水泥浆体逐步变黏稠、开始失去可塑性，这一过程称为"凝结"；逐渐产生强度，并发展成坚硬的水泥石，这一过程称为"硬化"。凝结与硬化是人为划分，实际是一个连续的物理化学变化。

硅酸盐水泥与水拌和后的水化凝结硬化过程可简化为如图 2-2 所示的过程。

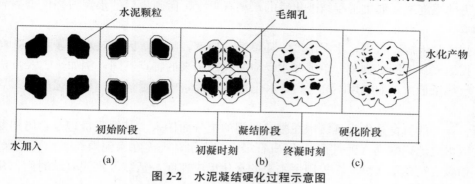

图 2-2　水泥凝结硬化过程示意图

水加入水泥拌和后，未水化的水泥颗粒分散在水中，成为水泥浆体，水泥的水化反应首先在水泥颗粒表面进行，生成的水化物溶于水中。接着，水泥颗粒又暴露出一层新的表面，继续与水反应。不断的反应，使水泥颗粒周围的溶液成为水化产物的饱和溶液。此后，水泥矿物继续水化，过饱和的溶液中生成的水化产物，便从溶液中析出，包在水泥颗粒表面。水化产物中的氢氧化钙、水化铝酸钙和水化硫铝酸钙是结晶程度较高的物质，而数量多的水化硅酸钙则是大小为 $10 \sim 1000 \text{Å}$（$1\text{Å} = 10^{-8} \text{cm}$）的粒子（或微晶），相当于胶体物质，凝聚形成凝胶。水泥水化物中有凝胶和晶体，以水化硅酸钙凝胶为主体，其中分布着氢氧化钙等晶体的结构，称之为凝胶体，如图 2-2（a）所示。

初始水化时，水化物尚不多，包有凝胶体膜层的水泥颗粒之间还是分离着的，相互间引力较小，水泥浆具有良好的塑性。随着凝胶体膜层不断增厚而破裂，并继续扩展，在水泥颗粒之间形成了网状结构，游离水减少，水泥浆体逐渐变稠，失去塑性，这是水泥的凝结过程，如图 2-2（b）所示。

继续水化，水化产物不断生成并填充颗粒之间的空隙，毛细孔越来越少，使结构越来越紧密，水泥浆体逐渐产生强度而进入硬化阶段，如图 2-2（c）所示。

总结上述水泥的水化反应：水化是水泥颗粒表面与水反应逐渐深入到内层。当水化物增多时，堆积在水泥颗粒周围的水化物不断增加，以致阻碍水分继续透入，使水泥颗粒内部的水化越来越困难，经过几个月，甚至几年的水化以后，多数颗粒仍剩余尚未水化的内核。因此，硬化后的水泥石是由凝胶和晶体、未完全水化的水泥颗粒和毛细孔组成的非匀质体。硅酸盐水泥熟料矿物水化、凝结硬化特性见表 2-5。

表 2-5　硅酸盐水泥熟料矿物水化、凝结硬化特性

| 水化特性 | 矿物 | | | |
|---|---|---|---|---|
| | $C_3S$ | $C_2S$ | $C_3A$ | $C_4AF$ |
| 硬化速度 | 快 | 慢 | 最快 | 快 |
| 28d 水化热 | 多 | 少 | 最多 | 中 |
| 28d 强度 | 高 | 早期低，后期高 | 低 | 中 |

### 三、影响水泥强度、安定性的因素

**1. 影响水泥强度因素**

水泥的强度主要取决于凝结硬化后的水泥石强度，而硬化后的水泥石强度会受到诸多因素影响。

（1）矿物组成，石膏，水泥细度，环境温、湿度，龄期等因素对水泥强度的影响

矿物组成：不同矿物成分单独和水反应所表现出来的特点不同，例如，$C_3A$ 反应速率最快，放热量最大，而强度不高；$C_2S$ 水化速率最慢，放热量最少，早期强度低，后期增长迅速。

石膏：一般石膏是作为延缓水泥凝结时间的组分而掺入。其缓凝机理是：与铝酸三钙作用生成水化硫铝酸钙（钙矾石），钙矾石很难溶于水，沉淀在水泥颗粒表面形成保护膜，阻止了铝酸三钙的水化反应，控制了水泥的水化反应速度，延缓了水泥凝结时间，从而延缓水泥石强度增长速率。

水泥细度（比表面积）：矿物组成相同条件下，水泥细度越细（或比表面积大），与水接触时反应表面积越大，水化产物增长越快，凝结硬化加速，提高水泥早期强度。但水泥早期水化热较多，易受潮结块。

环境温、湿度：提高温度，加快水泥水化反应速度，强度增长快，但是过高的温度养护也会导致水泥后期强度增长缓慢、甚至下降；降低温度，水化反应速度减慢，强度增长变慢。当温度降低到0℃以下，水泥水化反应基本停止，而且还会因水结冰而导致水泥石结构破坏。水分是水泥水化的必要条件，环境干燥时，水泥石中水分快速蒸发，水泥颗粒不能充分水化，强度增长也会停止，还会引起水泥石干缩开裂，导致后期强度下降。

龄期：水泥凝结硬化是随时间延长而渐进的过程，同时，水泥石强度也不断增长。只要有适当的温、湿度，水泥石强度的增长可以持续若干年。水泥石强度增长规律类似于对数函数，早期增长迅速（普通硅酸盐水泥 3d 强度一般可达 28d 强度的 50% 左右，甚至更高），28d 后，强度增长减缓。

（2）硬化后水泥石的结构对水泥强度的影响

硬化后的水泥石是由凝胶、晶体、未完全水化的水泥颗粒和毛细孔组成的不匀质结构体。水泥石是固相、液相、气相等的多孔体系。水泥石的功能性质决定于水泥石的结构组成，如水化物的类型和相对含量，以及孔的大小、形状和分布状态等。当水泥的品种一定时，则水化产物的类型也是确定的，这时，水泥石的强度主要决定于水化产物的相对含量（可用水化程度表示）和孔隙的数量、大小、形状及分布状态。而孔的特性与拌和用水量（可用水灰比表示）密切相关。水灰比相同时，水化程度越高，则水泥石结构中水化物越多，毛细孔和未水化水泥的量相对减少，水泥石结构密实、强度高、耐久性好；对水化程度相同而水灰比不同的水泥石结构而言，水灰比大的浆体，硬化后的水泥石毛细孔所占的比例相对增加，因此该水泥石的强度和耐久性下降。

（3）外加剂对水泥强度的影响

硅酸盐水泥的水化、凝结硬化在很大程度上受到 $C_3S$、$C_3A$ 的制约，凡对 $C_3S$ 和 $C_3A$ 的水化能产生影响的外加剂，都能改变硅酸盐水泥的水化、凝结硬化性能。如早强剂（$CaCl_2$、$Na_2SO_4$ 等）能促进水泥水化，提高水泥石早期强度；缓凝剂（木钙、木钠、蜜

糖类等）就会延缓水泥的水化，影响水泥早期强度的发展。

（4）存放对水泥强度的影响

存储不当，水泥受潮后，表面已水化，丧失胶凝能力，严重降低水泥强度。水泥也不可储存过久，因为水泥颗粒会吸收空气中的水分和二氧化碳，产生缓慢水化和碳化作用，据统计经三个月后，水泥强度降低 10%～20%，六个月后降低 15%～30%，一年后降低 25%～40%。

**2. 影响水泥安定性的因素**

水泥在凝结硬化过程中，体积变化的均匀性，称为水泥的体积安定性。如水泥硬化后产生不均匀的体积变化，即为体积安定性不良。安定性不良的水泥，使工程构件产生膨胀性裂缝，降低工程质量，甚至引起严重事故。

体积安定性不良的原因，是由于水泥中含有过多的游离氧化钙、游离氧化镁或者水泥磨细时石膏掺量过多。游离氧化钙、游离氧化镁是在高温下生成的，结构致密，水化很慢，它们在水泥凝结硬化后继续缓慢水化，水化产物（氢氧化钙和氢氧化镁）体积膨胀，从而导致硬化水泥石开裂。水泥熟料中石膏掺量过多时，水泥硬化后，残余石膏与固态化铝酸钙反应生成高硫型水化硫铝酸钙，产生体积膨胀（体积约增大 1.5 倍），破坏已经硬化的水泥石结构，导致水泥石出现龟裂、弯曲、松脆、崩溃等现象。

## 四、通用水泥的产品标准

通用硅酸盐水泥的技术要求主要有：化学指标、碱含量、物理指标。

**1. 化学指标**

通用硅酸盐水泥的化学指标见表 2-6。

表 2-6 通用硅酸盐水泥的化学指标

| 品种 | 代号 | 不溶物/%（质量分数） | 烧失量/%（质量分数） | 三氧化硫/%（质量分数） | 氧化镁/%（质量分数） | 氯离子/%（质量分数） |
|---|---|---|---|---|---|---|
| 硅酸盐水泥 | P·Ⅰ | ≤0.75 | ≤3.0 | ≤3.5 | ≤5.0ª | ≤0.06ᶜ |
| | P·Ⅱ | ≤1.50 | ≤3.5 | | | |
| 普通硅酸盐水泥 | P·O | — | ≤5.0 | | | |
| 矿渣硅酸盐水泥 | P·S·A | — | — | ≤4.0 | ≤6.0ᵇ | |
| | P·S·B | — | — | | | |
| 火山灰质硅酸盐水泥 | P·P | — | — | ≤3.5 | ≤6.0ᵇ | |
| 粉煤灰硅酸盐水泥 | P·F | | | | | |
| 复合硅酸盐水泥 | P·C | | | | | |

a 如果水泥压蒸试验合格，则水泥中氧化镁的含量（质量分数）允许放宽至 6.0%；
b 如果水泥中氧化镁的含量（质量分数）大于 6.0%时，需进行水泥压蒸安定性试验并合格；
c 当有更低要求时，该指标由买卖双方协商确定。

**2. 碱含量**

水泥中碱含量按 $Na_2O + 0.658K_2O$ 计算值表示。若使用活性骨料，用户要求提供低碱水泥时，水泥中的碱含量应不大于 0.60%或由买卖双方协商确定。

### 3. 物理指标

（1）凝结时间

硅酸盐水泥初凝不小于 45min，终凝不大于 390min；普通硅酸盐水泥、矿渣硅酸盐水泥、火山灰质硅酸盐水泥、粉煤灰硅酸盐水泥和复合硅酸盐水泥初凝不小于 45min，终凝不大于 600min。

（2）安定性

沸煮法合格。

（3）强度

不同品种、不同强度等级的通用硅酸盐水泥，其不同各龄期的强度应符合表 2-7 的规定。

表 2-7　通用硅酸盐水泥强度等级指标

| 品种 | 强度等级 | 抗压强度/MPa | | 抗折强度/MPa | |
|---|---|---|---|---|---|
| | | 3d | 28d | 3d | 28d |
| 硅酸盐水泥 | 42.5 | ≥17.0 | ≥42.5 | ≥3.5 | ≥6.5 |
| | 42.5R | ≥22.0 | | ≥4.0 | |
| | 52.5 | ≥23.0 | ≥52.5 | ≥4.0 | ≥7.0 |
| | 52.5R | ≥27.0 | | ≥5.0 | |
| | 62.5 | ≥28.0 | ≥62.5 | ≥5.0 | ≥8.0 |
| | 62.5R | ≥32.0 | | ≥5.5 | |
| 普通硅酸盐水泥 | 42.5 | ≥17.0 | ≥42.5 | ≥3.5 | ≥6.5 |
| | 42.5R | ≥22.0 | | ≥4.0 | |
| | 52.5 | ≥23.0 | ≥52.5 | ≥4.0 | ≥7.0 |
| | 52.5R | ≥27.0 | | ≥5.0 | |
| 矿渣硅酸盐水泥 火山灰硅酸盐水泥 粉煤灰硅酸盐水泥 | 32.5 | ≥10.0 | ≥32.5 | ≥2.5 | ≥5.5 |
| | 32.5R | ≥15.0 | | ≥3.5 | |
| | 42.5 | ≥15.0 | ≥42.5 | ≥3.5 | ≥6.5 |
| | 42.5R | ≥19.0 | | ≥4.0 | |
| | 52.5 | ≥21.0 | ≥52.5 | ≥4.0 | ≥7.0 |
| | 52.5R | ≥23.0 | | ≥4.5 | |
| 复合硅酸盐水泥 | 32.5R | ≥15.0 | ≥32.5 | ≥3.5 | ≥5.5 |
| | 42.5 | ≥15.0 | | ≥3.5 | |
| | 42.5R | ≥19.0 | ≥42.5 | ≥4.0 | ≥6.5 |
| | 52.5 | ≥21.0 | | ≥4.0 | |
| | 52.5R | ≥23.0 | ≥52.5 | ≥4.5 | ≥7.0 |

（4）细度

硅酸盐水泥和普通硅酸盐水泥以比表面积表示，不小于 $300m^2/kg$；矿渣硅酸盐水泥、火山灰质硅酸盐水泥、粉煤灰硅酸盐水泥和复合硅酸盐水泥以筛余表示，$80\mu m$ 方孔筛筛余不大于 10％或 $45\mu m$ 方孔筛筛余不大于 30％。

## 五、水泥的合格品、不合格品的评定

通用硅酸盐水泥的"化学指标""凝结时间""安定性""强度"均符合标准规定则判定为合格，若有任何一项不符合标准规定，则判定为不合格。

## 六、水泥抽样方法、仲裁

### 1. 抽样方法

水泥出厂抽检，按同品种、同强度等级编号和取样。袋装和散装水泥应分别进行编号和取样。每一编号为一个取样单位。取样要填写取样单，取样单内容主要有：水泥编号，水泥品种，强度等级，取样日期，取样地点，取样人。按《水泥取样方法》（GB/T 12573—2008），取样操作方法有手工取样和自动取样。

（1）手工取样

手工取样时，散装水泥和袋装水泥分别采用专用取样器取样。

① 散装水泥取样

水泥深度不超过 2m 时，每一个编号内采用散装水泥取样器随机取样。通过转动取样器内管控制开关，在适当位置插入水泥一定深度，关闭控制开关后小心抽出，将所取样品放入（干燥、密闭、防潮、不易破损）专用容器中。每次抽取的单样尽量一致。

② 袋装水泥取样

每一个编号内随机抽取不少于 20 袋水泥，采用袋装水泥取样器取样，将取样器沿对角线方向插入水泥包装袋中，用大拇指按住气孔，小心抽取样管，将所得样品放入（干燥、密闭、防潮、不易破损）专用容器中。每次抽取的单样尽量一致。

（2）自动取样

自动取样采用自动取样器取样。取样装置一般安装在尽量接近水泥包装机或散装容器的管道中，从流动的水泥流中取样，将所得样品放入（干燥、密闭、防潮、不易破损）专用容器中。

### 2. 仲裁

以抽取实物试样的检验结果为验收依据时，40d 以内，买方检验认为产品质量不符合标准要求，而卖方又有异议时，则双方应将卖方保存的另一份试样送省级或省级以上国家认可的水泥质量监督检验机构进行仲裁检验。水泥安定性仲裁检验时，应在取样之日起 10d 以内完成。

以生产者同编号水泥的检验报告为验收依据时，90d 以内，买方对水泥产品质量有疑问时，则双方应将共同认可的试样送省级或省级以上国家认可的水泥质量监督检验机构进行仲裁检验。

# 第二节　水泥试验

检测主要依据标准：

《通用硅酸盐水泥》GB 175—2007 及《通用硅酸盐水泥》国家标准第 2 号修改单 GB 175—2007/XGZ—2015；

《水泥细度检验方法　筛析法》GB/T 1345—2005；

《水泥比表面积测定方法　勃氏法》GB/T 8074—2008；

《水泥密度测定方法》GB/T 208—2014；

《水泥标准稠度用水量、凝结时间、安定性检验方法》GB/T 1346—2011；

《水泥胶砂强度检验方法（ISO 法）》GB/T 17671—1999；

《水泥胶砂流动度测定方法》GB/T 2419—2005。

## 一、水泥标准稠度用水量、凝结时间、安定性检测

### 1. 水泥标准稠度用水量检测

（1）主要仪器

① 水泥净浆搅拌机：搅拌叶片公转：慢速（62±5）r/min，快速（125±10）r/min；搅拌叶片自转：慢速（140±5）r/min，快速（285±10）r/min。

② 标准法维卡仪：滑动部分总重量（300±1）g，与试杆和试针连接的滑动杆表面光滑，能够靠重力自由下落，不得有紧涩和旷动现象，如图 2-3 所示。

③ 量筒：±0.5mL。

④ 天平：最大量程不小于 1000g，分度值不大于 1g。

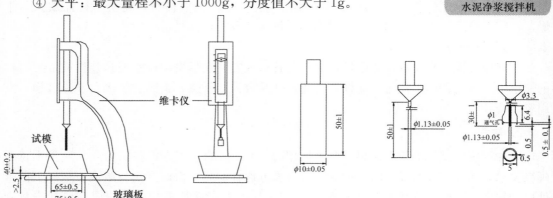

图 2-3　标准法维卡仪和凝结时间试针

（2）试验步骤

① 使用前检查仪器是否处于正常工作状态。

② 搅拌锅和叶片用湿抹布擦过，将拌合水倒入搅拌锅中。

③ 5～10s 将称好的水泥 500g 加入水中并防止水和水泥溅出。

④ 搅拌锅放在锅座上，升至搅拌位置。

⑤ 选择搅拌程序，启动搅拌机，低速搅拌 120s、停机 15s、高速搅拌 120s、停机。

⑥ 关闭电源、取下搅拌锅进行标准稠度测定：立即将搅拌好的水泥净浆取适量，一次性装入已置于玻璃板上的试模中，浆体超过试模上端，用宽约 25mm 的直边刀轻轻拍打超出试模部分的浆体 5 次，以排除浆体中的孔隙，然后在试模上表面约 1/3 处，略倾斜于试模表面分别向外轻轻锯掉多余净浆后，再沿试模边沿轻抹顶部一次，使净浆表面光滑。在锯掉多余净浆和抹平的操作过程中，不要压实净浆；抹平后迅速将试模和底板移至维卡仪下，并将其中心定在试杆下，降低试杆直至与水泥净浆表面接触，拧紧螺丝 1～2s 突然松动，使试杆垂直自由地沉入水泥净浆中。在试杆静止或沉入 30s 时记录试杆距玻璃板的距离，升起试杆擦净。整个操作过程在 1.5min 内完成。

（3）试验结果

试杆沉入距玻璃板（6±1）mm 的水泥净浆为标准稠度净浆。其拌合水量为该水泥的标准稠度用水量（$P$），按水泥质量的百分比计，按下式计算：

$$P = \frac{W}{500} \times 100\%$$

式中　$P$——标准稠度用水量，%；

　　　$W$——加水质量，m。

**2. 水泥凝结时间检测**

（1）主要仪器

标准法维卡仪、凝结时间试针、水泥标准养护箱〔温度（20±1）℃，相对湿度不低于 90%〕。

（2）试验步骤

① 将维卡仪的试杆换成水泥初凝测试试针，调整试针接触玻璃板时指针对准零点。

② 将制备好的标准稠度水泥净浆按测标稠时的成型方法成型，放入标准养护箱中。记录水泥全部加入水中的时刻为凝结时间的起始时刻 $t_n$。

"扫扫看"
恒温恒湿养护箱

③ 试件在标准养护箱中养护至加水 30min 后进行第一次测定。试针与浆体上表面接触时突然松动螺丝，试针垂直自由地沉入水泥净浆中，试针停止下沉或释放 30s 时读取数值。试针沉入水泥净浆距底板（4±1）mm 时为水泥的初凝状态，此时记录初凝时刻 $t_{n1}$。

④ 初凝测完，将试模连同浆体以平移的方式从玻璃板上取下，翻转 180°直径大端向上放在玻璃板上，试件移入标准养护箱中。维卡仪换上终凝测试试针。临近终凝时每隔 15min 测试一次。当试针从浆体表面进入浆体 0.5mm，即终凝测试试针的环形附件不能在试件表面留下压痕时为水泥的终凝时刻 $t_{n2}$。

（3）试验结果

初凝时间：$\Delta t_c = t_{n1} - t_n$，终凝时间：$\Delta t_z = t_{n2} - t_n$

式中　$\Delta t_c$——初凝时间，min；

　　　$\Delta t_z$——终凝时间，min；

$t_{n1}$——初凝时刻；

$t_{n2}$——终凝时刻；

$t_n$——起始时刻。

### 3. 水泥安定性检测

（1）主要仪器

① 水泥净浆搅拌机：搅拌叶片公转：慢速（62±5）r/min，快速（125±10）r/min；搅拌叶片自转：慢速（140±5）r/min，快速（285±10）r/min。

② 雷氏夹：自然状态雷氏夹两指针间距离（10±1）mm；当一指针根部悬挂在金属丝或尼龙绳上，另一指针根部悬挂300g质量的砝码时，两指针针尖的距离增量在（17.5±2.5）mm范围内。当去掉砝码后针尖距离能恢复原状，如图2-4所示。

③ 雷氏夹膨胀值测定仪，最小刻度为0.5mm，如图2-5所示。

④ 沸煮箱：自动控制（30±5）min内将（20±2）℃的水加热至沸且恒沸（180±5）min后停止。手动控制可以在任意情况下关闭或开启大功率电热管。

⑤ 玻璃板：100mm×100mm，厚度为4～5mm。

（2）试验步骤

标准法：

① 雷氏夹、与水泥浆体接触的玻璃板涂抹油，雷氏夹静放于玻璃板上。

"扫扫看"
沸煮箱

"扫扫看"
水泥干缩仪

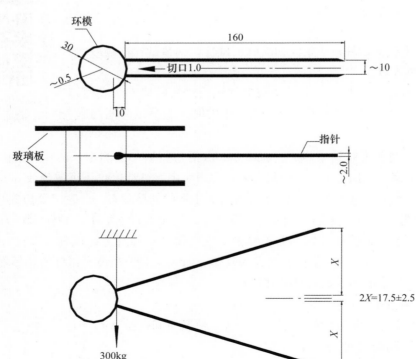

图 2-4 雷氏夹及受力示意图

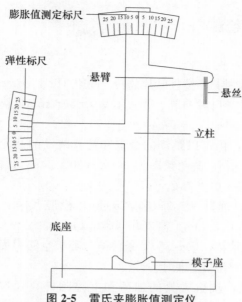

图 2-5 雷氏夹膨胀值测定仪

② 标准稠度的水泥净浆分别装入两只雷氏夹中，用（约 25mm 宽）小刀插捣 3 次抹平后用玻璃板盖上。

③ 雷氏夹试件移入标准养护箱中，养护（24±2）h 后取出脱去玻璃板，用雷氏夹膨胀值测定仪量取雷氏夹指针尖端的初值（$A$），精确至 0.5mm。

④ 雷氏夹试件移入盛水沸煮箱，指针尖端向上，（30±5）min 内加热至沸且恒沸（180±5）min。

代用法：

① 两片 100mm×100mm 的玻璃板表面涂抹油。

② 用标准稠度的水泥净浆制备两个大小基本相等的球，分别放在两个玻璃板上，轻轻振动，用湿布擦过的小刀由边缘向中心抹成直径 70～80mm、中心厚约 10mm、边缘薄、表面光滑的试饼。

③ 养护同标准法。

④ 试饼从玻璃板上取下，在无缺陷的情况下放入蒸煮箱。（30±5）min 内加热至沸且恒沸（180±5）min。

（3）试验结果

蒸煮时间结束，放掉水，冷却至室温取出试件。

标准法：用雷氏夹膨胀值测定仪量取雷氏夹指针尖端的终值（$C$），精确至 0.5mm。计算两个试件终值与初值之差（$C-A$）为雷氏夹膨胀值。两个试件膨胀值平均值不超过 5mm 时，则为水泥安定性合格，反之则不合格。当两个试件膨胀值的平均值大于 5mm 时，应用同一样品立即重做一次试验，以复检结果为准。

代用法：目测试饼无裂纹，直尺检查试饼背面无弯曲，则为安定性合格，反之则不合格。当两个试饼判定有矛盾，则为安定性不合格。

"扫扫看"
水泥干缩试模、试件

"扫扫看"
水泥安定性试件、
不合格试件

## 二、水泥胶砂强度检测

### 1. 主要仪器

（1）行星式水泥胶砂搅拌机：搅拌叶片公转：慢速（62±5）r/min，快速（125±10）r/min；搅拌叶片自转：慢速（140±5）r/min，快速（285±10）r/min。

"扫扫看"
水泥胶砂搅拌机

（2）水泥胶砂振实台：由可以跳动的台盘和使其跳动的凸轮等组成；振幅为（15±0.3）mm，振动频率为 60 次/（60±2）s。臂杆、模套和卡具总重量（13.75±0.25）kg。

（3）水泥三联试模：重量（6.25±0.25）kg；模腔尺寸：长（160±0.8）mm，宽（40±0.2）mm，高（40.1±0.1）mm。

（4）水泥胶砂试体养护箱：（0～35）℃条件下，养护空间温度自动控制在（20±1）℃，相对湿度不低于 90%。

"扫扫看"
水泥胶砂振实台

（5）水泥抗折试验机：抗折夹具的加荷和支撑圆柱直径应为（10±0.1）mm；两个支撑圆柱中心距离为（100±0.1）mm；加荷速度（50±5）N/s[（0.1170±0.0117）MPa]。

（6）压力机：抗压试验机以 200～300kN 为宜；在接近 4/5 量程范围内使用时，记录的荷载应有±1%精度，可控加荷速率（2400±200）N/s。

"扫扫看"
水泥压力机

（7）40mm×40mm 水泥抗压夹具：符合 JC/T 683—2005 要求，夹具上放 2300g 砝码时，上下压板的距离应在 37～42mm 之间。

（8）天平：精度±1g。

（9）播料器、刮平尺。

### 2. 检测步骤

（1）水泥胶砂试体成型

水泥胶砂试体成型养护环境条件：成型室的环境温度（20±2）℃，相对湿度不低于 50%。

① 检查水泥胶砂搅拌机工作状态。将空试模和模套固定在振实台上。

"扫扫看"
抗折机

② 秤取：水泥 450g，标准砂 1350g，水 225g。对火山灰质硅酸盐水泥、粉煤灰硅酸盐水泥、复合硅酸盐水泥和掺火山灰质混合材的普通硅酸盐水泥，其用水量按 0.5 水灰比和胶砂流动度不小于 180mm 来确定。当流动度小于 180mm 时，须以 0.01 的整数倍递增的方法将水灰比调整到胶砂流动度不小于 180mm。

③ 将标准砂加入加砂漏斗中。

④ 将水加入搅拌锅中，再加入水泥，把锅放在固定架上，升至固定位置。

⑤ 选择搅拌程序，立即开机，低速搅拌 30s 后，在第二个 30s 开始的同时加入标准砂，（30±1）s 加完标准砂，再高速搅拌 30s，停 90s，再高速搅拌 60s。总计搅拌时间 240s。

⑥ 取下搅拌锅，将搅拌好的胶砂料分两层装入试模中成型。装第一层时每个槽里约

放 300g 胶砂料，用大播料器来回一次将料播平，启动振实台，振动 60 次。

⑦ 将剩余的胶砂料均匀地装入 3 个槽中，用小播料器来回一次播平，振动 60 次，取下试模刮抹平，编号后放入水泥胶砂试体养护箱。两个龄期以上的试体，在编号时应将同一试模中的三条试体分在两个以上龄期内。

⑧ 用塑料锤或橡皮椰头或专用脱模器脱模。24h 龄期的应在破型前 20min 脱模；24h 以上龄期的应在成型后 20～24h 脱模。

⑨ 脱模后胶砂试体立即水平或竖直放在（20±1）℃水中养护，水平放置时刮平面朝上。养护期间试体之间间隔或试体上表面的水深不得小于 5mm。

（2）水泥胶砂强度测定

除 24h 龄期或延迟至 48h 脱模的试体外，任何到期的试体应在破型前 15min 从水中取出，擦去试体表面沉淀物，并用湿布覆盖至试验为止。试体龄期从水泥加水搅拌开始算起。不同龄期强度试验在下列时间进行：

——24h±15min；

——48h±30min；

——72h±45min；

——7d±2h；

——＞28d±8h。

① 抗折强度

将水泥胶砂试体的一个侧面放在试验机支撑圆柱上，试体长轴垂直于支撑圆柱，通过加荷圆柱以（50±5）N/s[（0.1170±0.0117）MPa] 的速度均匀地将荷载垂直加在棱柱体相对侧面上，直至折断。

② 抗压强度

抗压前保持半截棱柱体处于湿润状态。抗压在半截棱柱体侧面进行。半截棱柱体逐一放入 40mm×40mm 水泥抗压夹具进行试验。半截棱柱体中心与压力机压板受压中心差应在±0.5mm 内，棱柱体露在压板外的部分约 10mm。整个加荷过程以（2400±200）N/s 的速度均匀地加荷直至破坏。

**3. 检测结果**

（1）抗折强度

抗折强度按下式计算，精确至 0.1MPa：

$$R_f = \frac{1.5F_f \cdot L}{b^3}$$

式中 $R_f$——抗折强度，MPa；

$F_f$——抗折破坏荷载，N；

$L$——支撑圆柱的距离，mm；

$b$——棱柱体正方形截面边长，mm。

抗折强度以三个试体结果的平均值作为试验结果。若三个值中有超过平均值±10% 的，应剔除后再取平均值作为抗折强度试验结果。

（2）抗压强度

抗压强度按下式计算，精确至 0.1MPa：

$$R_c = \frac{F_c}{A}$$

式中   $R_c$——抗压强度，MPa；

      $F_c$——破坏时最大荷载，N；

      $A$——受压面积（$40 \times 40$），$mm^2$。

抗压强度以六个半截棱柱体抗压强度的算术平均值作为试验结果。如果六个值中有一个超过平均值的$\pm 10\%$时，剔除该值，以剩余五个的平均值作为试验结果。如果五个测定值中再有超过平均值的$\pm 10\%$的，则此组结果作废。

（3）强度等级的评定

通用硅酸盐水泥强度等级评定，是测定 3d 和 28d 的抗折、抗压强度，其结果要符合《通用硅酸盐水泥》（GB 175—2007）及第 2 号修改单中相应的强度等级要求。

## 三、水泥细度检测

### 1. 筛析法（筛余百分数测定）

（1）主要仪器

① 试验筛：试验筛由圆形筛框和筛网组成，筛网符合《试验筛 金属丝编织网、穿孔板和电成型薄板 筛孔的基本尺寸》（GB/T 6005—2008）中 R20/3 系列 $80\mu m$ 及 $45\mu m$ 的要求。试验筛分负压筛、水筛和手工筛。手工筛筛框高 50mm，筛子直径 150mm；负压筛、水筛结构尺寸，如图 2-6 所示。

② 天平：最小分度值不大于 0.01g。

③ 烘箱。

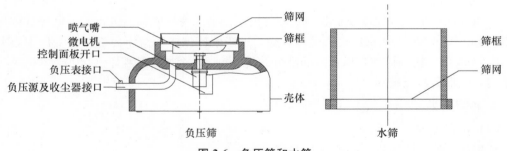

**图 2-6 负压筛和水筛**

（2）检测步骤

试验前所用筛子应保持清洁，负压筛和手工筛应保持干燥。试验时，$80\mu m$ 筛析试验称取试样 25g，$45\mu m$ 筛析试验称取试样 10g。

负压筛析法：

① 负压筛放在筛座上，盖上筛盖，接通电源检查控制系统，调节负压至 4000～6000Pa。

② 称取试样精确至 0.01g 放于负压筛中，负压筛放在筛座上，盖上筛盖，接通电源，开动负压筛析仪，连续筛析 2min，在此期间如有试样附着在筛盖上可轻轻敲击筛盖使试样下落。筛毕，用天平称量全部筛余物。

水筛法：

① 调整好水压及水筛架的位置，使其能正常运转，并控制喷头底面和筛网之间的距离：35～70mm。

② 称取试样精确至 0.01g 放于清洁的水筛中，立即用清水冲至大部分细粉通过，放在水筛架上，用水压（0.05±0.02)MPa 的喷头连续冲洗 3min。筛毕，用少量的水把筛余物冲至蒸发皿中，水泥颗粒沉淀后倒出清水，烘干后用天平称量全部筛余物。

手工筛析法：

① 称取试样精确至 0.01g 放于清洁的手工筛中。

② 一只手持筛往返摇动，另一只手轻轻拍打，往返摇动和拍打过程应保持近水平。

拍打速度大约每分钟 120 次，每 40 次向同一方向转 60°，使试样均匀分布在筛网上，直至每分钟通过的试样量不超过 0.03g 为止，用天平称量全部筛余物。

（3）检测结果计算及处理

① 筛余百分数按下式计算，精确至 0.1%：

$$F = \frac{R_t}{W}$$

式中　$F$——水泥筛余百分数，%；

　　　$R_t$——水泥筛余物质量，g；

　　　$W$——水泥试样质量，g。

② 筛余结果修正

将计算结果乘以所用筛的修正系数 $C$，即筛析法的最终结果。$C$ 值的有效范围：0.80～1.20。

③ 检测结果

负压筛、水筛和手工筛的结果发生争议时，以负压筛为准。

合格评定时，每个样品应称取两个试样分别筛析，取筛余平均值为筛析结果。若两次筛余结果绝对值误差大于 0.5%时（筛余值大于 5.0%时可放至 1.0%）应再做一次，取两次相近结果的算数平均值，作为最终结果。

**2. 勃氏法（比表面积测定）**

勃氏法水泥比表面积测定有自动勃氏透气仪法和手动勃氏透气仪法两种，当同一水泥用手动勃氏透气仪测定的结果与自动勃氏透气仪测定的结果有争议时，以手动勃氏透气仪测定的结果为准。

自动勃氏透气仪法：

（1）主要仪器

① 自动水泥比表面积透气仪：该仪器型号较多，本篇介绍 TBT-9 型，如图 2-7 所示。

② 烘箱：控制温度±1℃。

③ 分析天平：分度值 0.001g。

（2）检测步骤

① 打开电源，U 形管加水至仪器显示 "good"。封闭 U 形管，检查 U 形管气密性。

② 仪器常数标定：

用水银标定圆筒体积 $V$，精确至 0.001cm³。

"扫扫看"
全自动比表面积测定仪

按下式计算标定用标准样质量 $m$，精确至 $0.001g$：

$$m=\rho \cdot V \cdot (1-\varepsilon)$$

式中　$m$——标准样质量，g；

　　　$\rho$——标准样密度，$g/cm^3$；

　　　$\varepsilon$——空隙率，标准样为 0.5。

标准样装入圆筒（标准样上下均放滤纸），用捣器均匀捣实标准样直到捣器的支持环与圆筒的顶面接触，旋转捣器 1～2 周，缓慢取出捣器，圆筒下端擦抹密封膏后放入 U 形管右口。

按"K"值键，输入已知标准样比表面积、密度、孔隙率，启动"Stop/Mesure"键，待显示屏上透气时间数字变化停止后，显示出标定常数 K（仪器自动记录 K 值）。

③ 水泥试样料层制备：

将待测水泥样，按公式 $m=\rho \cdot V \cdot (1-\varepsilon)$ 计算质量，其中 $\varepsilon$：P·Ⅰ、P·Ⅱ水泥选 $0.500\pm0.005$，其他水泥选 $0.530\pm0.005$。

④ 圆筒下端擦抹密封膏后放入图 2-7 中 U 形管右口。按"S"值键，再启动"Stop/Mesure"键，待透气时间数字变化停止后，自动测得比表面积值。

手动勃氏透气仪法：

（1）主要仪器

① 手动水泥比表面积透气仪：如图 2-8 所示。

② 烘箱：控制温度 ±1℃。

③ 分析天平：分度值 0.001g。

④ 秒表：精确至 0.5s。

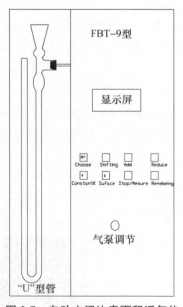

图 2-7　自动水泥比表面积透气仪

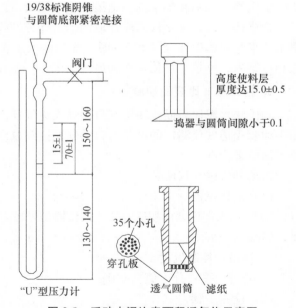

图 2-8　手动水泥比表面积透气仪示意图

（2）检测步骤

① 检查仪器气密性。

② 确定试样和标准样质量：

实验料层制备方法：同自动法。

用水银标定圆筒体积 $V$（0.001cm³）；计算水泥试样和标准样质量 $m$（0.001g）；

$$m=\rho\cdot V\cdot(1-\varepsilon)$$

式中 $\rho$——试样（标准样）密度，g/cm³；

$\varepsilon$——空隙率，标准样为0.500，P·Ⅰ、P·Ⅱ水泥选0.500±0.005，其他水泥选0.530±0.005。

③ 透气试验：圆筒下端擦抹密封膏后放入图2-8中U形管右口，按《水泥比表面积测定方法 勃氏法》（GB/T 8074—2008）操作，分别记录水泥试样和标准样透气时间（s）以及试验温度。

（3）检测结果计算

试验时的温度与校准时的温度之差≤3℃时，按下式计算水泥比表面积：

$$S=\frac{S_s\rho_s\sqrt{T}\ (1-\varepsilon_s)\ \sqrt{\varepsilon^3}}{\rho\sqrt{T_s}\ (1-\varepsilon)\ \sqrt{\varepsilon_s^3}}$$

式中 $S$——水泥试样比表面积，cm²/g；

$S_s$——标准样比表面积，cm²/g；

$T_s$——标准样透气时间，s；

$T$——水泥试样透气时间，s；

$\rho$——水泥试样的密度，g/cm³；

$\rho_s$——标准样的密度，g/cm³；

$\varepsilon$——水泥试样的空隙率；

$\varepsilon_s$——标准样的空隙率。

检测结果处理：

两次结果相差不超过2%，取两次的平均值确定，计算结果至10cm²/g。

## 四、水泥胶砂流动度测定

### 1. 主要仪器

（1）水泥胶砂流动度测定仪（跳桌）：25次/（25±1）s。

（2）水泥胶砂搅拌机：符合《行星式水泥胶砂搅拌机》（JC/T 681—2005）的要求。

（3）试模：由截锥圆模和模套组成。高度（60±0.5）mm；上口内径（70±0.5）mm；下口内径（100±0.5）mm；下口外径120mm；模壁厚度5mm。

（4）捣棒：直径（20±0.5）mm，长度200mm；上部手柄滚花，下部光滑。

（5）小刀：刀口平直，长度大于80mm。

（6）卡尺：量程不小于300mm，分度值不小于0.5mm。

（7）天平：量程不小于1000g，分度值不小于1g。

### 2. 检测步骤

（1）跳桌24h未使用，先空跳一个周期25次。

"扫扫看"
电动跳桌

"扫扫看"
胶砂试体、试模

（2）胶砂制备按《水泥胶砂强度检验方法（ISO 法）》（GB/T 17671—1999）进行，制备胶砂料的同时，用湿棉布擦拭跳桌台面、试模内壁、捣棒以及与胶砂料接触的用具，将试模放在跳桌台面的中央，并用湿棉布覆盖。

（3）将搅拌好的胶砂料分两层装入试模中，第一层装至截锥圆模高度约三分之二处，用小刀在相互垂直的两个方向各划 5 次，用捣棒由边缘向中心捣压 15 次；第二层装料高出截锥圆模 20mm，用小刀在相互垂直的两个方向各划 5 次，用捣棒由边缘向中心捣压 10 次。捣压后的胶砂略高于试模。第一次捣压至胶砂高度的二分之一，第二层捣压不超过已捣实的底层表面，插捣位置如图 2-9、图 2-10 所示。

（4）捣压完毕，取下模套，将小刀倾斜，从中间向边缘两次以近水平的角度抹去高出截锥圆模的胶砂，将截锥圆模垂直向上提起，立即启动跳桌，以每秒一次的频率跳动 25 次。

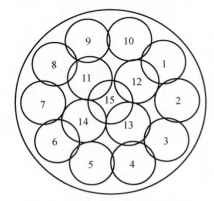
图 2-9　第一层捣压位置示意图

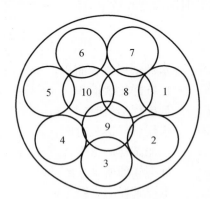
图 2-10　第二层捣压位置示意图

**3. 检测结果**

跳动完毕，用卡尺量取胶砂料底部相互垂直的直径，计算平均值，取整数，单位 mm。该平均值即为该水量的水泥胶砂流动度。

### 五、影响水泥胶砂强度检测结果的因素

水泥胶砂搅拌锅升不到位，搅拌锅与叶片间隙过大；振实台振动成型时第一次与第二次装料厚度相差过大；胶砂料振实后试模刮抹不当；加水量不准；自动加砂漏斗截留标准砂；破型前养护不当；拆模方法不当；加荷速度不当；水泥抗压夹具定位销不能保证抗压胶砂试体居中受压。

# 第三节　石灰理论知识

## 一、石灰的熟化和硬化

石灰生产的主要原料是以碳酸钙为主要成分的石灰岩，也可用化工副产品，如制取乙炔时所产生的电石渣（主要成分是氢氧化钙-消石灰），或者用氨碱法制碱所得的残渣（主

要成分为碳酸钙）。

石灰岩（碳酸钙）进行煅烧后即可得到以氧化钙为主要成分的生石灰。

**1. 熟化**

生石灰的熟化是指与水发生化学反应，生成氢氧化钙的过程：

$$CaO + H_2O \Longrightarrow Ca(OH)_2 + 64.9kJ$$

（1）生石灰熟化特点

发热量大：最长 1h 放出的热量是半水石膏 1h 放出热量的 10 倍，是普通硅酸盐水泥放出热量的 9 倍，而且放热速度比其他胶凝材料大得多。

体积增长：成分比较纯并且低烧适宜的生石灰，熟化后体积可增大 1～1.5 倍。

反应可逆：547℃熟化产物氢氧化钙可分解为氧化钙和水。

（2）熟化常用方法

淋灰法：生石灰中均匀加入 70% 左右的水（理论 31.2%），得到颗粒细小、分散的消石灰。

陈伏法：将生石灰块和水加入化灰池中熟化。为了进一步消除过火石灰在使用中的危害，石灰浆要在储灰池中放置 1～2 周时间（陈伏期），期间浆体表面要保持一层水，避免石灰浆碳化。

**2. 硬化**

石灰浆体在空气中会逐步结晶、碳化，浆体变硬，这就是石灰浆体的硬化。

（1）结晶：石灰浆体中游离水分逐步蒸发，氢氧化钙从饱和溶液中析出。

（2）碳化：氢氧化钙与空气中的二氧化碳及水化合生成碳酸钙，释放出水分并蒸发。

$$Ca(OH)_2 + CO_2 + nH_2O \longrightarrow CaCO_3 + (n+1)H_2O$$

碳化作用首先是二氧化碳与水反应形成碳酸，然后再与氢氧化钙反应生成碳酸钙，碳酸钙的固相体积略大于氢氧化钙，所以石灰浆体硬化后结构更加致密。石灰浆体的碳化从表面开始，如果没有水分，碳化就会停止。如果水分过多，浆体孔隙中几乎充满水分，二氧化碳气体渗透量很少，碳化作用只在表面进行。当孔壁处于湿润状态且不充满水，碳化进行较快。当生产的碳酸钙达到一定厚度，致密的碳酸钙层将阻止二氧化碳进一步向内渗透，同时浆体中的水分也不易蒸发出来，氢氧化钙的结晶速度减慢，所以，石灰浆体碳化过程比较缓慢。

## 二、石灰储存运输

生石灰块在空气中久置，会吸收空气中的水分，自动熟化成消石灰粉，再与空气中二氧化碳作用形成碳酸钙而失去胶凝能力。所以生石灰不易久存，若存储要注意防潮。生石灰最好到现场后立即熟化成石灰浆，变储存期为"陈伏"期。生石灰受潮熟化放出大量热，且体积膨胀，所以存储和运输都应注意安全。

## 三、石灰的应用

**1. 配制灰土或三合土**

将消石灰与黏土按一定比例拌和均匀，夯实而成灰土。常用消石灰和黏土的比例有

1∶9、1∶6、2∶8、3∶7（体积比）等。若将消石灰、黏土和集料（砂、炉渣、碎砖）按一定比例拌和并夯实即为三合土。灰土、三合土一般用作建筑物和路基垫层。

**2. 配制砂浆**

熟化后的石灰膏配制的混合砂浆是建筑行业用量较大、用途较广的。水泥、砂、石灰膏可配制砌筑水泥混合砂浆；石灰膏、砂或麻刀和纸筋可配制室内抹面砂浆；石灰膏还可稀释成石灰乳进行室内粉刷。

现在，建筑工地大量使用生石灰粉（块状生石灰直接粉碎、磨细）代替石灰膏和消石灰粉。生石灰粉具有许多优点：比表面积大，水化反应速度快（提高30～50倍），一般只需陈伏1～2天，提高功效，节约场地，改善环境；石灰中欠火成分也一同磨细，提高石灰利用率，水化过程中放出的热量又可加快石灰硬化，改善石灰硬化缓慢的缺点。

**3. 生产硅酸盐制品**

以石灰和硅质材料（石英砂、粉煤灰、矿渣等）为原料，加入适量水，经成型、蒸压等工序制造的建筑材料称硅酸盐制品，如硅酸盐砖、硅酸盐混凝土砌块等。

## 四、石灰的技术指标

### 1. 建筑生石灰

建筑生石灰的化学成分见表2-8，物理性质见表2-9。

表2-8　建筑生石灰的化学成分

| 名称 | （氧化钙＋氧化镁）/% | 氧化镁/% | 二氧化碳/% | 三氧化硫/% |
|---|---|---|---|---|
| CL90-Q<br>CL90-QP | ≥90 | ≤5 | ≤4 | ≤2 |
| CL85-Q<br>CL85-QP | ≥85 | ≤5 | ≤7 | ≤2 |
| CL75-Q<br>CL75-QP | ≥75 | ≤5 | ≤12 | ≤2 |
| ML85-Q<br>ML85-QP | ≥85 | >5 | ≤7 | ≤2 |
| ML80-Q<br>ML80-QP | ≥80 | >5 | ≤7 | ≤2 |

表2-9　建筑生石灰物理性质

| 名称 | 产浆量/(dm³/10kg) | 细度 | |
|---|---|---|---|
| | | 0.2mm 筛余量/% | 90μm 筛余量/% |
| CL90-Q<br>CL90-QP | ≥26<br>— | —<br>≤2 | —<br>≤7 |
| CL85-Q<br>CL85-QP | ≥26<br>— | —<br>≤2 | —<br>≤7 |
| CL75-Q<br>CL75-QP | ≥26<br>— | —<br>≤2 | —<br>≤7 |

续表

| 名称 | 产浆量/(dm³/10kg) | 细度 | |
|---|---|---|---|
| | | 0.2mm 筛余量/% | 90μm 筛余量/% |
| ML85-Q<br>ML85-QP | — | 2 | ≤7 |
| ML80-Q<br>ML80-QP | — | ≤7 | ≤2 |

## 2. 建筑消石灰

建筑消石灰的化学成分见表 2-10,物理性质见表 2-11。

**表 2-10 建筑消石灰的化学成分**

| 名称 | (氧化钙+氧化镁)/% | 氧化镁/% | 三氧化硫/% |
|---|---|---|---|
| HCL 90<br>HCL 85<br>HCL 75 | ≥90<br>≥85<br>≥75 | ≤5 | ≤2 |
| HML85<br>HML80 | ≥85<br>≥80 | >5 | ≤2 |

注:表中数值以试样扣除游离水和化学结合水后的干基为基准。

**表 2-11 建筑消石灰的物理性质**

| 名称 | 游离水/% | 细度 | | 安定性 |
|---|---|---|---|---|
| | | 0.2mm 筛余/% | 90μm 筛余/% | |
| HCL 90 | ≤2 | ≤2 | ≤7 | 合格 |
| HCL 85 | | | | |
| HCL 75 | | | | |
| HML85 | | | | |
| HML80 | | | | |

# 第四节 石灰试验

检测主要依据标准:

《建筑生石灰》JC/T 479—2013;

《建筑消石灰》JC/T 481—2013;

《建筑石灰试验方法 第 1 部分:物理试验方法》JC/T 478.1—2013。

## 一、石灰产浆量及未消化残渣检测

### 1. 主要仪器

(1)生石灰消化器:由耐石灰腐蚀的金属制成的带盖双层容器,两层容器壁之间填充保温材料矿渣棉。生石灰消化器每 2mm 高度产浆量 1L/10kg,如图 2-11 所示。

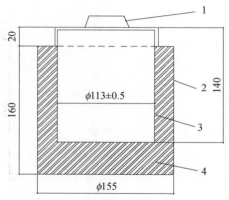

**图 2-11 带盖消化器**

1—盖子；2—外壳；3—内筒；4—保温材料

"扫扫看"
生石灰消化器

（2）玻璃量筒：500mL。

（3）天平：量程 1000g，精确度 1g。

（4）搪瓷盘：200mm×300mm。

（5）钢板尺：量程 300mm。

（6）烘箱：最高温度 200℃。

**2. 试验步骤**

在消化器中加入（320±1）mL 的水，然后加入（200±1）g 生石灰（块状石灰则碾碎成小于 5mm 的粒子）（$M$）。慢慢搅拌混合物，根据生石灰的消化需要立刻加入适量的水。继续搅拌片刻，盖上生石灰消化器的盖子，静置 24h 后，取下盖子，若此时消化器石灰膏顶面之上有不超过 40mL 的水，说明消化过程中加水量适合，否则调整加水量。测定石灰膏的高度，结果取 4 次测定的平均值（$H$），计算产浆量（$X$）。

提起消化器内筒用清水冲洗桶内残渣，至水流不浑浊（冲洗用清水仍倒入筛筒内，水总体积控制在 3000mL）将渣移入搪瓷盘内，在 100～105℃ 烘箱中，烘至恒重，冷却至室温，用 5mm 圆孔筛筛分，称取筛余质量（$M_3$），计算未消化的残渣含量（$X_3$）。

**3. 检测结果**

（1）产浆量以每 2mm 的浆体高度标识产浆量，精确至 1L/10kg：

$$X = \frac{H}{2}$$

式中　$X$——产浆量，L/10kg；

　　　$H$——四次测定浆体高度的平均值，mm。

（2）未消化残渣含量按下式计算：

$$X_3 = \frac{M_3}{M} \times 100$$

式中　$X_3$——未消化残渣百分数，%；

　　　$M_3$——未消化残渣质量，g；

　　　$M$——样品质量，g。

## 二、石灰安定性检测

### 1. 主要仪器

（1）天平：量程 200g，精度 0.2g。

（2）量筒：250mL。

（3）蒸发皿：300mL。

（4）耐热板：外径不小于 125mm，耐热度大于 150℃，

（5）烘箱：最高温度 200℃。

### 2. 检测步骤

称取试样 100g，倒入 300mL 蒸发皿中，加入常温清水 120mL 左右，在 3min 内拌和成稠浆。一次性浇筑于两块耐热板上，其饼块直径 50～70mm，中心高度 8～10mm。成饼后在室温下放置 5min，然后放入温度 100～105℃烘箱中，4h 取出。

### 3. 检测结果

烘干后肉眼观察饼块无溃散、暴突、裂纹等现象，评定为体积安定性合格；若出现三种现象之一者，评定为体积安定性不合格。

## 三、消石灰游离水检测

### 1. 主要仪器

（1）分析天平：量程 200g，分度值 0.1mg。

（2）称量瓶：30mm×60mm。

（3）烘箱：最高温度 200℃。

### 2. 检测步骤

称 5g 消石灰样品（$M_4$），精确到 0.0001g，放入称量瓶中，在（105±5）℃烘箱中烘至恒重，立即放入干燥器中，冷却至室温（20min 左右），称量（$M_5$）。

### 3. 检测结果

消石灰游离水按下式计算，精确至 1%：

$$W_F = \frac{M_4 - M_5}{M_4} \times 100$$

式中　$W_F$——消石灰游离水，%；

$M_4$——干燥前样品质量，g；

$M_5$——干燥后样品质量，g。

## 四、细度检测

### 1. 主要仪器

（1）筛子：筛孔 0.2mm 和 90$\mu$m 套筛，符合《试验筛 技术要求和检验 第 1 部分：金属丝编织网试验筛》（GB/T 6003.1—2012）。

（2）天平：量程 200g，精度 0.1g。

（3）羊毛刷：4 号。

**2. 检测步骤**

称 100g 样品（$M$），放在顶筛上。手持筛子往复摇动，不时轻轻拍打，摇动和拍打过程中应保持近水平，保持样品在整个筛子表面连续运动，用羊毛刷在筛子表面轻刷，连续筛选直到 1min 通过的试样量不大于 0.1g，称量套筛每层筛子的筛余物质量（$M_1$、$M_2$），精确至 0.1g。

**3. 实验结果**

石灰细度按下式计算，精确至 1%：

$$X_1 = \frac{M_1}{M} \times 100$$

$$X_2 = \frac{M_1 + M_2}{M} \times 100$$

式中　　$X_1$——0.2mm 方孔筛筛余百分含量，%；

$X_2$——0.2mm、90$\mu$m 方孔筛，两筛上的总筛余百分含量，%；

$M_1$——0.2mm 方孔筛筛余物质量，g；

$M_2$——90$\mu$m 方孔筛筛余物质量，g；

$M$——样品质量，g。

# 第五节　建筑石膏理论知识

## 一、建筑石膏的水化和硬化

建筑石膏是以天然石膏或工业副产品石膏经脱水处理制得的。它是以 β 半水硫酸钙为主要成分，不预加任何外加剂或添加物的粉状胶凝材料。

"扫扫看"
石膏

建筑石膏与水混合初期为可塑性浆体，但会迅速凝结硬化而失去塑性，逐渐变为固体。实质上石膏与水反应发生一系列物理化学变化：β 半水硫酸钙溶解于水，很快成为不稳定的饱和溶液，溶液中的 β 半水硫酸钙又与水反应成为二水石膏（二水硫酸钙）。

$$CaSO_4 \cdot 0.5H_2O + 1.5H_2O == CaSO_4 \cdot 2H_2O$$

水化产生的二水石膏在水中的溶解度比 β 半水硫酸钙小（为 β 半水硫酸钙的 1/5 左右），因此，β 半水硫酸钙的饱和溶液对于二水石膏而言就成了过饱和溶液，所以逐渐形成晶核，晶核大到某一临界值，二水石膏就结晶析出。溶液的浓度降低，新的 β 半水硫酸钙继续溶解和水化，循环进行，直到 β 半水硫酸钙全部与水反应完。水化不断进行，二水石膏生产量不断增加，浆体中的自由水逐步减少，浆体开始失去可塑性（称初凝）；浆体进一步变稠，结晶析出的颗粒之间的摩擦力、黏结力增加，并开始产生结构强度（称终凝）。终凝后的石膏，晶体颗粒仍然继续长大、连接和互相交错，使其强度不断增长，到一定龄期，干燥石膏强度才能稳定。建筑石膏凝结硬化过程示意如图 2-12 所示。

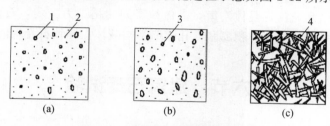

**图 2-12 建筑石膏凝结硬化示意图**

（a）胶化；（b）结晶开始；（c）结晶成长与交错

1—半水石膏；2—二水石膏胶体微粒；3—二水石膏晶体；4—交错晶体

## 二、建筑石膏的性质

### 1. 建筑石膏的技术指标

建筑石膏组成中 β 半水硫酸钙的质量分数含量应不小于 60％。工业副产品建筑石膏的放射性核素限量还应符合《建筑材料放射性核素限量》（GB 6566—2010）的要求，工业副产品建筑石膏的限制成分氧化钾、氧化钠、氧化镁、五氧化二磷和氟的含量可由供需双方商定。建筑石膏的物理力学性能见表 2-12。

**表 2-12 建筑石膏的物理力学性能**

| 等级 | 0.2mm 方孔筛筛余/% | 凝结时间/min | | 2h 强度/MPa | |
|---|---|---|---|---|---|
| | | 初凝 | 终凝 | 抗折 | 抗压 |
| 3.0 | | | | ≥3.0 | ≥6.0 |
| 2.0 | ≤10 | ≥3 | ≤30 | ≥2.0 | ≥4.0 |
| 1.6 | | | | ≥1.6 | ≥3.0 |

### 2. 建筑石膏的技术性质

（1）凝结硬化快

建筑石膏加水后数分钟将开始失去可塑性，因而使用不便。所以常用缓凝剂来调整凝结时间，如硼砂、柠檬酸、亚硫酸盐纸浆废液、动物胶等，其中硼砂效果较好（用量为石膏质量的 0.1％～0.5％）。

（2）微膨胀性

建筑石膏浆体凝结硬化初期体积产生微膨胀，膨胀量约为 0.5％～1.0％。这一性质使石膏制品形体饱满密实，表面光滑细腻。

（3）多孔性

建筑石膏理论水化需水量为石膏质量的 18.6％，为了使石膏浆体具有一定的可塑性，需要 60％～80％的水，多余的水蒸发后，浆体中留下的孔体积约占总体积的 50％～60％。

（4）防火性

硬化后的建筑石膏主要成分是二水硫酸钙，含有 21％左右的结晶水，受高温时结晶水分解渗出，石膏体表面产生水蒸气幕，阻碍火势蔓延。

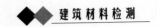

（5）耐水性、抗冻性差

潮湿条件下，二水硫酸钙晶体溶解，晶体粒子间的粘结力减弱，石膏块体强度降低；吸水受冻后，孔隙中的水结冰体积膨胀，孔隙壁结构破坏，导致石膏块体强度降低。

# 第六节 建筑石膏试验

检测主要依据标准：

《建筑石膏》GB/T 9776—2008；

《建筑石膏 一般试验条件》GB/T 17669.1—1999；

《建筑石膏 力学性能的测定》GB/T 17669.3—1999；

《建筑石膏 净浆物理性能的测定》GB/T 17669.4—1999；

《建筑石膏 粉料物理性能的测定》GB/T 17669.5—1999。

**1. 检测条件**

（1）标准试验

试验环境：试验室温度（20±2）℃，试验仪器、设备及材料（试样、水）的温度应为室温；空气相对湿度65％±5％；大气压：860～1060kPa。

样品：试验室样品应保存在密闭的容器中。

用水：全部试验用水（拌和、分析等）应用去离子水或蒸馏水。

（2）常规试验

试验环境：试验室温度，（20±5）℃；试验仪器、设备及材料（试样、水）的温度应为室温。

空气相对湿度，65％±10％。

样品：试验室样品应保存在密闭的容器中。

用水：分析试验用水应为去离子水或蒸馏水，物理力学性能试验用水应为洁净的城市生活用水。

**2. 仪器和设备**

拌和用的容器和制备试件用的模具应能防漏，因此应使用不与硫酸钙反应的防水材料（如玻璃、铜、不锈钢、硬质钢等，不包括塑料）制成。由于二水硫酸钙颗粒的存在能形成晶核，对建筑石膏性能有极大影响，所以全部试验用容器、设备都应保持十分清洁，尤其应清除已凝固石膏。

## 一、细度检测

**1. 主要仪器**

试验筛：由圆形筛帮和方孔筛网组成，筛帮直径 $\phi$200mm，筛顶用筛盖封闭，在筛底用接收盘封闭。

天平：感量0.1g。

干燥器：应具备保持试样干燥的效能。

**2. 检测步骤**

称取约 200g 样品，在（40±5）℃烘至恒重（烘干时间间隔 1h 的两次称量之差不超过 0.2g），并在干燥器中冷却至室温。将 0.2mm 的筛安放在接盘上，称 50.0g 倒入其中，盖上筛盖一只手拿住筛子，略微倾斜地摆动筛子，使其撞击另一只手。撞击的速度为 125 次/min，每撞击一次都应将筛子摆动一下，以便使试样始终均匀地撒开。每摆动 25 次后，把试验筛旋转 90°，并对着筛帮重重拍几下，继续进行筛分。当 1min 的过筛试样质量不超过 0.1g 时，则认为筛分完成，称量 0.2mm 试验筛的筛上物，作为筛余量（$m_0$）。

**3. 检测结果**

石膏细度按下式计算，精确至 0.1%：

$$F = \frac{m_0}{50} \times 100$$

式中　$F$——石膏细度，%；

　　　$m_0$——0.2mm 试验筛的筛上物质量，g。

重复试验，至两次测定之差不大于 1%，取二者的平均值为试验结果。

## 二、凝结时间检测

**1. 主要仪器**

（1）稠度仪：由内径 $\phi(50±0.1)$mm 及高$(100±0.1)$mm 的不锈钢质筒体、240mm×240mm 的玻璃板以及筒体提升机构所组成。筒体上升速度为 150mm/s，并能下降复位。稠度仪如图 2-13 所示。

（2）凝结时间测定仪：应符合《水泥净浆标准稠度与凝结时间测定仪》（JC/T 727—2005）的要求。

（3）搅拌器具

① 搅拌碗：用不锈钢制成，碗口内径 $\phi$180mm、碗深 60mm；

② 拌合棒：由三个不锈钢丝弯成的椭圆形套环所组成，钢丝直径 $\phi$1～2mm，环长约 100mm，如图 2-14 所示。

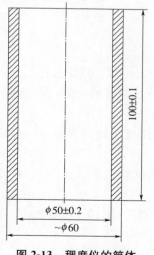

图 2-13　稠度仪的筒体

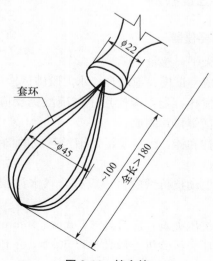

图 2-14　拌合棒

（4）天平：感量 1g。

**2. 检测步骤**

（1）标准稠度用水量的测定

将试样按下述步骤连续测定二次。

先将稠度仪的筒体内部及玻璃板擦净，并保持湿润，将筒体复位，垂直放置于玻璃板上。将估计的标准稠度用水量的水倒入搅拌碗中。称取试样 300g，在 5s 内倒入水中。用拌和棒搅拌 30s，得到均匀的石膏浆，然后边搅拌边迅速注入稠度仪筒体内，并用刮刀刮去溢浆，使浆面与筒体上端面齐平。从试样与水接触开始至 50s 时，开动仪器提升按钮。待筒体提去后，测定料浆扩展成的试饼两垂直方向上的直径，计算其算术平均值。记录料浆扩展直径等于（180±5）mm 时的加水量。加入的水的质量与试样的质量之比，以百分数表示。取二次测定结果的平均值作为该试样标准稠度用水量，精确至 1%。

（2）凝结时间的测定

将试样按下述步骤连续测定二次。

按标准稠度用水量称量水，并把水倒入搅拌碗中。称取试样 200g，在 5s 内将试样倒入水中。用拌和棒搅拌 30s，得到均匀的料浆，倒入环模中，然后将玻璃底板抬高约 10mm，上下震动五次。用刮刀刮去溢浆，并使料浆与环模上端齐平。将装满料浆的环模连同玻璃底板放在仪器的钢针下，使针尖与料浆的表面相接触，且离开环模边缘大于 10mm。迅速放松杆上的固定螺丝，针即自由地插入料浆中。每隔 30s 重复一次，每次都应改变插点，并将针擦净、校直。

**3. 检测结果**

记录从试样与水接触开始，至钢针第一次碰不到玻璃底板所经历的时间，此即试样的初凝时间。记录从试样与水接触开始，至钢针第一次插入料浆的深度不大于 1mm 所经历的时间，此即试样的终凝时间。

取二次测定结果的平均值，作为该试样的初凝时间和终凝时间，精确至 1min。

## 三、强度检测

**1. 主要仪器**

（1）天平：感量 1g。

（2）成型试模：应符合《水泥胶砂试模》（JC/T 726—2005）的要求。

（3）搅拌容器：应使用不与硫酸钙反应的防水材料（如玻璃、铜、不锈钢、硬质钢等，不包括塑料）制成。

（4）拌和棒：由三个不锈钢丝弯成的椭圆形套环所组成，钢丝直径 $\phi 1 \sim 2$mm，环长约 100mm。

（5）电动抗折试验机：应符合《水泥胶砂电动抗折试验机》（JC/T 724—2005）的要求。

（6）抗压夹具：应符合《40mm×40mm 水泥抗压夹具》（JC/T 683—2005）的要求。

（7）压力试验机：最大量程 50kN，示值相对误差不大于 1%。

**2. 检测步骤**

（1）试件的制备

一次调和制备的建筑石膏量，应能填满制作三个试件的试模，并将损耗计算在内，所需料浆的体积为 950mL，采用标准稠度用水量，用下式计算出建筑石膏用量和加水量，精确至 1g。

$$m_\mathrm{g} = \frac{950}{0.4 + W/P}$$

$$m_\mathrm{w} = m_\mathrm{g} \times (W/P)$$

式中　$m_\mathrm{g}$——建筑石膏质量，g；

　　　$W/P$——标准稠度用水量，%；

　　　$m_\mathrm{w}$——加水量，g。

在试模内侧薄薄地涂上一层矿物油，并使连接缝封闭，以防料浆流失。先把所需加水量的水倒入搅拌容器中，再把已称量的建筑石膏倒入其中，静置 1min，然后用拌和棒在 30s 内搅拌 30 圈。接着，以 3r/min 的速度搅拌，使料浆保持悬浮状态，然后用勺子搅拌至料浆开始稠化（即当料浆从勺子上慢慢落到浆体表面刚能形成一个圆锥为止）。一边慢慢搅拌，一边把料浆舀入试模中。将试模的前端抬起约 10mm，再使之落下，如此重复五次以排除气泡。

当从溢出的料浆判断已经初凝时，用刮平刀刮去溢浆，但不必反复刮抹表面。终凝后，在试件表面作上标记，并拆模。

（2）试件的存放

遇水后 2h 就将作力学性能试验的试件，脱模后存放在试验室环境中。

需要在其他水化龄期后作强度试验的试件，脱模后立即存放于封闭处。在整个水化期间，封闭处空气的温度为（20±2）℃，相对湿度为 90%±5%。每一类建筑石膏试件都应规定试件龄期。

到达规定龄期后，用于测定湿强度的试件应立即进行强度测定。用于测定干强度的试件先在（40±4）℃的烘箱中干燥至恒重，然后迅速进行强度测定。

（3）试件的数量

每一类存放龄期的试件至少应保存三条，用于抗折强度的测定。做完抗折强度测定后得到的不同试件上的六块半截试件用作抗压强度测定。

（4）抗折强度的测定

将试件置于抗折试验机的两根支撑辊上，试件的成型面应侧立。试件各棱边与各辊保持垂直，并使加荷辊与两根支撑辊保持等距。开动抗折试验机后逐渐增加荷载，最终使试件断裂。记录试件的断裂荷载值或抗折强度值。

（5）抗压强度的测定

对已做完抗折试验后的不同试件上的六块半截试件进行试验。将试件成型面侧立，置于抗压夹具内，并使抗压夹具的中心处于上、下夹板的轴心上，保证上夹板球轴通过试件受压面中心。开动抗压试验机，使试件在开始加荷后 20s 至 40s 内破坏。

**3. 检测结果**

（1）抗折强度按下式计算，精确至 0.05MPa：

$$R_f = \frac{6M}{b^3} = 0.00234P$$

式中　$R_f$——抗折强度，MPa；

　　　$P$——断裂荷载，N；

　　　$M$——弯矩，N·mm；

　　　$b$——试件方形截面边长，$b = 40$mm。

$R_f$值也可从 JC/T 724—2005 所规定的抗折试验机的标尺中直接读取。

如果所测得的三个 $R_f$ 值与其平均值之差不大于平均值的 15%，则用该平均值作为抗折强度值；如果有一个值与平均值之差大于平均值的 15%，应将此值舍去，以其余两个值计算平均值；如果有一个以上的值与平均值之差大于平均值的 15%，则用三个新试件重做试验。

（2）抗压强度按下式计算，精确至 0.1MPa：

$$R_c = \frac{P}{1600}$$

式中　$R_c$——抗压强度，MPa；

　　　$P$——破坏荷载，N。

计算结果的确定按《水泥胶砂强度检验方法（ISO 法）》（GB/T 17671—1999）中 10.2 进行。以六个半截棱柱体抗压强度的算术平均值作为试验结果。如果六个值中有一个超过平均值的 ±10% 时，剔除该值，以剩余五个值的平均值作为试验结果。如果五个测定值中再有超过平均值的 ±10% 的，则此组结果作废。

# 第三章　矿物掺合料检测

## 第一节　粉煤灰理论知识

### 一、粉煤灰化学成分和物理性能

#### 1. 粉煤灰化学成分

粉煤灰主要含有 $SiO_2$、$Al_2O_3$、$Fe_2O_3$，这三种氧化物总和一般超过 70%。这三种氧化物对粉煤灰的活性及强度等性能影响最明显，一般含量比较稳定，因此不做规定。烧失量对粉煤灰的颜色及需水量等有明显影响，所以将其列入相关标准中，我国部分地区粉煤灰的烧失量约为 1.2%～23.6%。

粉煤灰又分高钙灰和低钙灰，褐煤燃烧形成的粉煤灰氧化钙含量大于10%，称为高钙灰，高钙灰具有一定的水硬性；烟煤和无烟煤燃烧形成的粉煤灰氧化钙含量低于10%，称为低钙灰，具有火山灰活性。我国大部分产的是低钙灰。我国部分地区粉煤灰的化学成分见表 3-1。

表 3-1　我国部分地区粉煤灰的化学成分

| 化学成分 | $SiO_2$ | $Al_2O_3$ | $Fe_2O_3$ | CaO | MgO | $Na_2O$ | $K_2O$ | $SO_3$ |
|---|---|---|---|---|---|---|---|---|
| 含量/% | 33.9～59.7 | 16.5～35.4 | 1.5～19.7 | 0.8～10.4 | 0.7～1.9 | 0.2～1.1 | 0.6～2.9 | 0～1.1 |

#### 2. 粉煤灰物理性能

粉煤灰的物理性能是指密度、堆积密度、细度、需水量等。粉煤灰堆积密度一般为 $1.95～2.50g/cm^3$，堆积密度为 $550～800kg/m^3$。

细度是评价粉煤灰质量的重要指标之一。实心微珠含量较多，未燃尽的碳粒及不规则粗颗粒含量较少时，粉煤灰较细。通常，细度越细，粉煤灰活性越好。磨细加工的粉煤灰，加工过程会破碎多空玻璃体和部分颗粒较大的空心微珠，使之含较多的非球形颗粒，质量虽有提高，但不如静电收尘的含有大量实心微珠的粉煤灰质量好。

需水量比是水泥标准样、粉煤灰砂浆与水泥标准样砂浆在达到相同流动度情况下的用水量之比，这一指标将会影响（掺粉煤灰）混凝土拌合物的流动性。

粉煤灰的颜色在浅灰到灰黑之间，颜色深，含碳量高，燃烧不充分，品质较差。

### 二、粉煤灰化学活性

粉煤灰属于火山灰质材料，具有"火山灰活性"的能力。粉煤灰活性成分与氢氧化钙反应生成硅酸钙凝胶，成为胶凝材料的一部分。

影响粉煤灰火山灰活性的主要是 $SiO_2$、$Al_2O_3$、$Fe_2O_3$ 的含量，玻璃相的含量、细度以及颗粒形态特征。粉煤灰水化速度与温度、龄期、激发剂有关，常温下发展很慢，但随着龄期的延长会逐步加快，一直可以持续一年时间。

### 三、粉煤灰对混凝土性能的影响

粉煤灰可以改善混凝土拌合物的和易性、可泵性和抹面性，而且能够降低混凝土凝结硬化过程的水化热，提高硬化混凝土的抗渗性、抗化学侵蚀性、抑制碱-基料反应等的耐久性。

**1. 粉煤灰对混凝土工作性能的影响**

粉煤灰含有大量的玻璃微珠，在混凝土拌合物中起到一定的"滚珠"作用，混凝土拌合物达到同样流动度时拌和水量减小。粉煤灰具有较高的保水能力，可减少混凝土泌水量，而且可以减少混凝土的内摩擦阻力，增大混凝土的泵送性及振捣密实度。

**2. 粉煤灰对混凝土强度的影响**

粉煤灰具有极小的粒径，比表面积较大，与水泥水化产物氢氧化钙反应生成硅酸钙凝胶，并且反应迟于水泥熟料水化，反应产物填充于水泥石孔隙中，水泥石孔隙率减少、孔隙细化，水泥石密实度增加、强度提高。

**3. 粉煤灰对混凝土耐久性的影响**

粉煤灰在水泥水化过程中，分散于孔隙和胶凝体中，填充了毛细孔及孔裂缝，改善了孔结构，提高了水泥石密实度，这也是粉煤灰微集料效应的表现。

### 四、粉煤灰现行技术标准

按照《用于水泥和混凝土中的粉煤灰》（GB/T 1596—2017）的规定，拌制砂浆和混凝土用粉煤灰可如下划分为Ⅰ、Ⅱ、Ⅲ三个等级，水泥活性混合材用粉煤灰不分等级。

粉煤灰按燃煤品种划分 F 类和 C 类：F 类粉煤灰是由无烟煤或烟煤煅烧收集；C 类粉煤灰是由褐煤或次烟煤煅烧收集的，氧化钙含量一般大于或等于 10%。

拌制混凝土和砂浆用粉煤灰技术要求见表 3-2。

表 3-2　拌制砂浆和混凝土用粉煤灰理化性能要求

| 项　　　目 | | 理化性能要求 | | |
|---|---|---|---|---|
| | | Ⅰ级 | Ⅱ级 | Ⅲ级 |
| 细度（45μm 方孔筛筛余）/% | F 类粉煤灰 | ≤12.0 | ≤30.0 | ≤45.0 |
| | C 类粉煤灰 | | | |
| 需水量比/% | F 类粉煤灰 | ≤95 | ≤105 | ≤115 |
| | C 类粉煤灰 | | | |
| 烧失量（Loss）/% | F 类粉煤灰 | ≤5.0 | ≤8.0 | ≤10.0 |
| | C 类粉煤灰 | | | |
| 含水量/% | F 类粉煤灰 | ≤1.0 | | |
| | C 类粉煤灰 | | | |

续表

| 项 目 | | 理化性能要求 | | |
|---|---|---|---|---|
| | | Ⅰ级 | Ⅱ级 | Ⅲ级 |
| 三氧化硫质量分数/% | F类粉煤灰 | ≤3.0 | | |
| | C类粉煤灰 | | | |
| 游离氧化钙/% | F类粉煤灰 | ≤1.0 | | |
| | C类粉煤灰 | ≤4.0 | | |
| 二氧化硅、三氧化硫和三氧化二铁总质量分数/% | F类粉煤灰 | ≥70 | | |
| | C类粉煤灰 | ≥50 | | |
| 密度/(g/cm³) | F类粉煤灰 | ≤2.6 | | |
| | C类粉煤灰 | | | |
| 安定性（雷氏夹法）/mm | C类粉煤灰 | ≤5.0 | | |
| 强度活性指数/% | F类粉煤灰 | ≥70 | | |
| | C类粉煤灰 | | | |

# 第二节 粉煤灰试验

检测主要依据标准：

《用于水泥和混凝土中的粉煤灰》（GB/T 1596—2017）。

## 一、细度检测

### 1. 主要仪器

（1）负压筛析仪：由 45μm 方孔筛、筛座、真空泵和收尘器组成。45μm 方孔筛内径150mm，高25mm，如图 3-1 所示。

（2）天平：量程不小于50g，最小分度值不大于0.01g。

（3）电热鼓风干燥箱、干燥器等。

"扫扫看"
负压筛析仪

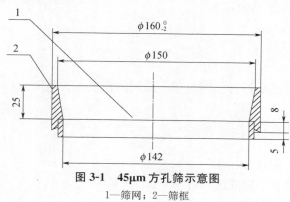

图 3-1 45μm 方孔筛示意图

1—筛网；2—筛框

### 2. 检测步骤

（1）将测试粉煤灰样品置于105～110℃烘箱烘至恒重取出放入干燥器冷却至室温。

（2）称取试样约10g，精确至0.01g，倒入45$\mu$m方孔筛筛网上，将筛子置于筛座上，盖上筛盖。

（3）接通电源，将定时开关固定在3min，开始筛析稳定压力在4000～6000Pa。

（4）筛析过程中，可以用轻质木棒或硬橡胶棒轻轻敲打筛盖，以防吸附。

（5）3min后筛析仪自动停止，停机后观察筛余物，如出现颗粒成球、粘筛或有细颗粒沉积在筛框边缘，用毛刷将细颗粒轻轻刷开，将定时开关固定在手动位置，再筛析1～3min直至筛分彻底为止。称取筛余物质量，精确至0.01g。筛座示意如图3-2所示。

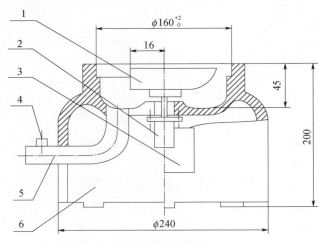

**图 3-2　筛座示意图**

1—喷气嘴；2—微电机；3—控制板开关；4—负压筛接口；
5—负压源及收尘器接口；6—壳体

### 3. 检测结果

（1）筛余百分数计算

粉煤灰筛余百分数按下式计算，精确至0.1%：

$$F = (G_1/G) \times 100$$

式中　$F$——45$\mu$m方孔筛筛余，%；

　　　$G_1$——筛余质量，g；

　　　$G$——试样的质量，g。

（2）筛网修正

一般筛析100个样品后进行筛网校正，筛网的校正系数范围为0.80～1.20。校正系数按下式计算：

$$K = \frac{m_0}{m}$$

式中　$K$——筛网校正系数；

　　　$m_0$——标准样品筛余标准值，%；

　　　$m$——标准样品筛余实测值，%。

（3）筛余结果修正

将计算结果乘以所用筛的修正系数$K$，即筛析法的最终结果。

合格评定时，每个样品应称取两个试样分别筛析，取筛余平均值为筛析结果。若两次筛余结果绝对值误差大于 0.5％时（筛余值大于 5.0％时可放至 1.0％）应再做一次，取两次相近结果的算数平均值，作为最终结果。

## 二、需水量比检测

### 1. 主要材料和仪器

（1）材料

水泥：《强度检验用水泥标准样品》（GSB14—1510），或符合《通用硅酸盐水泥》（GB 175—2007）中规定的强度等级 42.5 的硅酸盐水泥或普通硅酸盐水泥。

标准砂：符合《水泥胶砂强度检验方法（ISO 法）》（GB/T 17671—1999）规定的 0.5～1.0mm 的中级砂。

水：洁净的淡水。

（2）仪器

天平：量程不小于 1000g，最小分度值不大于 1g。

搅拌机：符合《水泥胶砂强度检验方法（ISO 法）》（GB/T 17671—1999）规定的行星式水泥胶砂搅拌机。

流动度跳桌：符合《水泥胶砂流动度测定方法》（GB/T 2419—2005）规定。

### 2. 检测步骤

（1）胶砂配比，按表 3-3 配制。

表 3-3　需水量比的胶砂配比

| 胶砂种类 | 水泥/g | 粉煤灰/g | 标准砂/g | 加水量/mL |
| --- | --- | --- | --- | --- |
| 对比胶砂 | 250 | — | 750 | 胶砂流动度（$L_0$）达到 145～155mm 的水量 |
| 试验胶砂 | 175 | 75 | 750 | 胶砂流动度达到 $L_0 \pm 2$ 的水量 |

（2）搅拌方法按《水泥胶砂强度检验方法（ISO 法）》（GB/T 17671—1999）进行。

（3）流动度测量按《水泥胶砂流动度测定方法》（GB/T 2419—2005）进行，当试验胶砂流动度达到 $L_0 \pm 2$ 范围内，记录此时的加水量；当试验胶砂流动度超出 $L_0 \pm 2$ 时，重新调整加水量，直到试验胶砂流动度达到 $L_0 \pm 2$ 为止。

### 3. 检测结果

粉煤灰需水量比按下式计算，精确至 1％：

$$X = \frac{m}{125} \times 100$$

式中　$X$——需水量比，％；

　　　$m$——试验胶砂流动度达到对比胶砂流动度 $L_0 \pm 2$ 时的加水量，g；

　　　125——对比胶砂的加水量，g。

试验结果有矛盾或需要仲裁检测时，对比水泥宜采用《强度检验用水泥标准样品》（GSB14—1510）中规定的样品。

### 三、含水量检测

**1. 主要仪器**

（1）烘干箱：可控温度 105～110℃，最小分度值不大于 2℃。

（2）天平：量程不小于 50g，最小分度值不大于 0.01g。

**2. 检测步骤**

称取粉煤灰样品约 50g，准确至 0.01g，倒入已烘干的蒸发皿中。将烘干箱温度调整并控制在 105～110℃。将粉煤灰试样放入干燥箱内烘干至恒重，取出放在干燥器中冷却至室温后称量，精确至 0.01g。

**3. 检测结果**

粉煤灰含水量按下式计算，精确至 0.1%：

$$\omega = \frac{m_1 - m_0}{m_1} \times 100$$

式中    $\omega$——含水量，%；

　　$m_1$——烘干前试样质量，g；

　　$m_0$——烘干后试样质量，g。

### 四、强度活性指数检测

**1. 主要材料和仪器**

（1）材料

水泥：《强度检验用水泥标准样品》（GSB14—1510），或符合《通用硅酸盐水泥》（GB 175—2007）规定的强度等级 42.5 的硅酸盐水泥或普通硅酸盐水泥。

标准砂：符合 GSB08—1337 的规定（ISO 标准砂）。

水：洁净的淡水。

（2）仪器

符合《水泥胶砂强度检验方法（ISO 法）》（GB/T 17671—1999）中规定的天平、搅拌机、振实台、抗压强度试验机等仪器。

**2. 检测步骤**

胶砂配比按表 3-4 进行。

表 3-4　对比胶砂和试验胶砂配比

| 胶砂种类 | 水泥/g | 粉煤灰/g | 标准砂/g | 加水量/mL |
|---|---|---|---|---|
| 对比胶砂 | 450 | — | 1350 | 225 |
| 试验胶砂 | 315 | 135 | 1350 | 225 |

对比胶砂和试验胶砂搅拌，试体成型和养护以及 28d 的抗压强度按《水泥胶砂强度检验方法（ISO 法）》（GB/T 17671—1999）进行。

**3. 检测结果**

强度活性指数按下式计算，精确至 1%：

$$H_{28} = (R/R_0) \times 100$$

式中　$H_{28}$——强度活性指数，%；

　　　$R$——试验胶砂 28d 抗压强度，MPa；

　　　$R_0$——对比胶砂 28d 抗压强度，MPa。

试验结果有矛盾或需要仲裁检测时，对比水泥宜采用《强度检验用水泥标准样品》（GSB14—1510）中规定的样品。

### 五、安定性检测

#### 1. 主要仪器

采用《水泥标准稠度用水量、凝结时间、安定性检验方法》（GB/T 1346—2011）中规定的安定性检验设备。

#### 2. 检测步骤

将水泥〔符合《强度检验用水泥标准样品》（GSB14—1510），或符合《通用硅酸盐水泥》规定的强度等级 42.5 的硅酸盐水泥或普通硅酸盐水泥〕与被检验粉煤灰按 7∶3 混合。

净浆试样制备按《水泥标准稠度用水量、凝结时间、安定性检验方法》（GB/T 1346—2011）进行。

#### 3. 检测结果

结果评定按《水泥标准稠度用水量、凝结时间、安定性检验方法》（GB/T 1346—2011）进行。

# 第三节　粒化高炉矿渣粉理论知识

## 一、粒化高炉矿渣粉的化学成分及结构

高炉冶炼生铁时，钢水表面上浮一层的熔渣，浮渣由排渣口泄出时经水或空气急冷，形成细小的颗粒状矿物料，即成粒化高炉矿渣，也称水淬矿渣或水渣，简称"矿渣"。

#### 1. 粒化高炉矿渣粉的化学成分

矿渣主要成分是 $SiO_2$、$Al_2O_3$、$CaO$ 等，这三种成分之和占矿渣质量的 90% 以上。矿渣的化学成分与硅酸盐水泥近似。我国矿渣的主要成分见表 3-5。

表 3-5　我国矿渣的主要成分

| 化学成分 | CaO | $SiO_2$ | $Al_2O_3$ | MgO | MnO | $Fe_2O_3$ | $SO_3$ |
|---|---|---|---|---|---|---|---|
| 含量/% | 39~49 | 30~50 | 7~18 | 2~14 | 0.2~1.0 | 0.2~2 | 1.2~2 |

从表 3-5 中看出，矿渣与硅酸盐水泥相比，仅 CaO 比水泥稍低，$SiO_2$ 稍高，具备胶凝材料的基本化学成分。

#### 2. 粒化高炉矿渣粉的结构

矿渣中矿物无序排列，多成玻璃体结构。这种结构的矿物磨细后具有水硬性。评价矿

渣的水硬性，其玻璃相含量是最具有意义的指标之一。玻璃相内能达 200J/g。通过 X 衍射法测定矿渣结晶化率，进而计算出玻璃化率。我国大部分是水淬矿渣，玻璃化率大于 98%，水硬性好，但粒径大于 $45\mu m$ 的矿渣很难参与水化反应。

## 二、粒化高炉矿渣粉的化学活性及应用

### 1. 粒化高炉矿渣粉的化学活性

化学活性取决于矿渣的化学成分、组成及冷却条件。矿渣中碱性氧化物（CaO、MgO）、中性氧化物（$Al_2O_3$）含量高，而酸性氧化物（$SiO_2$）含量低，矿渣活性较高。玻璃化率高，水淬后粒径细且松，粉磨加工细微，活性好。一般用碱性系数（$M_0$）和质量系数（$K$）来判断矿渣的品质。

$$M_0 = (CaO\% + MgO\%)/(SiO_2\% + Al_2O_3\%)$$

$$K = (CaO\% + MgO\% + Al_2O_3\%)/(SiO_2\% + MnO\% + TiO_2\%)$$

$M_0 > 1$，为碱性矿渣；$M_0 = 1$，为中性矿渣；$M_0 < 1$，为酸性矿渣。一般要求质量系数 $K$ 不小于 1.2，$K$ 不小于 1.6 比较优良。质量系数较高的碱性矿渣质量较好。

### 2. 粒化高炉矿渣粉的应用

矿渣可以制造矿渣水泥，也可直接用于混凝土中。矿渣掺入混凝土后，对混凝土的主要影响如下。

（1）混凝土拌合物性能变化。混凝土抗离析能力下降，延缓凝结时间；混凝土水化热下降，温峰时间延缓。

（2）硬化混凝土强度的影响。混凝土掺入矿渣细粉后，早期强度不高，特别是掺量较大且养护温度较低时更是如此，但后期强度增长率较高。

（3）硬化混凝土抗渗性的影响。混凝土掺入矿渣细粉后，对水泥石和集料界面有所改善，氢氧化钙结晶变小，并且消耗了水泥石中氢氧化钙，细化了水泥石结构，混凝土抗渗性提高。

（4）硬化混凝土抗腐蚀性的影响。混凝土掺入矿渣细粉后，混凝土抗硫酸盐侵蚀、抗海水侵蚀及抗弱酸侵蚀性能得以改善。特别是对氯离子抑制作用优益，并且可以弱化或消除潜在的碱-集料反应。

## 三、粒化高炉矿渣粉的现行技术标准

《用于水泥、砂浆和混凝土中的粒化高炉矿渣粉》（GB/T 18046—2017）规定矿渣粉的技术指标见表 3-6。

表 3-6　矿渣粉的技术指标

| 项目 | | 级别 | | |
|---|---|---|---|---|
| | | S105 | S95 | S75 |
| 密度/(g/cm³) ≥ | | 2.8 | 2.8 | 2.8 |
| 活性指数/% ≥ | 7d | 95 | 70 | 55 |
| | 28d | 105 | 95 | 75 |
| 比表面积/(m²/kg) ≥ | | 500 | 400 | 300 |

续表

| 项目 | 级别 | | |
|---|---|---|---|
| | S105 | S95 | S75 |
| 流动度比（质量百分数）/%≥ | 95 | | |
| 含水量（质量百分数）/%≤ | 1.0 | | |
| 三氧化硫（质量百分数）/%≤ | 4.0 | | |
| 氯离子（质量百分数）/%≤ | 0.06 | | |
| 烧失量（质量百分数）/%≤ | 1.0 | | |
| 玻璃体含量（质量百分数）/%≥ | 85 | | |
| 放射性 | $I_{R_a}>1.0$ 且 $I_r≤1.0$ | | |
| 初凝时间比/%≤ | 200 | | |
| 不溶物（质量百分数）/%≤ | 3.0 | | |

# 第四节 粒化高炉矿渣粉试验

检测主要依据标准：

《用于水泥、砂浆和混凝土中的粒化高炉矿渣粉》（GB/T 18046—2017）；

《水泥比表面积测定方法 勃氏法》（GB/T 8074—2008）；

《水泥密度测定方法》（GB/T 208—2014）。

## 一、活性指数检测

### 1. 主要材料及仪器

（1）对比水泥：符合 GB 175—2007 规定的强度等级为 42.5 的硅酸盐水泥或普通硅酸盐水泥，且 3d 抗压强度为 25～35MPa，7d 抗压强度为 35～45MPa，28d 抗压强度为 50～60MPa，比表面积为 350～400m²/kg，$SO_3$ 质量分数含量 2.3%～2.8%，碱（$Na_2O$＋0.658$K_2O$）质量分数含量 0.5%～0.9%。

（2）试验胶砂配比

试验胶砂配比见表 3-7。

表 3-7 对比胶砂和试验胶砂配比

| 胶砂种类 | 对比水泥/g | 矿渣粉/g | 中国 ISO 标准砂/g | 水/mL |
|---|---|---|---|---|
| 对比胶砂 | 450 | — | 1350 | 225 |
| 试验胶砂 | 225 | 225 | 1350 | 225 |

（3）仪器：搅拌机、振实台等符合《水泥胶砂强度检验方法（ISO 法）》（GB/T 17671—1999）的规定。

### 2. 检测步骤

对比胶砂和试验胶砂的搅拌、成型、养护、破型按《水泥胶砂强度检验方法（ISO

法)》（GB/T 17671—1999）进行。

**3. 检测结果**

矿渣粉活性指数按下式计算，结果保留整数：

$$A_{7/28} = \frac{R_{7/28}}{R_{0(7/28)}} \times 100$$

式中　$A_{7/28}$——矿渣 7d（28d）活性指数，%；

　　　$R_{0(7/28)}$——对比胶砂 7d（28d）抗压强度，MPa；

　　　$R_{7/28}$——试验胶砂 7d（28d）抗压强度，MPa。

## 二、密度检测

**1. 主要仪器**

（1）李氏瓶：形状和尺寸如图 3-3 所示。

（2）天平：称量不小于 100g，感量不大于 0.01g。

（3）恒温水浴箱：控温（20±1）℃。

（4）烘箱、温度计、干燥器等。

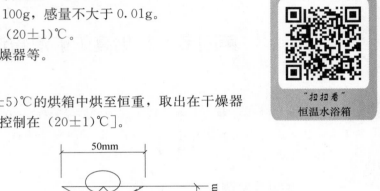

"扫扫看"
恒温水浴箱

**2. 试样制备**

将试样在不超过（110±5）℃的烘箱中烘至恒重，取出在干燥器中冷却至室温备用［室温应控制在（20±1）℃］。

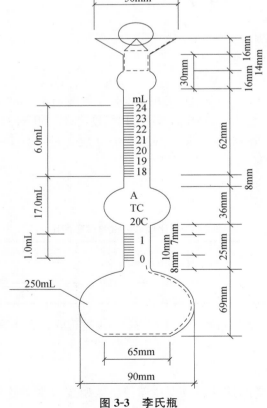

**图 3-3　李氏瓶**

**3. 检测步骤**

（1）将无水煤油注入李氏瓶至突颈下部（0～1mL 之间）。再将李氏瓶放入 20℃水浴中恒温（至少 30min），读取无水煤油液面刻度值 $V_1$。

（2）准确称取 50～70g 矿渣试样。用小勺和漏斗小心地将试样徐徐装入李氏瓶中；在装样时，应避免突颈处形成气泡阻碍试样下落。当液面升至 20mL 刻度附近时，停止装入试样。称量剩下试样，计算装入试样的质量 $m$。

（3）轻轻摇动李氏瓶，使液体中的气泡排出。放入 20℃的水浴中恒温（至少 30min），恒温后读取装入试样后的无水煤油液面刻度值 $V_2$。

**4. 检测结果**

按下式计算出密度 $\rho$，精确至 $0.01\text{g/cm}^3$：

$$\rho = \frac{m}{V_1 - V_2}$$

式中　$m$——装入李氏瓶矿渣试样质量，g；

　　　$V_1$——未装试样时，无水煤油液面的刻度，mL；

　　　$V_2$——装入试样后无水煤油液面的刻度值，mL。

以两次试验结果的平均值作为测定结果。两次试验结果之差不得大于 $0.02\text{g/cm}^3$，否则重新取样进行试验。

## 三、比表面积检测

仪器、试验操作、评定与水泥相同，按《水泥比表面积测定方法 勃氏法》（GB/T 8074—2008）进行，但料层的孔隙率需要根据不同的矿渣进行实测后调整。

勃氏透气仪的校准采用 GSB 08—3387 粒化高炉矿渣粉细度和比表面积标准样品或相同等级的其他标准物质，有争议时以前者为准。

# 第五节　硅灰理论知识

## 一、硅灰化学成分

硅灰是电弧炉冶炼硅金属或硅铁合金的副产品。温度 2000℃以下石英还原成硅时，会产生 15% 的硅气体，硅气体进入烟道低温区后再氧化成 $SiO_2$，最后冷凝成极细微的球状固体颗粒（主要成非晶态无定型 $SiO_2$）。用于混凝土的硅灰，$SiO_2$ 平均含量在 92% 左右，$Fe_2O_3$、$Al_2O_3$ 的含量一般不超过 1%，烧失量 2.5% 左右。我国硅灰化学成分范围见表 3-8。

表 3-8　我国硅灰的化学成分范围

| 化学成分 | $SiO_2$ | $Al_2O_3$ | $Fe_2O_3$ | CaO | MgO | $Na_2O$ | $K_2O$ |
|---|---|---|---|---|---|---|---|
| 含量/% | 85～96 | 0.2～0.6 | 0.3～1.0 | 0.1～1.6 | 3.0～3.5 | 0.5～1.8 | 1.5～3.5 |

## 二、硅灰的物理性能

硅灰颜色由浅灰到深灰，颗粒细成球形，平均粒径 $0.1～0.3\mu m$，比表面积为 18500～

$20000cm^2/g$，密度为 $2.1\sim2.2kg/m^3$，堆积密度 $250\sim300kg/m^3$。

我国已在水电站、基础灌浆、喷射混凝土、钢钎混凝土、高强混凝土、高耐久性混凝土等领域广泛使用硅灰。

### 三、硅灰对混凝土性能的影响

混凝土中掺入硅灰，其性能改变主要有三个方面：火山灰效应、微集料效应和界面效应。可以认为每个水泥颗粒周围围绕着几万个硅灰粒子，硅灰水化反应生成的水化硅酸钙能堵塞水泥石的毛细孔，加上未水化的硅灰微粒广为分布，使水泥石密实度提高。硅灰水化反应减少了集料与水泥石界面的氢氧化钙和钙矾石，硅灰微粒又降低了混凝土的泌水性，减弱水膜危害，强化界面状态，提高混凝土强度和耐久性。另外，掺硅灰混凝土的抗渗性、抗弱酸、抗硫酸盐、抗氯盐能力都有所改善，并且对混凝土的预防钢筋锈蚀、抗冲击、抗磨性能均有改进。

混凝土中硅灰掺量不宜过多（4%～10%），否则混凝土太黏稠，不易施工。一般掺硅灰的混凝土都与高效减水剂配合使用。

# 第六节 硅灰试验

检测主要依据标准：

《砂浆和混凝土用硅灰》（GB/T 27690—2011）；

《高强高性能混凝土用矿物外加剂》（GB/T 18736—2017）。

## 一、硅灰液料固含量检测

### 1. 主要仪器

（1）烘箱：温度控制范围为（105±5）℃；

（2）天平：称量100g，感量0.0001g；

（3）带盖称量瓶：25mm×65mm；

（4）干燥器：内盛变色硅胶。

### 2. 检测步骤

（1）将洁净的带盖称量瓶放入烘箱内，于 100～105℃烘 30min，取出置于干燥器中，冷却 30min 后称量，重复上述过程直到恒重，其质量为 $m_0$。

（2）将 5.000～10.000g 硅灰浆放入已经恒重的称量瓶中，盖上盖称出硅灰浆及称量瓶的总质量 $m_1$。

（3）将盛有硅灰浆的称量瓶放入烘箱内，开启瓶盖。升温至 100～105℃烘干，盖上盖置于干燥器冷却 30min 称量，重复上述过程直到恒重，其质量为 $m_2$。

### 3. 检测结果

$$X_{固}=\frac{m_2-m_0}{m_1-m_0}\times100$$

式中　$X_固$——硅灰浆固含量，%；

　　　$m_0$——称量瓶质量，g；

　　　$m_1$——称量瓶加硅灰浆质量，g；

　　　$m_2$——称量瓶加烘干后硅灰浆的质量，g。

## 二、需水量比及活性指数检测

### 1. 主要仪器及材料

（1）水泥："需水量比"采用《混凝土外加剂》（GB/T 8076—2008）中规定的基准水泥。检测活性指数时，因故得不到基准水泥时，允许采用 $C_3A$ 含量 6%～8%、总碱（$Na_2O+0.658K_2O$）质量分数含量不大于 1% 的熟料和二水石膏、矿渣共同磨制的强度等级不小于 42.5 的普通硅酸盐水泥，但仲裁仍需采用基准水泥。

（2）水：自来水或蒸馏水。

（3）胶砂配比

① 需水量比胶砂配比，见表 3-9。

表 3-9　需水量比的胶砂配比

| 材料 | 水泥/g | 标准砂/g | 硅灰/g | 水/g |
|---|---|---|---|---|
| 基准胶砂 | 450±2 | 1350±5 | — | 225±1 |
| 受检胶砂 | 405±1 | 1350±5 | 45±1 | 使受检胶砂流动度达到基准胶砂流动度值±5mm |

② 活性指数胶砂配比，见表 3-10。

表 3-10　活性指数的胶砂配比

| 材料 | 水泥/g | 标准砂/g | 硅灰/g | 水/g |
|---|---|---|---|---|
| 基准胶砂 | 450 | 1350 | — | 225 |
| 受检胶砂 | 405 | 1350 | 45 | 225 |

注：受检胶砂应加入标准型的萘系高效减水剂，高效减水剂减水率大于 18%，使受检胶砂流动度达到基准胶砂流动度值±5mm。

（4）仪器：搅拌机、振实台等符合《水泥胶砂强度检验方法（ISO 法）》（GB/T 17671—1999）规定；水泥胶砂流动度测定仪符合《水泥胶砂流动度测定方法》（GB/T 2419—2005）中的要求。

### 2. 检测条件及步骤

（1）试验条件

符合《水泥胶砂强度检验方法（ISO 法）》（GB/T 17671—1999）规定的水泥胶砂试体成型的室内条件。

（2）检测步骤

胶砂制备和破型，按《水泥胶砂强度检验方法（ISO 法）》（GB/T 17671—1999）规定的水泥胶砂搅拌、成型、脱模前养护和破型方法进行；试件脱模后，置于密闭蒸养箱中，（65±2）℃养护 6d，取出冷却至室温后破型。

流动度测量按《水泥胶砂流动度测定方法》（GB/T 2419—2005）进行。

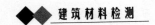 

### 3. 检测结果

（1）需水量比按下式计算，精确至 1%：

$$R_w = \frac{W_t}{225} \times 100$$

式中　$R_w$——受检胶砂需水量比，%；

$W_t$——受检胶砂的用水量，g；

225——基准胶砂的用水量，g。

（2）活性指数按下式计算，精确至 1%：

$$A = \frac{R_t}{R_0} \times 100$$

式中　$A$——受检硅灰的活性指数，%；

$R_t$——受检胶砂 7d 龄期的抗压强度，MPa；

$R_0$——基准胶砂 7d 龄期的抗压强度，MPa。

# 第四章 骨料检测

## 第一节 骨料中的有害物质

### 一、含泥量、泥块含量对混凝土性能的影响

#### 1. 粗骨料含泥量、泥块含量

含泥量是粗骨料中粒径小于 0.08mm 颗粒的含量。粗骨料中含泥量过高，会降低混凝土和易性、抗冻性及抗渗性，增大干缩。试验表明，当含泥量超过一定限度时，对混凝土抗压强度、抗拉强度、抗折强度及弹性模量等均有较大的影响。

当人工骨料中含有石粉时，少量的石粉可改善混凝土和易性。由于石粉颗粒较细，需水量较大，随着石粉含量的增加，混凝土拌合物坍落度降低，当石粉含量较大时，会使混凝土和易性变差、水泥用量增大、强度降低。

粗骨料泥块含量是粒径大于 5mm，经水洗、手捏后变成小于 2.5mm 的颗粒的含量。粗骨料中的泥块对混凝土各项性能均造成不利的影响，特别是对混凝土抗拉强度、抗渗性能及收缩性能影响更大。有抗冻、抗渗或其他特殊要求的混凝土，其所用的碎石或卵石的泥块含量应不大于 0.5%；强度等级等于或小于 C10 的混凝土，其所用的碎石或卵石的泥块含量可放宽到 1.0%。

#### 2. 细骨料含泥量、泥块含量

细骨料的含泥量是指砂中粒径小于 0.08mm 的颗粒含量。细骨料泥块含量是指砂中粒径大于 1.25mm，经水洗、手捏后变成小于 0.63mm 的颗粒的含量。细骨料中含有的泥粉、泥块等会破坏水泥与细骨料之间的粘结作用，尤其是包裹性的泥，其负面影响尤为严重。当泥遇水成为浆状，胶结砂粒表面，不易分离，在混凝土中对水泥起隔离作用，导致混凝土强度降低，对混凝土耐久性也有较大的影响。对于有抗冻、抗渗或其他特殊要求的混凝土，含泥量不应大于 3.0%。对于强度等级为 C10 和 C10 以下的混凝土用砂，根据水泥强度等级，其含泥量可适当放宽。

### 二、轻物质、云母对混凝土性能的影响

轻物质一般是细骨料中的表观密度小于 2000kg/m³ 的杂质，这些杂质成分较复杂，有些是有机的，也有的是无机的，如贝壳、煤粒、软岩粒等。有些会导致混凝土钢筋腐蚀或混凝土膨胀剥离，对混凝土强度造成不利影响。以细颗粒形式大量存在的煤粉，会妨碍水泥净浆的硬化过程。故标准中规定轻物质含量按重量计不宜大于 1%。

"扫扫看"
云母

云母层状结构、层片断面光滑。细骨料中含云母较多，一般云母颗粒直径 0.16～5.0mm，云母导致混凝土内部出现大量未能胶结的软弱面，继而形成不连通的裂缝面，降低混凝土胶结能力，对混凝土抗拉强度影响尤为显著。细骨料中云母含量超过 1%，同等坍落度的混凝土需水量几乎直线增加，导致混凝土抗冻性、抗渗性和耐磨性显著降低。

### 三、氯离子、三氧化硫含量对混凝土性能的影响

氯离子主要会导致混凝土中钢筋锈蚀，影响混凝土的耐久性和混凝土结构的安全性；三氧化硫主要存在于硫酸盐中，硫酸盐含量大，会导致混凝土中的水泥石膨胀腐蚀。

# 第二节　粗骨料

## 一、理论知识

### 1. 石子的分类及特征

建筑用粗骨料即石子按照岩石的地质成因，一般可分为火成岩、沉积岩与变质岩。火成岩是地下岩浆在向地表上升过程中逐渐冷却形成的岩石；沉积岩是地表岩石在长时间的风化、搬运、堆积作用下形成的岩石；变质岩是地下岩石在长时间的高温高压作用下，其内部矿物组成结构发生变化形成的岩石。常见的火成岩主要有流纹岩、安山岩、玄武岩、花岗岩等；沉积岩主要有泥岩、砂岩、石灰岩、白云岩等；变质岩主要有片麻岩、角闪岩、大理石等。一般来讲，大部分的火成岩都是优质的混凝土用骨料，变质岩与沉积岩性能稍差一些。

建筑用石子按形成方式分，可分为卵石和碎石。卵石是由自然风化、水流搬运和分选、堆积而成的粒径大于 4.75mm 的岩石颗粒；碎石是由天然岩石或卵石经机械破碎、筛分制成粒径大于 4.75mm 的岩石颗粒。碎石和卵石按《建设用卵石、碎石》（GB/T 14685—2011）技术要求分 I、II、III 等三类。卵石按其产源又可分为河卵石、海卵石及山卵石等几种，其中河卵石应用较多。卵石中有机质含量较多，与碎石相比，其表面光滑，配制混凝土同样和易性条件下，水泥用量少。卵石与水泥石的粘结力较差，与碎石相比，相同的配比下，卵石混凝土较碎石混凝土强度低。

### 2. 石子颗粒级配及对混凝土性能的影响

（1）石子颗粒级配

石子的颗粒级配是表示构成粗骨料的不同粒径组之间的相互比例关系，粗骨料的颗粒级配要求大小石子组配适当，使粗骨料的孔隙率和总比表面积均比较小，这样的级配拌和混凝土时水泥用量少，密实度较高，有利于改善混凝土拌合物的和易性及提高混凝土强度。特别是对高性能混凝土，粗骨料的级配更为重要。粗骨料的级配通过筛分析试验测定，标准筛共 12 个，方孔边长（mm）依次是 2.36、4.75、9.50、16.0、19.0、26.5、31.5、37.5、53.0、63.0、75.0、90.0，石筛筛孔的公称直径与方孔筛边长见表 4-1。试样筛分时，可按需要选用某几个筛号。

表 4-1 石筛筛孔的公称直径与方孔筛边长

| 石的公称粒径/mm | 石筛筛孔的公称直径/mm | 方孔筛筛孔边长/mm |
|---|---|---|
| 2.50 | 2.50 | 2.36 |
| 5.00 | 5.00 | 4.75 |
| 10.0 | 10.0 | 9.5 |
| 16.0 | 16.0 | 16.0 |
| 20.0 | 20.0 | 19.0 |
| 25.0 | 25.0 | 26.5 |
| 31.5 | 31.5 | 31.5 |
| 40.0 | 40.0 | 37.5 |
| 50.0 | 50.0 | 53.0 |
| 63.0 | 63.0 | 63.0 |
| 80.0 | 80.0 | 75.0 |
| 100.0 | 100.0 | 90.0 |

　　粗骨料的级配有连续级配和间断级配两种。连续级配是石子由小到大各粒级相连的级配，如将 5～20mm 和 20～40mm 的两个粒级石子按适当比例配合，即组成 5～40mm 的连续级配。建筑工程多采用连续级配的粗骨料。单粒级宜用于组合成具有所要求级配的连续粒级，也可与连续粒级配合使用，以改善骨料级配或配成较大粒度的连续粒级。工程中不宜采用单一单粒级石子配制混凝土。《建设用卵石、碎石》（GB/T 14685—2011）规定的卵石和碎石级配见表 4-2。

表 4-2 《建设用卵石、碎石》（GB/T 14685—2011）规定的卵石和碎石级配

| 公称粒级 /mm | | 累计筛余/% | | | | | | | | | | | |
|---|---|---|---|---|---|---|---|---|---|---|---|---|---|
| | | 方孔筛/mm | | | | | | | | | | | |
| | | 2.36 | 4.75 | 9.50 | 16.0 | 19.0 | 26.5 | 31.5 | 37.5 | 53.0 | 63.0 | 75.0 | 90.0 |
| 连续粒级 | 5～16 | 95～100 | 85～100 | 30～60 | 0～10 | 0 | | | | | | | |
| | 5～20 | 95～100 | 90～100 | 40～80 | — | 0～10 | 0 | | | | | | |
| | 5～25 | 95～100 | 90～100 | — | 30～70 | | 0～5 | 0 | | | | | |
| | 5～31.5 | 95～100 | 90～100 | 70～90 | | 15～45 | | 0～5 | 0 | | | | |
| | 5～40 | — | 95～100 | 70～90 | | 30～65 | | | 0～5 | 0 | | | |
| 单粒粒级 | 5～10 | 95～100 | 80～100 | 0～15 | 0 | | | | | | | | |
| | 10～16 | | 95～100 | 80～100 | 0～15 | | | | | | | | |
| | 10～20 | | 95～100 | 85～100 | | 0～15 | 0 | | | | | | |
| | 16～25 | | | 95～100 | 55～70 | 25～40 | 0～10 | | | | | | |
| | 16～31.5 | | 95～100 | | 85～100 | | | 0～10 | 0 | | | | |
| | 20～40 | | | 95～100 | | 80～100 | | | 0～10 | 0 | | | |
| | 40～80 | | | | | 95～100 | | | 70～100 | | 30～60 | 0～10 | 0 |

（2）颗粒级配对混凝土性能的影响

石子颗粒级配的优劣，关系到混凝土拌合物的流动性、离析、泌水性、水泥用量、混

凝土强度及耐久性等。有关颗粒级配对混凝土的影响，有多种级配理论公式。其基本出发点是充分填充，即细-小-中-大颗粒系列群间的混合，形成高集料空间密度或小空隙率。我国专家建立了连续级配"包围垛密理论"与间断级配"结晶堆垛理论"。

连续级配包围垛密理论，即骨料在空间的分布规律既是相互包围，又是相互垛密（次小颗粒群环绕包围大颗粒，再小一级颗粒群包围次小颗粒，直到未水化的水泥粒子被水化的水泥水化产物环绕包围），和水泥的水化胶凝作用，形成了混凝土致密结构——包围垛密结构。实现包围垛密的组合主要是混凝土中固相颗粒在机械搅拌混合、浇筑振捣和重力作用下，大小颗粒做排布运动，使颗粒在空间均匀分布、相互垛密。根据包围垛密-干涉谐和演化理论模型推导的理论级配函数如下：

$$V = 100(1 - nK^3) \sum_1^m n^{m-1} K^{3(m-1)}$$

式中　$V$——各级颗粒占据空间的累积百分数，%；

　　　$n$——每一颗粒表面包围了 $n$ 个一次粒径的颗粒；

　　　$K$——$d_m/d_{m-1}$，相邻两粒径的比值，其中 $d_m < d_{m-1} < d_{m-2} < \cdots\cdots$，$d_m$ 是粒径极小的一级。

包围数 $n$ 值是影响混凝土和易性的主要因素，$n$ 值偏大，和易性好。$n \geqslant 6$ 时，骨料级配良好。

### 3. 石子压碎指标、坚固性、碱活性的基本概念

（1）石子压碎指标

石子压碎指标是卵石或碎石抵抗破坏的能力，可间接地推测石子的强度，特别是对石子中存在软弱颗粒分辨率较好。

（2）石子坚固性

石子坚固性是卵石、碎石在自然风化和其他外界物理化学因素作用下抵抗破裂的能力。

石子的坚固性除了与原石的节理、孔隙率、孔分布、孔结构及吸水能力有关，还与石子的抗冻融膨胀破坏的能力有关。一般可用直接冻融法或硫酸盐浸泡法来衡量石子的坚固性。

通常，石子颗粒密实度高、原石强度高、吸水率小，坚固性好；石子矿物结晶粗大、结构松散、矿物成分复杂不均匀，坚固性差。

（3）石子碱活性

卵石或碎石中碱性矿物（如蛋白石、玉髓、白云石质石灰岩、方解石质石灰岩中的白云石）在潮湿的环境下与水泥、外加剂等混凝土组成物（氢氧化钠、氢氧化钾）缓慢发生反应，最终导致混凝土膨胀开裂。

### 4. 石子质量的分类及其应用范围

《普通混凝土用砂、石质量及检验方法标准》（JG 52—2006）中，不同强度等级、使用环境的混凝土，石子的质量标准要求不同，针、片状颗粒含量的规定见表4-3。

"扫扫看"
针片状颗粒

表4-3　石子针、片状颗粒含量的规定

| 混凝土强度等级 | $\geqslant$C60 | C55～C30 | $\leqslant$C25 |
|---|---|---|---|
| 针、片状颗粒含量（按质量计）/% | $\leqslant$8 | $\leqslant$15 | $\leqslant$25 |

含泥量见表 4-4，泥块含量见表 4-5。

**表 4-4　石子含泥量的规定**

| 混凝土强度等级 | ≥C60 | C55～C30 | ≤C25 |
|---|---|---|---|
| 含泥量（按质量计）/% | ≤0.5 | ≤1.0 | ≤2.0 |
| 含泥是非黏土质的石粉（按质量计）/% | ≤1.0 | ≤1.5 | ≤3.0 |
| 抗冻、抗渗或其他特殊要求混凝土含泥量（按质量计）/% | | ≤1.0 | |

**表 4-5　石子泥块含量**

| 混凝土强度等级 | ≥C60 | C55～C30 | ≤C25 |
|---|---|---|---|
| 泥块量（按质量计）/% | ≤0.2 | ≤0.5 | ≤0.7 |
| 抗冻、抗渗或其他特殊要求的强度等级小于 C30 的混凝土泥块量（按质量计）/% | | ≤0.5 | |

碎石压碎指标见表 4-6，卵石碎石指标见表 4-7。

**表 4-6　碎石压碎指标**

| 岩石品种 | 混凝土强度等级 | 压碎指标/% |
|---|---|---|
| 沉积岩 | ≤C60～C40 | ≤10 |
| | ≤C35 | ≤16 |
| 变质岩或深成的火成岩 | ≤C60～C40 | ≤12 |
| | ≤C35 | ≤20 |
| 喷出的火成岩 | ≤C60～C40 | ≤13 |
| | ≤C35 | ≤30 |
| 混凝土强度等级≥C60，进行岩石抗压强度检验，岩石强度至少应高出混凝土强度 20% | | |

**表 4-7　卵石碎石指标**

| 混凝土强度等级 | C60～C40 | ≤C35 |
|---|---|---|
| 碎石指标/% | ≤12 | ≤16 |

石子的坚固性见表 4-8，石子中有害物质含量见表 4-9。

**表 4-8　石子的坚固性**

| 混凝土所处的环境条件及其性能要求 | 5 次循环后的质量损失/% |
|---|---|
| 严寒及寒冷地区室外，并且经常处于潮湿或干湿交替状态下；有腐蚀性介质或经常处于水位变化区的地下结构或有抗疲劳、耐磨、抗冲击要求 | ≤8 |
| 其他条件下使用的混凝土 | ≤12 |

**表 4-9　石子中有害物质含量**

| 项目 | 质量要求 |
|---|---|
| 硫化物及硫酸盐含量（折算成三氧化硫）/% | ≤1.0 |
| 卵石中的有机物（比色法试验） | 颜色应不深于标准色。当颜色深于标准色，应配置混凝土对比试验，抗压强度比不低于 0.95 |

#### 5. 石的现行技术标准

《建设用卵石、碎石》(GB/T 14685—2011) 中 I、II、III 类石子的主要技术标准，见表 4-10。

表 4-10　《建设用卵石、碎石》中不同类别石子的主要技术标准

| 类别 | I | II | III |
|---|---|---|---|
| 含泥量（按质量计）/% | ≤0.5 | ≤1.0 | ≤1.5 |
| 泥块含量（按质量计）/% | 0 | ≤0.2 | ≤0.5 |
| 针、片状颗粒总含量（按质量计）/% | ≤5 | ≤10 | ≤15 |
| 有机物 | 合格 | 合格 | 合格 |
| 硫化物及硫酸盐含量（按 $SO_3$ 质量计）/% | ≤0.5 | ≤1.0 | ≤1.0 |
| 坚固性指标质量损失/% | ≤5 | ≤8 | ≤12 |
| 碎石压碎指标/% | ≤10 | ≤20 | ≤30 |
| 卵石碎石压碎指标/% | ≤12 | ≤14 | ≤16 |
| 连续级配松散堆积空隙率/% | ≤43 | ≤45 | ≤47 |
| 表观密度/(kg/m³) | ≥2600 | ≥2600 | ≥2600 |
| 吸水率/% | ≤1.0 | ≤2.0 | ≤2.0 |
| 岩石抗压强度/MPa | 水饱和状态下火成岩≥80，变质岩≥60，水成岩≥30 | | |
| 碱基料反应 | 碱基料反应试验，试件无裂缝、酥裂、胶体外溢；在规定的试验龄期膨胀率<0.10% | | |

## 二、试验

检测主要依据标准：

《普通混凝土用砂、石质量及检验方法标准》(JG 52—2006)。

#### 1. 卵石或碎石的筛分检测

(1) 主要仪器

① 实验筛：筛孔公称直径为 100.0mm、80.0mm、63.0mm、50.0mm、40.0mm、31.5mm、25.0mm、20.0mm、16.0mm、10.0mm、5.00mm、2.50mm 的方孔筛以及筛的底盘和盖各一只；筛框直径 300mm；

② 天平：称量 5kg，感量 5g；

③ 秤：称量 20kg，感量 20g；

④ 烘箱，浅盘。

(2) 试样制备

试样缩分至表 4-11 规定的量，烘干或风干备用。

表 4-11　不同公称粒径卵石或碎石试样最小质量

| 公称粒径/mm | 10.0 | 16.0 | 20.0 | 25.0 | 31.5 | 40.0 | 63.0 | 80.0 |
|---|---|---|---|---|---|---|---|---|
| 试样最小质量/kg | 2.0 | 3.2 | 4.0 | 5.0 | 6.3 | 8.0 | 12.6 | 16.0 |

(3) 检测步骤

① 将试样按筛孔大小顺序过筛，当每只筛上的筛余层厚度大于试样的最大粒径，将该

号筛上的筛余试样分成两份，再进行筛分，直到各筛每分钟的通过量不超过试样总重的 0.1%（当筛余颗粒试样的颗粒粒径比公称粒径大 20mm 以上时，在筛分过程中允许用手拨动颗粒）。

② 称取各筛筛余质量，精确至试样总质量的 0.1%。所有各筛的分计筛余量和盘底中的剩余量之和与筛分前试样的总量相比，相差不得超过 1%。

（4）检测结果

① 按下式计算各筛分计筛余百分率 $a_i$（精确至 0.1%）和累计筛余百分率 $A_i$（精确至 1%）：

$$a_i = \frac{各筛筛余质量}{试样质量} \times 100\%$$

$$A_i = 该筛及大于该筛筛孔的分计筛余百分率之和$$

② 根据各筛的累计筛余百分率，评定试样的颗粒级配。

**2. 卵石或碎石含泥量检测**

（1）主要仪器

① 秤：称量 20kg，感量 20g；

② 烘箱：温度控制范围为（105±5）℃；

③ 实验筛：筛孔公称直径为 1.25mm 及 80μm 的方孔筛；

④ 容器：容积约 10L 的瓷盘或金属盘；

⑤ 浅盘。

（2）试样制备

将试样缩分至表 4-12 所规定的量（注意防止细粉丢失），并置于温度为（105±5）℃的烘箱内烘干至恒重，冷却至室温后分成两份备用。

表 4-12 含泥量（泥块含量）试样缩分的质量

| 最大公称粒径/mm | 10.0 | 16.0 | 20.0 | 25.0 | 31.5 | 40.0 | 63.0 | 80.0 |
|---|---|---|---|---|---|---|---|---|
| 试样量不少于/kg | 2 | 2 | 6 | 6 | 10 | 10 | 20 | 20 |

（3）检测步骤

① 称取试样一份（$m_0$）装入容器中摊平，并注入饮用水，使水面高出石子表面 150mm；浸泡 2h，用手在水中淘洗颗粒，使尘屑、淤泥和黏土与较粗的颗粒分离，并使之悬浮或溶解于水。缓缓地将浑浊液倒入公称直径为 1.25mm 及 80μm 的方孔套筛（1.25mm 筛放置上面）上，滤去小于 80μm 的颗粒。实验前筛子两面应先用水润湿。在整个实验过程中应注意避免大于 80μm 的颗粒丢失。

② 再次加水于容器中，重复上述过程，直至洗出的水清澈为止。

③ 用水冲洗剩留在筛上的细粒，并将直径为 80μm 的方孔筛放在水中（使水面略高于筛内颗粒）来回摇动，以充分洗出小于 80μm 的颗粒。然后将两只筛上剩的颗粒和筒中已洗净的试样一并装入浅盘中，置于温度（105±5）℃的烘箱中烘干至恒重。取出冷却至室温后，称取试样的质量（$m_1$）。

（4）检测结果

按下式计算含泥量，精确到 0.1%：

$$\omega_c = \frac{m_0 - m_1}{m_0} \times 100\%$$

式中　$\omega_c$——含泥量，%；

　　　　$m_0$——试验前烘干试样的质量，g；

　　　　$m_1$——试验后烘干试样的质量，g。

以两个试样试验后算数平均值作为测定值，两次结果之差大于 0.2% 时，应重新取样进行试验。

**3. 卵石或碎石泥块含量检测**

（1）主要仪器

① 秤：称量 20kg，感量 20g；

② 试验筛：筛孔公称直径为 2.50mm 及 5.00mm 的方孔筛各一只；

③ 水筒及浅盘；

④ 烘箱：温度控制范围为（105±5)℃。

（2）试样制备

将试样缩分至略大于表 4-12（同含泥量试样制备）所规定的量（注意防止黏土块被压碎），并置于温度为（105±5)℃的烘箱内烘干至恒重，冷却至室温后分成两份备用。

（3）检测步骤

① 筛去公称粒径 5.00mm 以下颗粒，称取质量（$m_1$）；

② 将试样放在容器中摊平，加入饮用水使水面高出试样表面，24h 后把水放出，用手碾压泥块，然后把试样放在公称直径 2.50mm 的方孔筛上摇动淘洗，直至流出清水为止；

③ 将筛上的试样小心地从筛中取出，置于温度（105±5)℃的烘箱中烘干至恒重。取出冷却至室温后，称取试样的质量（$m_2$）。

（4）检测结果

按下式计算泥块含量，精确到 0.1%：

$$\omega_{c,L} = \frac{m_1 - m_2}{m_1} \times 100\%$$

式中　$\omega_{c,L}$——泥块含量，%；

　　　　$m_1$——公称直径 5.00mm 筛上筛余量，g；

　　　　$m_2$——试验后烘干试样的质量，g。

以两个试样试验后的算数平均值作为测定值。

**4. 卵石或碎石表观密度和堆积密度检测**

卵石或碎石的表观密度检测（简易法）

（1）主要仪器

① 秤：称量 20kg，感量 20g；

② 磨口广口瓶：容量 1000mL，玻璃片；

③ 实验筛：孔径 5.00mm；

④ 烘箱，毛巾，刷子。

（2）试样制备

筛除 5.00mm 以下的颗粒，并缩分至略大于两倍表 4-13 中规定的最小质量，冲洗干净后分成两份备用。

表 4-13　不同粒径卵石或碎石表观密度测试的试样最小质量

| 骨料最大粒径/mm | 10 | 16 | 20 | 25 | 31.5 | 40 | 63 | 80 |
|---|---|---|---|---|---|---|---|---|
| 试样最少质量/kg | 2.0 | 2.0 | 2.0 | 2.0 | 3.0 | 4.0 | 6.0 | 6.0 |

（3）检测步骤

试验的各项称量可在 15~25℃范围内进行。从试样加水静置的最后 2h 起至实验结束，其温度相差不应超过 2℃。

① 称取试样，将试样浸水饱和后装入广口瓶。瓶中注入饮用水，盖上玻璃盖，摇动排除气泡。

② 气泡排尽后，向瓶中注水直至水面凸出瓶口边缘，然后用玻璃片沿瓶口滑行，使其紧贴瓶口水面盖住瓶口，擦干瓶外水，称试样、水、瓶和玻璃片总质量（$m_1$）。

③ 将试样倒出，放入浅盘于（105±5）℃烘箱中烘至恒重，冷却至室温称取质量（$m_0$）。

④ 广口瓶重新注满水，盖玻璃片称取质量（$m_2$）。

（4）检测结果

按下式计算表观密度，精确至 10kg/m³：

$$\rho = \left( \frac{m_0}{m_0 + m_2 - m_1} - \alpha_t \right) \times 1000$$

式中　$\rho$——表观密度，kg/m³；

$m_0$——试样的烘干质量，g；

$m_1$——试样、水、瓶和玻璃片的总质量，g；

$m_2$——水、瓶和玻璃片的质量，g；

$\alpha_t$——修正系数，见表 4-14。

以两次测定结果的算术平均值为试验结果，如两次测定结果的误差大于 20kg/m³，应重新取样进行试验。对于颗粒材质不均匀的试样，如两次测定结果的误差大于 20kg/m³，可取四次测定结果的算术平均值为试验结果。

表 4-14　水温修正系数

| 水温/℃ | 15 | 16 | 17 | 18 | 19 | 20 | 21 | 22 | 23 | 24 | 25 |
|---|---|---|---|---|---|---|---|---|---|---|---|
| $\alpha_t$ | 0.002 | 0.003 | 0.003 | 0.004 | 0.004 | 0.005 | 0.005 | 0.006 | 0.006 | 0.007 | 0.008 |

卵石或碎石的堆积密度检测：

（1）主要仪器

① 秤：称量 100kg，感量 100g；

② 容量筒：规格见表 4-15；

③ 铁锹、烘箱。

表 4-15　容量筒规格要求

| 碎石或卵石的最大公称粒径/mm | 容量筒容积/L | 容量筒规格/mm | | 容量筒壁厚/mm |
|---|---|---|---|---|
| | | 内径 | 净高 | |
| 10.0, 16.0, 20.0, 25.0 | 10 | 208 | 294 | 2 |
| 31.5, 40.0 | 20 | 294 | 294 | 3 |
| 63.0, 80.0 | 30 | 360 | 294 | 4 |

（2）试样制备

按表 4-16 称取试样于（105±5）℃烘干至恒重或风干。

表 4-16　不同粒径堆积密度测试的试样质量

| 骨料最大粒径/mm | 10 | 16 | 20 | 25 | 31.5 | 40 | 63 | 80 |
|---|---|---|---|---|---|---|---|---|
| 试样最少质量/kg | 40 | 40 | 40 | 40 | 80 | 80 | 120 | 120 |

（3）检测步骤

① 按粗骨料最大粒径选用容量筒（容积为 $V$），并称容量筒质量 $m_1$（kg）。

② 取烘干或风干的试样一份，置于平整干净的地板（或铁板）上，用铁铲将试样自距筒口 5cm 左右处自由落入容量筒内，装满容量筒并除去凸出筒口表面的颗粒，以合适的颗粒填入凹陷部分，使表面凸起部分和凹陷部分的体积大致相等，称取容量筒和试样的总质量 $m_2$（kg）。

（4）检测结果

按下式计算堆积密度，精确至 $10kg/m^3$：

$$\rho_L = \frac{m_2 - m_1}{V} \times 1000$$

式中　$\rho_L$——堆积密度，$kg/m^3$；

$m_1$——容量筒质量，kg；

$m_2$——容量筒和石总质量，kg；

$V$——容量筒容积，L。

以两次试验结果的算术平均值作为测定值。

**5. 卵石有机物含量检测**

（1）主要仪器和药品

① 天平：称量 2kg、感量 2g 和称量 100g、感量 0.1g 各一台；

② 量筒：容量为 100mL、250mL 和 1000mL；

③ 烧杯、玻璃棒和筛孔公称直径为 20mm 的试验筛；

④ 浓度为 3％的氢氧化钠溶液（氢氧化钠与蒸馏水质量比为 3∶97）；

⑤ 鞣酸、酒精等。

（2）试样制备和标准溶液配制

① 筛除样品中公称粒径 20mm 以下的颗粒，缩分至约 1kg，风干后备用；

② 标准溶液的配制：称取 2g 鞣酸，溶于 98mL 的 10％的酒精溶液中，即得到所需的鞣酸溶液，然后取该溶液 2.5mL，注入 97.5mL 浓度 3％的氢氧化钠溶液中，加塞后剧烈摇动，静置 24h 即得标准溶液。

（3）检测步骤

① 向 1000mL 量筒中，倒入干试样至 600mL 刻度处，再注入 3％的氢氧化钠溶液至 800mL 处，剧烈搅动后静置 24h；

② 比较试样上部溶液和新配制标准溶液的颜色（盛装标准溶液与盛装试样的量筒容积应一致）。

（4）检测结果

① 若试样上部的溶液颜色浅于标准的颜色，则试样有机物含量鉴定为合格；

② 若两种溶液的颜色接近，则应将该试样（包括上部溶液）倒入烧杯中放在温度为 60～70℃ 的水浴锅中加热 2～3h，然后再与标准溶液比色；

③ 若试样上部溶液的颜色深于标准色，则应配制成混凝土进一步检验。其方法：取一份试样用 3％ 的氢氧化钠溶液洗除有机物，再用清水淘洗干净，直到试样上部溶液的颜色浅于标准溶液，然后取洗除有机物的和未经洗除有机物的试样，用相同的水泥、砂配制成配合比相同、坍落度基本相同的两种混凝土，测其 28d 抗压强度。若未经洗除有机物的卵石混凝土强度与经洗除有机物的卵石混凝土强度之比不低于 0.95，则卵石可用。

### 6. 碎石或卵石坚固性检测

（1）主要仪器和试剂

① 烘箱：温度控制范围为（105±5）℃；

② 台秤：称量 5kg，感量 5g；

③ 试验筛：根据试样粒级，按表 4-16 选用；

④ 容器：搪瓷盆或瓷盆，容积不小于 50L；

⑤ 三角网篮：网篮的外径为 100mm，高为 150mm，采用网孔公称直径不大于 2.50mm 的网，由铜丝制成；检验公称粒径为 40.0～80.0mm 的颗粒时，应采用外径和高度均为 150mm 的网篮；

⑥ 试剂：无水硫酸钠。

（2）硫酸钠溶液配制和试样制备

坚固性试验所需的各粒级试样质量见表 4-17。

① 硫酸钠溶液的配制：取一定量的蒸馏水，加温至 30～50℃，每 1000mL 蒸馏水加入无水硫酸钠 300～500g，用玻璃棒搅拌，使其溶解至饱和，然后冷却至 20～25℃。在此温度下静置两昼夜，其密度保持在 1151～1174kg/m$^3$ 内；

② 将样品按表 4-17 的粒级分级，并分别擦净，放入（105±5）℃烘箱内烘 24h，取出冷却至室温，然后按表 4-17 对各粒级规定的量称取试样（$m_i$）。

**表 4-17　坚固性试验所需的各粒级试样**

| 公称粒级/mm | 5.00～10.0 | 10.0～20.0 | 20.0～40.0 | 40.0～63.0 | 63.0～80.0 |
|---|---|---|---|---|---|
| 试样质量/g | 500 | 1000 | 1500 | 3000 | 3000 |
| 颗粒粒级含量 | — | 应含有 40％ 的 10.0～16.0mm 的粒级颗粒、60％ 的 16.0～20.0mm 的粒级颗粒 | 应含有 40％ 的 20.0～31.5mm 的粒级颗粒、60％ 的 31.5～40mm 的粒级颗粒 | — | — |

（3）检测步骤

① 将所称取的不同粒级试样分别装入三脚网篮并浸入盛有硫酸钠溶液的容器中。溶液体积应不小于试样总体积的 5 倍，其温度保持在 20～25℃ 的范围内。三脚网篮浸入溶液时应先上下升降 25 次以排除试样中的气泡，然后静置于该容器中。此时，网篮底面应距容器底面约 30mm（由网篮脚控制），网篮之间的间距应不小于 30mm，试样表面至少应在液面以下 30mm。

② 浸泡 20h 后，从溶液中提出网篮，放在（105±5）℃烘箱内烘 4h。至此，完成第一

个循环。待冷却至 20~25℃后，即开始第二次循环。从第二次循环开始，浸泡及烘烤时间均可为 4h。

③ 第五次循环后将试样置于 25~30℃清水中洗净硫酸钠，再在（105±5）℃烘箱内烘至恒重。取出冷却至室温后，用筛孔孔径为试样粒级下限的筛过筛，并称取各粒级试样试验后的筛余量（$m_i'$）（检查试样中硫酸钠是否洗净，可取洗试样的水数毫升，滴入少量的氯化钡溶液，如无白色沉淀，说明已洗干净）。

④ 对于公称粒级大于 20.0mm 的试样部分，应在实验前后记录其颗粒数量，并作外观检查，描述颗粒的裂缝、开裂、剥落掉边和掉角等情况所占的颗粒数量，以作为分析其坚固性时的补充依据。

（4）检测结果

① 试样中各级颗粒的分计质量损失百分率 $\delta_{ji}$ 按下式计算：

$$\delta_{ji} = \frac{m_i - m_i'}{m_i} \times 100\%$$

式中　$\delta_{ji}$——各级颗粒的分计质量损失百分率，%；

　　　$m_i$——各粒级试样试验前的烘干质量，g；

　　　$m_i'$——经硫酸钠溶液法试验后，各粒级筛余颗粒的烘干质量，g。

② 试样的总质量损失百分率 $\delta_j$ 按下式计算，精确至 1%：

$$\delta_j = \frac{\alpha_1\delta_{j1} + \alpha_2\delta_{j2} + \alpha_3\delta_{j3} + \alpha_4\delta_{j4} + \alpha_5\delta_{j5}}{\alpha_1 + \alpha_2 + \alpha_3 + \alpha_4 + \alpha_5} \times 100\%$$

式中　　　　　$\delta_j$——总质量损失百分率，%；

$\alpha_1$、$\alpha_2$、$\alpha_3$、$\alpha_4$、$\alpha_5$——试样中分别为 5.00~10.0mm、10.0~20.0mm、20.0~40.0mm、40.0~63.0mm、63.0~80.0mm 各公称粒级的分计百分含量，%；

$\delta_{j1}$、$\delta_{j2}$、$\delta_{j3}$、$\delta_{j4}$、$\delta_{j5}$——各粒级的分计质量损失百分率，%。

### 7. 碎石或卵石压碎指标检测

（1）主要仪器

① 压力机：荷载 300kN；

② 压碎指标测定仪：如图 4-1 所示；

③ 试验筛：筛孔公称直径 10.0mm 和 20.0mm 的方孔筛各一只。

"扫扫看"
粗骨料压碎指标仪

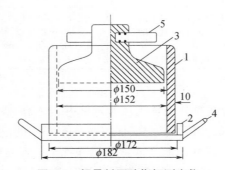

图 4-1　粗骨料压碎指标测定仪
1—圆筒；2—底盘；3—加压头；4—手把；5—把手

（2）试样制备

① 标准试样一律采用公称粒级为 10.0～20.0mm 的颗粒并在风干状态下进行试验。

② 对多种岩石组成的卵石，当其公称粒径大于 20.0mm 颗粒的岩石矿物成分与 10.0～20.0mm 标准粒级有显著差异时，应将大于 20.0mm 以上的颗粒经人工破碎后，筛取 10.0～20.0mm 标准粒级另外进行压碎指标试验。

③ 将缩分后的样品先筛除试样中公称粒径 10.0mm 以下及 20.0mm 以上的颗粒，再用针状和片状规准仪剔除针状和片状颗粒，然后称取每份 3kg 的试样 3 份备用。

（3）检测步骤

① 置圆筒于底盘上，取试样一份，分两层装入圆筒。每装完一层试样后，在底盘下面垫放一直径 10mm 的圆钢筋，将筒按住，左右交替颠击地面各 25 下。第二层颠实后，试样表面距盘底的高度应控制为 100mm 左右。

② 整平筒内试样表面，把压头装好（注意应使压头保持平正），放到试验机上在 160～300s 内均匀地加荷到 200kN，稳定 5s，然后卸荷，取出测定筒。倒出筒中的试样并称其质量（$m_0$），用公称直径 2.50mm 的方孔筛筛除被压碎的细粒，称量剩留在筛上的试样质量（$m_1$）。

（4）检测结果

压碎指标按下式计算，精确至 0.1%：

$$\delta_a = [(m_0 - m_1)/m_0] \times 100\%$$

式中　$\delta_a$——压碎指标，%；

$m_0$——试样的质量，g；

$m_1$——压碎试验后筛余的试样质量，g。

对多种岩石组成的卵石，应对公称粒径 20.0mm 以下（10.0～20.0mm）和 20.0mm 以上的标准粒级分别进行检验，则其总的压碎指标 $\delta_a$ 应按下式计算：

$$\delta_a = [(\alpha_1 \delta_{a1} + \alpha_2 \delta_{a2})/(\alpha_1 + \alpha_2)] \times 100\%$$

式中　$\delta_a$——总的压碎指标，%；

$\alpha_1$、$\alpha_2$——公称粒径 20.0mm 以下和 20.0mm 以上两粒级的颗粒含量百分率；

$\delta_{a1}$、$\delta_{a2}$——两粒级以标准粒级试验的分计压碎指标，%。

以三次试验的算术平均值作为压碎指标测定值。

# 第三节　细骨料

## 一、理论知识

**1. 砂的分类及特征、人工砂的概念及特征**

《建设用砂》（GB/T 14684—2011）中规定公称粒径小于 4.75mm 的岩石、尾矿或工业废渣等颗粒称为砂。建设工程中混凝土及其制品和普通砂浆用砂按产源可分为天然砂和机制砂。天然砂是自然生成的，经人工开采和筛分的粒径小于 4.75mm 的岩石颗粒，包括河砂、湖砂、山砂和淡化海砂，但不包括软质岩、风化岩石的颗粒。人工（机制）砂是指经除土处理，由机械破碎、筛分制成的粒径小于4.75mm的岩石、矿山尾矿或工业废渣颗粒，也不包括软质、风化的岩石颗粒。人工砂与天然砂相比较，原粒较洁净、富有棱角，但成本较高。一般建设地区缺乏天然砂源，可将人工砂与天然砂混合使用，以充分利用地方资源，降低成本。

建设用砂按产源分类有天然砂、机制砂两类，其规格按细度模数分为粗、中、细三种规格。其中细度模数3.7～3.1为粗砂、3.0～2.3为中砂、2.2～1.6为细沙，特细砂1.5～0.7。建筑用砂按技术要求（含泥量、石粉含量、泥块含量、有害物质含量、坚固性、压碎指标等技术）分为Ⅰ、Ⅱ、Ⅲ三种类别。

Ⅰ类砂宜用于强度等级大于C60混凝土；Ⅱ类砂宜用于强度等级为C30～C55及有抗冻、抗渗或其他要求的混凝土；Ⅲ类砂宜用于强度等级小于C30的混凝土和建筑砂浆。

**2. 砂颗粒级配的概念及对混凝土性能的影响**

（1）砂的颗粒级配

颗粒级配是指不同粒径砂粒的搭配比例。当砂中含有较多的粗颗粒，其空隙恰好由适量的中颗粒填充，中颗粒的空隙恰好由少量的细颗粒填充，如此逐级填充，使砂形成最密致的堆积状态，则空隙率和总表面积均较小，不仅胶凝材料用量少，而且还能提高混凝土的密实度与强度。

《普通混凝土用砂、石质量及检验方法标准》（JGJ 52—2006）中，砂的颗粒级配用级配区表示。除特细砂外，按630μm筛孔累计筛余百分率，分成Ⅰ区、Ⅱ区和Ⅲ区3个级配区。级配良好的粗砂应落在Ⅰ区，中砂应落在Ⅱ区，细砂则落在Ⅲ区。某一筛档累计筛余百分率超出5%以上时（5.00mm和630μm公称粒径的累积筛余不允许超出分界线），说明该砂的级配很差，视为不合格。砂的颗粒级配区，见表4-18；砂的公称粒径、砂筛孔的公称直径、方孔筛的边长见表4-19。

表4-18 砂的颗粒级配区

| 级配区 | Ⅰ区 | Ⅱ区 | Ⅲ区 |
|---|---|---|---|
| 公称粒径/mm | 累积筛余/% | | |
| 5.00 | 10～0 | 10～0 | 10～0 |
| 2.50 | 35～5 | 25～0 | 15～0 |
| 1.25 | 65～35 | 50～10 | 25～0 |
| 0.63 | 85～71 | 70～41 | 40～16 |
| 0.315 | 95～80 | 92～70 | 85～55 |
| 0.16 | 100～90 | 100～90 | 100～90 |

表4-19 砂筛孔的公称直径、方孔筛的边长

| 砂的公称粒径/mm | 砂筛筛孔的公称直径/mm | 方孔筛筛孔边长/mm |
|---|---|---|
| 5.00 | 5.00 | 4.75 |
| 2.50 | 2.50 | 2.36 |
| 1.25 | 1.25 | 1.18 |
| 0.63 | 0.63 | 0.60 |

续表

| 砂的公称粒径/mm | 砂筛筛孔的公称直径/mm | 方孔筛筛孔边长/mm |
| --- | --- | --- |
| 0.315 | 0.315 | 0.30 |
| 0.16 | 0.16 | 0.15 |
| 0.08 | 0.08 | 0.075 |

（2）砂颗粒级配对混凝土性能的影响

砂颗粒级配不仅影响混凝土水泥浆用量，而且对混凝土的密实性和强度影响也较大。当砂的级配良好且颗粒较大，则使空隙及总表面积均较小，这样的骨料比较理想，不仅水泥浆用量较少，混凝土和易性较好，而且混凝土的密实性和强度均可得到保障。

配制混凝土，Ⅰ区砂偏粗，保水能力差，适合配置水泥用量较多的"富混凝土"和低流动性混凝土；Ⅲ区砂偏细，配制的混凝土粘聚性大，保水性好，使用不当易增加混凝土的干缩量，产生微裂纹。

普通混凝土用砂的颗粒级配宜选用Ⅱ区砂。当采用Ⅰ区砂时，应提高砂率并保持足够胶凝材料用量，以满足拌合物的和易性。当采用Ⅲ区砂时，宜适当降低砂率，以保证混凝土的强度。

**3. 砂压碎指标、坚固性、碱活性的基本概念**

（1）砂压碎指标

指砂抵抗压碎的能力。

（2）砂坚固性

指砂在自然风化和其他外界物理化学因素作用下抵抗破坏的能力。

（3）砂碱活性

指水泥、外加剂等混凝土组成物及环境中的碱与砂中碱活性矿物在潮湿环境下缓慢发生并导致混凝土开裂破坏的膨胀反应。

**4. 砂质量的分类及其应用范围**

按《普通混凝土用砂、石质量及检验方法标准》（JGJ 52—2006），不同强度等级、使用环境的混凝土，砂的质量标准要求不同。

天然砂含泥量见表4-20，砂中泥块含量见表4-21，人工砂或混合砂中石粉含量见表4-22。

表 4-20  天然砂含泥量

| 混凝土强度等级 | ≥C60 | C55～C30 | ≤C25 |
| --- | --- | --- | --- |
| 含泥量（按质量计）/% | ≤2.0 | ≤3.0 | ≤5.0 |
| 有抗冻、抗渗或其他特殊要求的混凝土，含泥量（按质量计）/% | — | | ≤3.0 |

表 4-21  砂中泥块含量

| 混凝土强度等级 | ≥C60 | C55～C30 | ≤C25 |
| --- | --- | --- | --- |
| 泥块含量（按质量计）/% | ≤0.5 | ≤1.0 | ≤2.0 |
| 有抗冻、抗渗或其他特殊要求的混凝土，泥块含量（按质量计）/% | — | | ≤1.0 |

表 4-22　人工砂或混合砂中石粉含量

| 混凝土强度等级 | | ≥C60 | C55～C30 | ≤C25 |
|---|---|---|---|---|
| 石粉含量/% | MB＜1.4（合格） | ≤5.0 | ≤7.0 | ≤10.0 |
| | MB≥1.4（不合格） | ≤2.0 | ≤3.0 | ≤5.0 |

砂的坚固性指标见表 4-23，砂中有害物质含量见表 4-24，海沙贝壳含量见表 4-25。

表 4-23　砂的坚固性指标

| 混凝土所处的环境条件及其性能要求 | 5 次循环后的质量损失/% |
|---|---|
| 1. 严寒及寒冷地区室外并经常处于潮湿或干湿交替状态下的混凝土<br>2. 有抗疲劳、耐磨、抗冲击要求的混凝土<br>3. 有腐蚀性介质作用或经常处于水位变化区的地下结构 | ≤8 |
| 其他条件下的混凝土 | ≤10 |

表 4-24　砂中有害物质含量

| 项目 | | 质量指标 |
|---|---|---|
| 云母含量（按质量计）/% | 一般混凝土 | ≤2.0 |
| | 抗冻、抗渗混凝土 | ≤1.0 |
| 轻物质含量（按质量计）/% | | ≤1.0 |
| 硫化物及硫酸盐含量（折算成 $SO_3$，按质量计）/% | | ≤1.0 |
| 氯离子（按质量计）/% | 钢筋混凝土 | ≤0.06 |
| | 预应力混凝土 | ≤0.02 |
| 有机物含量（用比色法试验） | | 颜色不深于标准色，当颜色深于标准色时，应按水泥胶砂强度试验方法进行强度对比试验，抗压强度比应不低于 0.95 |

表 4-25　海沙贝壳含量

| 混凝土强度等级 | ≥C40 | C35～C30 | C25～C15 | ≤C25 |
|---|---|---|---|---|
| 贝壳含量（按质量计）/% | ≤3 | ≤5 | ≤8 | — |
| 有抗冻、抗渗或其他特殊要求的混凝土，贝壳含量（按质量计）/% | — | — | — | ≤5 |

### 5. 砂的现行技术标准

《建设用砂》（GB/T 14684—2011）规定的砂的技术标准如下：

（1）颗粒级配和级配类别

砂的颗粒级配应符合表 4-26 的规定，砂的级配类别应符合表 4-27 的规定。对于砂浆用砂，4.75mm 筛孔的累积筛余量应为 0。

表 4-26　砂的颗粒级配

| 砂的分类 | 天然砂 | | | 机制砂 | | |
|---|---|---|---|---|---|---|
| 级配区 | 1 区 | 2 区 | 3 区 | 1 区 | 2 区 | 3 区 |
| 方孔筛 | 累积筛余/% | | | | | |
| 4.75mm | 10～0 | 10～0 | 10～0 | 10～0 | 10～0 | 10～0 |
| 2.36mm | 35～5 | 25～0 | 15～0 | 35～5 | 25～0 | 15～0 |

续表

| 砂的分类 | 天然砂 | | | 机制砂 | | |
|---|---|---|---|---|---|---|
| 级配区 | 1 区 | 2 区 | 3 区 | 1 区 | 2 区 | 3 区 |
| 1.18mm | 65～35 | 50～10 | 25～0 | 65～35 | 50～10 | 25～0 |
| 0.60mm | 85～71 | 70～41 | 40～16 | 85～71 | 70～41 | 40～16 |
| 0.30mm | 95～80 | 92～70 | 85～55 | 95～80 | 92～70 | 85～55 |
| 0.15mm | 100～90 | 100～90 | 100～90 | 97～85 | 94～80 | 95～75 |

**表 4-27　砂的级配类别**

| 类别 | Ⅰ | Ⅱ | Ⅲ |
|---|---|---|---|
| 级配区 | 2 区 | 1、2、3 区 | |

（2）砂含泥量、石粉含量和泥块含量

天然砂的含泥量、泥块含量应符合表 4-28 的规定，机制砂的石粉含量和泥块含量应符合表 4-29 和表 4-30 的规定。

**表 4-28　天然砂的含泥量、泥块含量**

| 类别 | Ⅰ | Ⅱ | Ⅲ |
|---|---|---|---|
| 含泥量（按质量计）/% | ≤1.0 | ≤3.0 | ≤5.0 |
| 泥块含量（按质量计）/% | 0 | ≤1.0 | ≤2.0 |

**表 4-29　机制砂的石粉含量和泥块含量（MB 值≤1.4 或快速法试验合格）**

| 类别 | Ⅰ | Ⅱ | Ⅲ |
|---|---|---|---|
| MB 值 | ≤0.5 | ≤1.0 | ≤1.4 或合格 |
| 石粉含量（按质量计）/% | ≤10.0 | | |
| 泥块含量（按质量计）/% | 0 | ≤1.0 | ≤2.0 |
| 石粉含量根据使用地区和用途，经试验验证，可由供需双方协商确定 | | | |

**表 4-30　机制砂的石粉含量和泥块含量（MB 值＞1.4 或快速法试验不合格）**

| 类别 | Ⅰ | Ⅱ | Ⅲ |
|---|---|---|---|
| 石粉含量（按质量计）/% | ≤1.0 | ≤3.0 | ≤5.0 |
| 泥块含量（按质量计）/% | 0 | ≤1.0 | ≤2.0 |

（3）有害物质含量

砂中有害物质限定见表 4-31。

**表 4-31　砂中有害物质限定**

| 类别 | Ⅰ | Ⅱ | Ⅲ |
|---|---|---|---|
| 云母（按质量计）/% | ≤1.0 | ≤2.0 | |
| 轻物质（按质量计）/% | ≤1.0 | | |
| 有机物 | 合格 | | |
| 硫化物及硫酸盐（按 $SO_3$ 质量计）/% | ≤0.5 | | |
| 氯化物（以氯离子质量计）/% | ≤0.01 | ≤0.02 | ≤0.06 |
| 贝壳（仅适用于海砂，按质量计）/% | ≤3.0 | ≤5.0 | ≤8.0 |

（4）坚固性

① 硫酸盐溶液法质量损失

硫酸盐溶液法质量损失见表 4-32。

表 4-32　硫酸盐溶液法质量损失

| 类别 | I | II | III |
|---|---|---|---|
| 质量损失（按质量计）/% | ≤8 | ≤8 | ≤10 |

② 压碎指标

机制砂的坚固性要符合表 4-32，同时压碎指标要符合表 4-33。

表 4-33　机制砂压碎指标

| 类别 | I | II | III |
|---|---|---|---|
| 单粒最大压碎指标/% | ≤20 | ≤25 | ≤30 |

（5）表观密度、松堆密度和空隙率

砂的表观密度不应小于 2500kg/m³，松堆密度不应小于 1400kg/m³，空隙率不应大于 44%。

（6）碱基料反应

经碱基料反应试验，试件无裂缝、酥裂、胶体外溢；在规定的试验龄期膨胀率小于 0.10%。

## 二、试验

检测主要依据标准：

《普通混凝土用砂、石质量及检验方法标准》（JGJ 52—2006）。

### 1. 砂的筛分检测

（1）主要仪器

① 方孔筛：孔径为 10.0mm、5.0mm、2.50mm、1.25mm、630μm、315μm、160μm 筛各一只，并附有筛底和筛盖；筛框直径 300mm 或 200mm（方孔边长：4.75mm，2.36mm，1.18mm，0.6mm，0.3mm，0.15mm，0.75mm）。

② 天平：称量 1000g，感量 1g。

③ 摇筛机。

④ 鼓风烘箱：能使温度控制在（105±5）℃。

⑤ 浅盘和硬、软毛刷等。

（2）试样制备

按规定取样，并将试样缩分至约 1100g，放在烘箱中，于（105±5）℃下烘干至恒重，待冷却至室温后，筛除大于 10mm 的颗粒（并算出其筛余百分率），分为大致相等的两份备用。

（3）检测步骤

① 准确称取烘干试样 500g，置于按筛孔大小顺序排列的套筛的最上一只筛上。将套筛装入摇筛机内固紧。摇筛 10min 钟左右，然后取出套筛。按筛孔大小顺序，在清洁的浅

盘上逐个进行手筛，直至每分钟的筛出量不超过试样总量的 0.1% 时为止。通过的颗粒并入下一个筛中。按此顺序进行，直至每个筛全部筛完为止。如无摇筛机，也可用手筛。

② 称量各筛筛余量，精确至 1g，试样在各号筛上的筛余量不得超过按下式计算出的量，超过时应将该粒级试样分成两份或数分，分别筛分。并以筛余量之和作为该号筛的筛余量。

$$m_\tau = \frac{A\sqrt{d}}{300}$$

式中　$m_\tau$——某一筛上的剩余量，g；

　　　　$d$——筛孔边长，mm；

　　　　$A$——筛的面积，$\text{mm}^2$。

③ 称取各筛筛余质量 $m_i$（精确至 1g），所有各筛的分计筛余量和盘底中的剩余量之和与筛分前试样的总量相比，相差不得超过 1%。

（4）检测结果

① 计算各号筛上分计筛余百分数 $\alpha_i$，精确至 0.1%；

$$\alpha_i = (m_i/500) \times 100\% \quad (i=1，2，3，4，5，6)$$

② 计算累计筛余百分数 $\beta_i$，精确至 0.1%；

$$\beta_i = \sum \alpha_i \quad (i=1，2，3，4，5，6)$$

累积筛余百分数与分计筛余百分数关系见表 4-34。

表 4-34　累积筛余百分数与分计筛余百分数关系

| 方孔筛边长/mm | 筛孔的公称直径/mm | 分计筛余/% | 累计筛余/% |
|---|---|---|---|
| 4.75 | 5.00 | $\alpha_1$ | $\beta_1 = \alpha_1$ |
| 2.36 | 2.50 | $\alpha_2$ | $\beta_2 = \alpha_1 + \alpha_2$ |
| 1.18 | 1.25 | $\alpha_3$ | $\beta_3 = \alpha_1 + \alpha_2 + \alpha_3$ |
| 0.60 | 0.63 | $\alpha_4$ | $\beta_4 = \alpha_1 + \alpha_2 + \alpha_3 + \alpha_4$ |
| 0.30 | 0.315 | $\alpha_5$ | $\beta_5 = \alpha_1 + \alpha_2 + \alpha_3 + \alpha_4 + \alpha_5$ |
| 0.15 | 0.16 | $\alpha_6$ | $\beta_6 = \alpha_1 + \alpha_2 + \alpha_3 + \alpha_4 + \alpha_5 + \alpha_6$ |

③ 根据两次实验累计筛余的平均值，评定该试样的颗粒级配分布情况，精确至 1%。

④ 砂细度模数按下式计算，精确至 0.01：

$$\mu_f = \frac{(\beta_2 + \beta_3 + \beta_4 + \beta_5 + \beta_6) - 5\beta_1}{100 - \beta_1}$$

式中　　　　　　$\mu_f$——砂的细度模数；

$\beta_1$，$\beta_2$，$\beta_3$，$\beta_4$，$\beta_5$，$\beta_6$——分别是公称直径 5.0mm、2.50mm、1.25mm、630$\mu$m、315$\mu$m、

　　　　　　160$\mu$m 的累计筛余。

以两次实验结果的算术平均值作为测定值，精确至 0.1。当两次实验所得的细度模数之差大于 0.20 时，重新试验。

**2. 粗砂、中砂和细砂的含泥量检测（标准法）**

（1）主要仪器

① 天平：称量 1000g，感量 1g；

② 烘箱：能使温度控制在（105±5）℃；

③ 试验筛：筛孔公称直径为 80μm 及 1.25mm 的方孔筛各一个；

④ 洗砂容器及浅盘。

（2）试样制备

将试样缩分至约 1100g，放在烘箱中于（105±5）℃下烘干至恒重，待冷却至室温后，称取两份 400g（$m_0$）的试样备用。

（3）检测步骤

① 称取试样一份（$m_0$）装入容器中摊平，并注入饮用水，使水面高出砂面 150mm；浸泡 2h，用手在水中淘洗颗粒，使尘屑、淤泥和黏土与砂粒分离，并使之悬浮或溶解于水。缓缓地将浑浊液倒入公称直径 1.25mm 及 80μm 的方孔套筛（1.25mm 筛放置上面）上，滤去小于 80μm 的颗粒。试验前筛子两面应先用水润湿。在整个试验过程中应注意避免砂粒丢失。

② 再次加水于容器中，重复上述过程，直至洗出的水清澈为止。

③ 用水冲洗剩留在筛上的细粒，并将 80μm 的方孔筛放在水中（使水面略高于筛内砂粒上表面）来回摇动，以充分洗出小于 80μm 的颗粒。然后将两只筛上剩的颗粒和容器中已洗净的试样一并装入浅盘中，置于温度（105±5）℃的烘箱中烘干至恒重。取出冷却至室温后，称取试样的质量（$m_1$）。

（4）检测结果

砂含泥量按下式计算，精确到 0.1%：

$$\omega_c = [(m_0 - m_1)/m_0] \times 100\%$$

式中　$\omega_c$——砂含泥量，%；

　　　$m_0$——试验前烘干试样的质量，g；

　　　$m_1$——试验后烘干试样的质量，g。

以两个试样试验后算术平均值作为测定值。两次结果之差大于 0.5% 时，应重新取样进行试验。

### 3. 泥块含量检测

（1）主要仪器

① 天平：称量 1000g，感量 1g；称量 5000g，感量 5g；

② 烘箱：温度控制范围在（105±5）℃；

③ 试验筛：筛孔公称直径为 630μm 及 1.25mm 的方孔筛各一个；

④ 洗砂容器及浅盘。

（2）试样制备

将试样缩分至约 5000g，放在烘箱中于（105±5）℃下烘干至恒重，冷却至室温后，用公称直径 1.25mm 的方孔筛筛分，称筛上的试样不少于 400g 分为两份备用。特细砂按实际筛分量。

（3）检测步骤

① 称取试样约 200g（$m_1$）置于容器中，并注入饮用水，使水面高出砂面 150mm。充分搅拌均匀后，浸泡 24h，然后用手在水中碾碎泥块，再把试样放在公称直径 630μm 的方孔筛上，用水淘洗，直到水清澈为止。

② 保留下来的试样应小心地从筛里取出，装入水平浅盘后，置于温度（105±5）℃烘箱中烘干至恒重，冷却后称重（$m_2$）。

（4）检测结果

砂中泥块含量按下式计算，精确至 0.1%：

$$\omega_{c,L} = \frac{m_1 - m_2}{m_1} \times 100\%$$

式中　$\omega_{c,L}$——泥块含量，%；

　　　$m_1$——试验前的干燥质量，g；

　　　$m_2$——试验后的干燥质量，g。

以两个试样试验后算术平均值作为测定值。

**4. 表观密度检测**

（1）主要仪器

① 天平：称量 1000g，感量 1g；

② 容量瓶：500mL；

③ 烘箱：温度控制范围（105±5）℃；

④ 干燥器、浅盘、漏斗、铝制拌勺、温度计。

（2）试样制备

缩分后不少于 650g 的样品装入浅盘，在温度（105±5）℃的烘箱中烘干至恒重，在干燥器中冷却至室温。

（3）检测步骤

试验过程中测量并控制水温，试验的各项称量可在 15～25℃ 范围内进行。从试样加水静置的最后 2h 起至试验结束，其温度相差不应超过 2℃。

① 称取烘干试样（$m_0$）300g，精确至 1g，装入盛有半瓶冷开水的容量瓶中，旋转容量瓶使试样在水中充分搅动以排除气泡，塞紧瓶塞。

② 静置 24h 后打开瓶塞，用滴管添水使水面与瓶颈刻度线平齐，塞紧瓶塞，擦干瓶外水分，称其质量 $m_1$（g），精确至 1g。

③ 倒出瓶中的水和试样，洗净瓶内外。再注入与上项水温相差不超过 2℃ 的冷开水至瓶刻度线，塞紧瓶塞，擦干瓶外水分，称其质量 $m_2$（g），精确至 1g。

（4）检测结果

按下式计算表观密度，精确至 10kg/m³：

$$\rho = \left( \frac{m_0}{m_0 + m_2 - m_1} - \alpha_t \right) \times 1000$$

式中　$\rho$——表观密度，kg/m³；

　　　$m_0$——试样的烘干质量，g；

　　　$m_1$——试样、水及容量瓶总质量，g；

　　　$m_2$——水及容量瓶总质量，g；

　　　$\alpha_t$——修正系数，见表 4-35。

以两次测定结果的平均值为试验结果，如两次测定结果的误差大于 20kg/m³，应重新取样进行试验。

表 4-35 水温修正系数

| 水温/℃ | 15 | 16 | 17 | 18 | 19 | 20 | 21 | 22 | 23 | 24 | 25 |
|---|---|---|---|---|---|---|---|---|---|---|---|
| $\alpha_t$ | 0.002 | 0.003 | 0.003 | 0.004 | 0.004 | 0.005 | 0.005 | 0.006 | 0.006 | 0.007 | 0.008 |

### 5. 堆积密度检测

（1）主要仪器

① 称：称量 5kg，感量 5g；

② 容量筒：容积 1L，金属制成；圆形，内径 108mm，净高 109mm，壁厚 2mm，底厚 5mm；

③ 直尺、浅盘；

④ 标准漏斗：如图 4-2 所示。

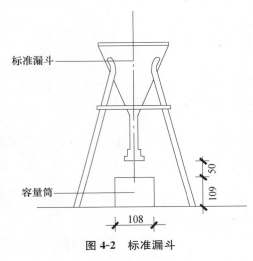

标准漏斗

容量筒

50
109
108

图 4-2 标准漏斗

（2）试样制备

砂样经 5mm 的筛子过筛，缩分至不小于 3L，在（105±5）℃烘箱中烘至恒重，取出冷却至室温，分成大致相等的两份备用。

（3）检测步骤

① 称量容量筒质量 $m_1$（kg），精确至 1g。

② 用漏斗将试样徐徐装入容量筒内，出料口距容量筒口不应超过 5cm，直至试样装满超出筒口成锥形为止。

③ 用直尺将多余的试样沿筒口中心线向两个相反方向刮平，称其质量 $m_2$（kg），精确至 1g。

（4）检测结果

按下式计算砂的堆积密度，精确至 $10kg/m^3$：

$$\rho_L = \frac{m_2 - m_1}{V} \times 1000$$

式中　$\rho_L$——堆积密度，$kg/m^3$；

　　　$m_1$——容量筒质量，kg；

$m_2$——容量筒和砂总质量，kg；

$V$——容量筒容积，L。

以两次试验结果的算术平均值作为测定值。

### 6. 有机物检测

（1）主要仪器和试剂

① 天平：称量 100g，感量 0.1g；称量 1000g，感量 1g；

② 量筒：容量 250mL、100mL、10mL；

③ 烧杯、玻璃棒和筛孔直径为 5.00mm 的方孔筛；

④ 氢氧化钠溶液：氢氧化钠与蒸馏水质量之比为 3：97；

⑤ 鞣酸、酒精。

（2）试样制备与标准液的配制

① 筛除样品中公称粒径 5.00mm 以上的颗粒，用四分法缩分至 500g，风干后备用；

② 标准溶液的配制：称取 2g 鞣酸，溶于 98mL 的 10％的酒精溶液中，即得到所需的鞣酸溶液，然后取该溶液 2.5mL，注入 97.5mL 浓度 3％的氢氧化钠溶液中，加塞后剧烈摇动，静置 24h 即得标准溶液。

（3）检测步骤

① 向 250mL 量筒中倒入试样至 130mL 刻度处，再注入 3％的氢氧化钠溶液至 200mL 处，剧烈搅动后静置 24h；

② 比较试样上部溶液和新配制标准溶液的颜色（盛装标准溶液与盛装试样的容量筒容积应一致）。

（4）检测结果

① 若试样上部的溶液颜色浅于标准溶液的颜色，则试样有机物含量判定为合格；

② 若两种溶液的颜色接近，则应将该试样（包括上部溶液）倒入烧杯中放在温度为 60～70℃的水浴锅中加热 2～3h，然后再与标准溶液比色；

③ 若试样上部溶液的颜色深于标准色，则取一份试样，用 3％的氢氧化钠溶液洗除有机物，再用清水淘洗干净，直到试样上部溶液的颜色浅于标准溶液的颜色，然后用经洗除有机物的和未经洗除有机物的试样，按现行国家标准《水泥胶砂强度检验方法（ISO 法）》（GB/T 17671—1999）配制两种水泥砂浆测定 28d 的抗压强度，若未经洗除有机物的砂浆强度与经洗除有机物的砂浆强度之比不低于 0.95，则此砂可用，否则不可采用。

### 7. 坚固性检测（硫酸钠溶液法）

（1）主要仪器和试剂

① 烘箱：温度控制范围（105±5）℃；

② 天平：称量 1000g，感量 1g；

③ 试验筛：筛孔公称直径为 160$\mu$m、315$\mu$m、630$\mu$m、1.25mm、2.50mm、5.00mm 的方孔筛各一只；

④ 容器：搪瓷盆或瓷缸，容量不小于 10L；

⑤ 三脚网篮：内径及高度均为 70mm，用铜丝或镀锌铁丝制成，网孔的孔径不应大于所盛试样粒级下限尺寸的一半；

⑥ 试剂：无水硫酸钠；

⑦ 比重计;

⑧ 氯化钡:浓度为 10%。

(2) 硫酸钠溶液配制和试样制备

① 硫酸钠溶液的配制

取一定量的蒸馏水,加温至 30～50℃,每 1000mL 蒸馏水加入无水硫酸钠 300～500g,用玻璃棒搅拌,使其溶解至饱和,然后冷却至 20～25℃。在此温度下静置两昼夜。其密度保持在 1151～1174kg/m³ 内;

② 砂样品制备

将缩分后的样品(每个粒级不少于 100g)用水冲洗干净,在 (105±5)℃的温度下烘干冷却至室温备用。

(3) 检测步骤

① 称取公称粒级分别为 315～630μm、630μm～1.25mm、1.25～2.50mm、2.50～5.00mm 的试样各 100g。若是特细砂应筛去公称粒径 160μm 以下和 2.50mm 以上的颗粒,称取公称粒级 160～315μm、315～630μm、630μm～1.25mm、1.25～2.50mm 的试样各 100g。将所称取的不同粒级试样分别装入三脚网篮并浸入盛有硫酸钠溶液的容器中。溶液体积应不小于试样总体积的 5 倍,其温度保持在 20～25℃的范围内。三脚网篮浸入溶液时应先上下升降 25 次以排除试样中的气泡,然后静置于该容器中。此时,网篮底面应距容器底面约 30mm (由网篮脚控制),网篮之间的间距应不小于 30mm,试样表面至少应在液面以下 30mm。

② 浸泡 20h 后,从溶液中提出网篮,放在 (105±5)℃烘箱内烘 4h。至此,完成第一次循环。待冷却至 20～25℃后,即开始第二次循环。从第二次循环开始,浸泡及烘烤时间均可为 4h。

③ 第五次循环后将试样置于 20～25℃清水中洗净硫酸钠,再在 (105±5)℃烘箱内烘至恒重。取出冷却至室温后用筛孔孔径为试样粒级下限的筛过筛,并称取各粒级试样试验后的筛余量(检查试样中硫酸钠是否洗净,可取洗试样的水数毫升,滴入少量 10%的氯化钡溶液,如无白色沉淀,说明已洗干净)。

(4) 检测结果

① 试样中各级颗粒的分计质量损失百分率 $\delta_{ji}$ 按下式计算:

$$\delta_{ji} = \frac{m_i - m_i'}{m_i} \times 100\%$$

式中　$\delta_{ji}$——各级颗粒的分计质量损失百分率,%;

$m_i$——各粒级试样试验前的烘干质量,g;

$m_i'$——经硫酸钠溶液法试验后,每一粒级筛余颗粒的烘干质量,g。

② 300μm～4.75mm 粒级试样的总质量损失百分率 $\delta_j$ 按下式计算,精确至 1%:

$$\delta_j = \frac{\alpha_1 \delta_{j1} + \alpha_2 \delta_{j2} + \alpha_3 \delta_{j3} + \alpha_4 \delta_{j4}}{\alpha_1 + \alpha_2 + \alpha_3 + \alpha_4} \times 100\%$$

式中　　　　$\delta_j$——总质量损失百分率,%;

$\alpha_1$,$\alpha_2$,$\alpha_3$,$\alpha_4$——公称粒级分别为 315～630μm、630μm～1.25mm、1.25～2.50mm、2.50～5.00mm 粒级在筛除小于公称粒径 315μm 和大于公称粒径 5.00mm 颗粒后的原试样中所占的百分率,%;

$\delta_{j1}$，$\delta_{j2}$，$\delta_{j3}$，$\delta_{j4}$——公称粒级分别为 $315\sim630\mu m$、$630\mu m\sim1.25mm$、$1.25\sim2.50mm$、$2.50\sim5.00mm$ 各粒级的分计质量损失百分率，%。

特细砂：

$$\delta_j = \frac{\alpha_0\delta_{j0} + \alpha_1\delta_{j1} + \alpha_2\delta_{j2} + \alpha_3\delta_{j3}}{\alpha_0 + \alpha_1 + \alpha_2 + \alpha_3} \times 100\%$$

式中　　$\delta_j$——总质量损失百分率，%；

$\alpha_0$，$\alpha_1$，$\alpha_2$，$\alpha_3$——公称粒级分别为 $160\sim315\mu m$、$315\sim630\mu m$、$630\mu m\sim1.25mm$、$1.25\sim2.50mm$ 粒级在筛除小于公称粒径 $160\mu m$ 和大于公称粒径 $2.50mm$ 颗粒后的原试样中所占的百分率，%；

$\delta_{j0}$，$\delta_{j1}$，$\delta_{j2}$，$\delta_{j3}$——公称粒级分别为 $160\sim315\mu m$、$315\sim630\mu m$、$630\mu m\sim1.25mm$、$1.25\sim2.50mm$ 各粒级的分计质量损失百分率，%。

### 8. 人工砂（$315\mu m\sim5.00mm$）压碎指标检测

（1）主要仪器

① 压力机：荷载 300kN；

② 受压钢模：如图 4-3 所示；

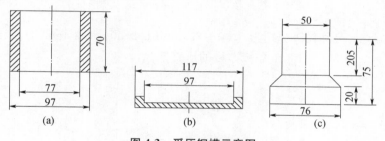

**图 4-3　受压钢模示意图**

（a）圆筒；（b）底盘；（c）加压块

③ 天平：称量为 1000g，感量 1g；

④ 试验筛：筛孔公称直径分别为 5.0mm、2.50mm、1.25mm、$630\mu m$、$315\mu m$、$160\mu m$、$80\mu m$ 的方孔筛各一只；

⑤ 烘箱：温度控制范围（$105\pm5$）℃；

⑥ 其他：瓷盘 10 个，小勺 2 把。

（2）试样制备

将缩分后的样品置于（$105\pm5$）℃的温度下烘干冷却至室温后，筛分成 $5.0\sim2.50mm$、$2.50\sim1.25mm$、$1.25mm\sim630\mu m$、$630\sim315\mu m$ 四个粒级，每级试样质量不得少于 1000g。

"扫扫看"
砂压碎指标仪

（3）检测步骤

① 置圆筒于底盘上，组成受压模，将一单级砂样约 300g 装入模内，使试样距底盘约为 50mm；

② 平整试模内的试样表面，将压块放入圆筒内，并转动一周使之与试样均匀接触；

③ 将装好砂样的受压钢模置于压力机的支承板上，对准压力机压板中心后，开动机器，以 500N/s 的速度加荷，加荷至 25kN 时持荷 5s，然后以同样的速度卸荷；

④ 取下受压模，移去加压块，倒出压过的试样并称其质量（$m_0$），然后用该粒级的下限筛（5.0～2.50mm 粒级的下限筛为公称直径 2.50mm 的方孔筛）进行筛分，称出该粒级试样的筛余量（$m_1$）。

（4）检测结果

① 第 $i$ 单粒级砂样的压碎指标按下式计算，精确至 0.1%：

$$\delta_i = \frac{m_0 - m_i}{m_0} \times 100\%$$

式中　$\delta_i$——第 $i$ 单粒级砂样的压碎指标，%；

　　　$m_0$——第 $i$ 单粒级砂样的质量，g；

　　　$m_i$——第 $i$ 单粒级砂样压碎后筛余的试样质量，g。

以三份试样试验结果的算术平均值作为各单级试样的测定值。

② 四级砂样总的压碎指标按下式计算，精确至 0.1%：

$$\delta_{s\alpha} = \frac{\alpha_1\delta_1 + \alpha_2\delta_2 + \alpha_3\delta_3 + \alpha_4\delta_4}{\alpha_1 + \alpha_2 + \alpha_3 + \alpha_4} \times 100\%$$

式中　　　　$\delta_{s\alpha}$——总的压碎指标，%；

$\alpha_1$，$\alpha_2$，$\alpha_3$，$\alpha_4$——公称粒级分别为 2.50mm、1.25mm、630$\mu$m、315$\mu$m 各方孔筛的分计筛余，%；

$\delta_1$，$\delta_2$，$\delta_3$，$\delta_4$——公称粒级分别为 5.00～2.50mm、2.50～1.25mm、1.25mm～630$\mu$m、630～315$\mu$m 单级砂样的压碎指标，%。

# 第五章　建筑砂浆检测

## 第一节　理论知识

### 一、新拌砌筑砂浆的主要性质

新拌砂浆的和易性包括流动性和保水性两方面的含义。具有良好的和易性的砂浆易在粗糙的砖、石等基面上铺成均匀的薄层，且能与基层紧密粘结，既便于施工操作，提高劳动生产率，又能保证砌筑工程质量。

"扫扫看"
砂浆

**1. 砂浆流动性**

砂浆流动性也称稠度，即砂浆在自重或外力作用下产生流动的性质。流动性用砂浆稠度测定仪测定，以沉入量（mm）表示。影响砂浆稠度的因素很多，如胶凝材料的种类及用量、用水量、砂子粗细和粒形、级配、搅拌时间、外加剂等。

砂浆稠度的选择与砌体材料以及施工气候情况有关。一般可根据施工操作经验来掌握。《砌筑砂浆配合比设计规程》（JGJ 98—2010）规定砌筑砂浆的施工稠度见表 5-1。

表 5-1　砌筑砂浆的施工稠度

| 砌体种类 | 施工稠度 |
|---|---|
| 烧结普通砖砌体、粉煤灰砖砌体 | 70～90 |
| 混凝土砖砌体、普通混凝土小型空心砌块砌体、灰砂砖砌体 | 50～70 |
| 烧结多孔砖砌体、烧结空心砖砌体、轻骨料混凝土小型空心砌块砌体、蒸压加气混凝土砌块砌体 | 60～80 |
| 石砌体 | 30～50 |

**2. 砂浆的保水性**

新拌砂浆保持其内部水分不泌出流失的能力称为保水性。保水性不良的砂浆拌合物在存放、运输和施工过程中容易产生泌水和离析。当铺抹于基底后，基面很快吸走砂浆水分，使砂浆拌合物干涩，不易铺成均匀密实的砂浆薄层，也影响砂浆中水泥的正常水化硬化，使砂浆强度及与基面粘结力下降。为提高水泥砂浆的保水性，往往掺入适量的保水增稠材料如石灰膏、塑化剂等。

砂浆的保水性可用保水率来反映，《砌筑砂浆配合比设计规程》规定不同种类的砌筑砂浆的保水率要求不同，见表 5-2。

表 5-2　不同种类的砌筑砂浆的保水率要求

| 砂浆品种 | 保水率/% |
| --- | --- |
| 水泥砂浆 | ≥80 |
| 水泥混合砂浆 | ≥84 |
| 预拌砌筑砂浆 | ≥88 |

## 二、硬化砂浆的主要性质

### 1. 强度

砌筑砂浆以抗压强度作为其强度指标。砂浆标准试件尺寸为 70.7mm×70.7mm×70.7mm，一组 3 块，标养至 28d，测定其抗压强度平均值（MPa）。影响砂浆强度的因素，除砂浆本身组成材料及配比外，还与基面材料的吸水性有关。

水泥砂浆及预拌砂浆的强度等级可分为 M5、M7.5、M10、M15、M20、M25、M30 七个强度等级；水泥混合砂浆的强度等级可分为 M5、M7.5、M10、M15 四个强度等级。

### 2. 粘结力

通过砌筑砂浆的粘结，将砖、石等块状材料粘结成为一个坚固整体。因此，为保证整体砌体的强度、耐久性及抗震性等，要求砂浆与基层材料之间应有足够的粘结力。一般情况下，砂浆抗压强度越高，它与基层的粘结力也越高。此外，基面的粗糙、洁净、湿润及在良好的施工养护条件下，砂浆粘结力则较强。

### 3. 变形

砌筑砂浆作为砌体的组成部分，相对块体材料来说，弹性模量较低。砂浆在承受荷载、温度变化或湿度变化时，均会产生变形。如果变形过大或不均匀，则会降低砌体的质量，引起沉陷或裂缝。砂浆的骨料密度不同，也会影响变形大小，如轻骨料配制的砂浆，其收缩变形要比普通砂浆大。

## 三、砂浆配合比设计的步骤

### 1. 混合砂浆配合比计算

计算砂浆试配强度（$f_{m,0}$）；计算每立方米砂浆中的水泥用量（$Q_c$）；计算每立方米砂浆中石灰膏用量（$Q_D$）；确定每立方米砂浆中砂用量（$Q_S$）；按砂浆稠度选每立方米砂浆用水量（$Q_W$）。

### 2. 砂浆配合比的确定

（1）试配

按计算或查表所得配合比进行试拌时，应按《建筑砂浆基本性能试验方法标准》（JGJ/T 70—2009）测定砌筑砂浆拌合物的稠度和保水率。当稠度和保水率不能满足要求时，应调整材料用量，直到符合要求，然后确定为试配时的砂浆基准配合比。

（2）调整

试配时至少应采用三个不同的配合比，其中一个配合比应为按规程得出的基准配合比，其余两个配合比的水泥用量应按基准配合比的水泥用量分别增加或减少10%。在保证稠度、保水率合格的条件下，可将用水量、石灰膏、保水剂等增稠材料或粉煤灰等活性掺合料用量作相应调整。

（3）确定

砌筑砂浆试配调整后，分别测定不同配合比砂浆的表观密度和强度；选定符合试配强度和和易性要求、水泥用量最低的配合比作为砂浆的试配配合比。砌筑砂浆配合比校正如下：

① 计算理论表观密度，精确至 $10kg/m^3$：

$$\rho_t = Q_C + Q_D + Q_S + Q_W$$

式中　$\rho_t$——砂浆理论表观密度，$kg/m^3$；

　　　$Q_C$——确定的每立方米砂浆中的水泥用量，kg；

　　　$Q_D$——确定的每立方米砂浆中石灰膏用量，kg；

　　　$Q_S$——确定的每立方米砂浆中砂用量，kg；

　　　$Q_W$——确定的每立方米砂浆用水量，kg。

② 按下式计算砂浆配合比的校正系数：

$$\delta = \rho_C / \rho_t$$

式中　$\rho_C$——砂浆实测表观密度，精确至 $10kg/m^3$；

　　　$\rho_t$——砂浆理论表观密度，精确至 $10kg/m^3$。

当砂浆的实测表观密度与理论表观密度之差的绝对值不超过理论值的 2% 时，试配配合比为砂浆的设计配合比；当超过 2% 时，应将试配配合比中每项材料用量均乘以校正系数（$\delta$）后，确定为砂浆的设计配合比。

## 四、砂浆的配合比设计方法

### 1. 混合砂浆配合比设计

（1）试配强度计算

$$f_{m,0} = k f_2$$

式中　$f_{m,0}$——砂浆的试配强度，精确至 0.1MPa；

　　　$f_2$——砂浆强度等级，精确至 0.1MPa；

　　　$k$——系数，考虑砂浆强度、施工水平及标准差，按表 5-3 取值。

表 5-3　砂浆强度及标准差

| 施工水平＼强度等级 | 强度标准差 $\sigma$/MPa | | | | | | | $k$ |
|---|---|---|---|---|---|---|---|---|
| | M5 | M7.5 | M10 | M15 | M20 | M25 | M30 | |
| 优良 | 1.00 | 1.50 | 2.00 | 3.00 | 4.00 | 5.00 | 6.00 | 1.15 |
| 一般 | 1.25 | 1.88 | 2.50 | 3.75 | 5.00 | 6.25 | 7.50 | 1.20 |
| 较差 | 1.50 | 2.25 | 3.00 | 4.50 | 6.00 | 7.50 | 9.00 | 1.25 |

砂浆强度标准差确定：

当无统计资料时按表 5-3 取值，有统计资料时按下式计算：

$$\sigma = \sqrt{\frac{\sum_{i=1}^{n} f_{m,i}^2 - n\mu_{f_m}^2}{n-1}}$$

式中　$f_{m,i}$——统计周期内同一品种砂浆第 $i$ 组试件的强度，MPa；

$\mu_{f_m}$——统计周期内同一品种砂浆 $n$ 组试件的强度平均值，MPa；

$n$——统计周期内同一品种砂浆的总组数，$n\geqslant25$。

（2）水泥用量的计算

每立方米砂浆的水泥用量按下式计算：

$$Q_C=1000(f_{m,0}-\beta)/(\alpha f_{ce})$$

式中　$Q_C$——每立方米砂浆水泥用量（精确至 1kg），kg；

$f_{ce}$——水泥的实测强度（精确至 0.1MPa），MPa；

$\alpha，\beta$——砂浆特征系数，其中 $\alpha$ 取 3.03，$\beta$ 取 $-15.09$（各地区也可用本地区试验资料确定，统计试验组数不少于 30 组）。

无法取得水泥实测强度，按下式计算：

$$f_{ce}=\gamma f_{cek}$$

式中　$f_{cek}$——水泥强度等级，MPa；

$\gamma$——水泥强度等级值的富裕系数，宜按实际统计资料确定，无统计资料时取 1.0。

（3）石灰膏用量计算

石灰膏用量按下式计算，精确至 1kg：

$$Q_D=Q_A-Q_C$$

式中　$Q_D$——每立方米砂浆的石灰膏用量［石灰膏稠度宜为（120±5）mm］，kg；

$Q_C$——每立方米砂浆的水泥用量，精确至 1kg；

$Q_A$——每立方米砂浆的水泥和石灰膏总量，精确至 1kg（可为 350kg）。

（4）用水量确定

每立方米砂浆的用水量（不包括石灰膏中的水），根据砂浆稠度等要求选用 210～310kg；当采用细砂或粗砂时，用水量分别取上限或下限；稠度小于 70mm 时，用水量可小于下限；施工现场气候炎热或干燥季节，可酌量增加用水量。

**2. 水泥、水泥粉煤灰砂浆配合比设计**

根据《砌筑砂浆配合比设计规程》（JGJ 98—2010）的规定，水泥砂浆的材料用量，按表5-4选用；粉煤灰砂浆材料用量按表5-5选用。M15 及 M15 以下的强度等级的砂浆，水泥强度等级为 32.5 级；M15 以上强度等级的水泥砂浆，水泥强度等级为 42.5 级。当采用细砂或粗砂时，用水量分别取上限或下限。稠度小于 70mm 时，用水量可小于下限。施工现场气候炎热或干燥季节，可酌量增加用水量。

**表 5-4　每立方米水泥砂浆的材料用量**

| 强度等级 | 水泥/kg | 砂/kg | 用水量/kg |
|---|---|---|---|
| M5 | 200～230 | | |
| M7.5 | 230～260 | | |
| M10 | 260～290 | | |
| M15 | 290～330 | 砂的堆积密度值 | 270～330 |
| M20 | 340～400 | | |
| M25 | 360～410 | | |
| M30 | 430～480 | | |

表 5-5　每立方米水泥粉煤灰砂浆材料用量

| 强度等级 | 水泥和粉煤灰总量/kg | 粉煤灰/kg | 砂/kg | 用水量/kg |
|---|---|---|---|---|
| M5 | 210～240 | 掺量可占胶凝材料总量 15%～25% | 砂的堆积密度值 | 270～330 |
| M7.5 | 240～270 | | | |
| M10 | 270～300 | | | |
| M15 | 300～330 | | | |

# 第二节　试　　验

检测主要依据标准：

《建筑砂浆基本性能试验方法标准》（JGJ/T 70—2009）。

## 一、砂浆抗压强度检测

### 1. 主要仪器

（1）压力试验机：精度 1%；

（2）试模：内壁边长为 70.7mm 的立方体带底试模；

（3）捣棒：直径 10mm，长 350mm，端部磨圆；

（4）振动台：空载中台面垂直振幅为（0.5±0.05）mm。

### 2. 检测步骤

（1）试件制作

当砂浆稠度大于 50mm 时，宜采用人工插捣成型；当砂浆稠度不大于 50mm 时，宜采用振动台振实成型。应采用黄油等密封材料涂抹试模的外接缝，试模内壁涂一薄层机油或脱模剂。

① 人工振动

将拌好的砂浆一次装满试模，并用捣棒均匀由外向内按螺旋方向捣捣 25 次，如砂浆低于试模口随时添加，并用手将试模一端抬高 5～10mm，各振动 5 次。砂浆应高出模口 6～8mm。

② 机械振动

砂浆一次装入试模中，放置振动台上，振动 5～10s 或持续到表面泛浆为止。

待试模表面砂浆水分稍干后，将高出试模部分的砂浆沿试模顶刮去抹平。

试件制作后应在（20±5）℃环境下静置（24±2）h，气温较低时或凝结时间大于 24h 的砂浆，可适当延长时间，但不得超过两昼夜。然后进行编号拆模，并在标准养护条件下〔（20±2）℃，相对湿度 90% 以上〕，继续养护至规定龄期。养护期间，试件彼此之间相隔不小于 10mm，混合砂浆和湿拌砂浆表面应覆盖。

（2）砂浆立方体抗压试验

试件从养护室中取出，表面擦干及时进行试验。

砂浆试件放于压力机上下承压板之间，成型面放于侧面，试件中心与下承压板中心对中。开动压力机，调整球形支座，均匀加荷。加荷速度为 0.25～1.5kN/s，砂浆强度不大于 2.5MPa 时，宜取下限。试件接近破坏，停止调整压力机油门，直至试件破坏，记录破坏荷载。

**3. 检测结果**

砂浆立方体抗压强度按下式计算，精确至 0.1MPa：

$$f_{m,cu} = \frac{N_\mu}{A}$$

式中　$f_{m,cu}$——砂浆立方体抗压强度，MPa；

　　　$N_u$——试件破坏荷载，N；

　　　$A$——试件的承压面积，$mm^2$。

以三个试件测试值的算术平均值的 1.35 倍作为测试结果（精确至 0.1MPa），如果 3 个测定值中的最小值或最大值中有一个与中间值的差异超过中间值的 15%，则把最大及最小值一并舍弃，取中间值作为该组试件的抗压强度值。如最大和最小值与中间值相差均超过 15%，则此组试验结果无效。

## 二、砂浆沉入度、分层度检测

**1. 主要仪器**

（1）砂浆稠度仪：由试锥、容器和支座三部分组成（图 5-1）；

（2）分层度测定仪（图 5-2）；

（3）捣棒、拌铲、抹刀、木锤等。

"扫扫看"
砂浆稠度仪

"扫扫看"
砂浆分层度仪

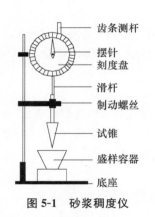

图 5-1　砂浆稠度仪

齿条测杆
摆针
刻度盘
滑杆
制动螺丝
试锥
盛样容器
底座

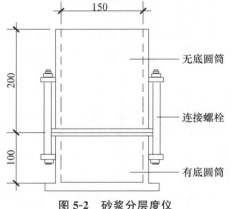

图 5-2　砂浆分层度仪

150
200
100
无底圆筒
连接螺栓
有底圆筒

**2. 检测步骤**

一次取样只允许测定一次稠度，重复测定时，应重新取样。

（1）检查滑杆使之能自由滑动，盛浆容器和试锥表面用湿布抹净备用。

（2）将拌好的砂浆一次装入容器内，使砂浆表面低于容器口约 10mm，用捣棒自容器中心向边缘均匀地插捣 25 次，并将容器摇动或敲击 5～6 次，使砂浆表面平整，然后将容器置于稠度测定仪的底座上。

（3）放松试锥滑杆的制动螺丝，使试锥尖端与砂浆表面接触，拧紧制动螺丝，将齿条测杆下端接触滑杆上端，读出刻度盘读数（精确至1mm）。

（4）松开制动螺丝，使试锥自由沉入砂浆中，同时计时，10s时立即紧固制动螺丝，将齿条测杆下端接触滑杆上端，从刻度盘上读出读数（精确至1mm），刻度盘上两次读数差即为砂浆稠度值。

（5）将拌和好的砂浆，经稠度试验后重新拌和均匀，一次装满分层度仪内，装满后，用木锤在容器周围距离大致相等的四个不同地方轻敲1～2次，如果砂浆低于筒口，随时添加，然后用抹刀抹平。

（6）静置30min，去掉上层200mm砂浆，然后取出底层100mm砂浆重新拌和均匀，再测定砂浆稠度。前后两次砂浆稠度的差值，即为砂浆的分层度。

### 3. 检测结果

（1）砂浆稠度（精确至1mm）

以两次测定结果的算术平均值作为砂浆稠度测定结果，如两次测定值之差大于10mm，应重新取样测定。

（2）砂浆分层度（精确至1mm）

以两次测定结果的算术平均值作为砂浆分层度测定结果，如两次测定值之差大于10mm，应重新取样测定。

## 三、砂浆的保水性检测

### 1. 主要仪器

（1）金属或硬塑料圆环试模：内径应为100mm，内部高度应为25mm；

（2）可密封的取样容器：应清洁、干燥；

（3）2kg的重物；

（4）金属滤网：网格尺寸$45\mu m$，圆形，直径为（$110\pm1$）mm；

（5）超白滤纸：应采用现行国家标准《化学分析滤纸》(GB/T 1914—2007) 规定的中速定性滤纸，直径应为110mm，单位面积质量应为$200g/m^2$；

（6）2片金属或玻璃的方形或圆形不透水片，边长或直径应大于110mm；

（7）天平：量程为200g，感量为0.1g；量程为2000g，感量应为1g；

（8）烘箱。

### 2. 检测步骤

（1）称量底部不透水片与干燥试模质量$m_1$和15片中速定性滤纸质量$m_2$；

（2）将砂浆拌合物一次性装入试模，并用抹刀插捣数次，当装入的砂浆略高于试模边缘时，用抹刀以45°角一次性将试模表面多余的砂浆刮去，然后再用抹刀以较平的角度在试模表面反方向将砂浆刮平；

（3）抹掉试模边的砂浆，称量试模、底部不透水片与砂浆总质量$m_3$；

（4）用金属滤网覆盖在砂浆表面，再在滤网表面放上15片滤纸，用上部不透水片盖在滤纸表面，以2kg的重物把上部不透水片压住；

（5）静置2min后移走重物及上部不透水片，取出滤纸（不包括滤网），迅速称量滤纸质量$m_4$；

（6）按照砂浆的配比及加水量计算砂浆的含水率〔当无法计算时，应称取（100±10）g砂浆拌合物试样，置于一干燥并已称重的盘中，在（105±5）℃的烘箱中烘干至恒重，测定砂浆含水率〕。

**3. 检测结果**

砂浆保水率按下式计算：

$$W = \left[1 - \frac{m_4 - m_2}{\alpha \times (m_3 - m_1)}\right] \times 100$$

式中　　$W$——砂浆保水率，%；

$m_1$——底部不透水片与干燥试模质量，精确至 1g；

$m_2$——15 片滤纸吸水前的质量，精确至 0.1g；

$m_3$——试模、底部不透水片与砂浆总质量，精确至 1g；

$m_4$——15 片滤纸吸水后的质量，精确至 0.1g；

$\alpha$——砂浆含水率，%。

取两次试验结果的算术平均值作为砂浆的保水率，精确至 0.1%，且第二次试验应重新取样测定。当两个测定值之差超过 2% 时，此组试验结果应为无效。

## 四、砂浆的凝结时间检测

**1. 主要仪器**

（1）砂浆凝结时间测定仪：由试针、容器、压力表和支座四部分组成，如图 5-3 所示。

试针：由不锈钢制成，截面积应为 30mm²；

盛浆容器：由钢制成，内径应为 140mm，高度为 75mm；

压力表：测量精度为 0.5N；

支座：分底座、支架及操作杆三部分，由铸铁或钢制成。

（2）定时钟。

"扫扫看"
砂浆凝结时间测定仪

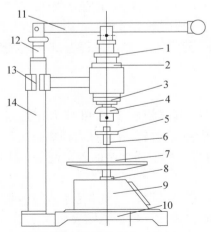

图 5-3　砂浆凝结时间测定仪

1—调节螺母；2—调节螺母；3—调节螺母；4—夹头；5—垫片；6—试针；7—盛浆容器；
8—调节螺母；9—压力表座；10—底座；11—操作杆；12—调节杆；13—立架；14—立柱

**2. 检测步骤**

（1）将制备好的砂浆拌合物装入盛浆容器内，砂浆应低于容器上口 10mm，轻轻敲击容器，并予以抹平，盖上盖子，放在（20±2）℃的试验条件下保存。

（2）砂浆表面的泌水不得清除，将容器放到压力表座上，然后通过下列步骤来调节测定仪：

旋动调节螺母 3，使贯入试针与砂浆表面接触；

拧开调节螺母 2，再旋动调节螺母 1，以确定压入砂浆内部的深度为 25mm 后再拧紧螺母 2；

旋动调节螺母 8，使压力表指针调到零位。

（3）测定贯入阻力值，用截面为 30mm² 的贯入试针与砂浆表面接触，在 10s 内缓慢而均匀地垂直压入砂浆内部 25mm 深，每次贯入时记录仪表读数 $N_p$，贯入杆离开容器边缘或已贯入部位应至少 12mm。

（4）在（20±2）℃的试验条件下，实际贯入阻力值应在成型后 2h 开始测定，并应每隔 30min 测定一次，当贯入阻力值达到 0.3MPa 时，应改为每 15min 测定一次，直至贯入阻力值达到 0.7MPa 为止。

（5）对于施工现场砂浆凝结时间测定：砂浆的稠度、养护和测定的温度应与现场相同；测定湿拌砂浆的凝结时间时，时间间隔可根据实际情况定为受检砂浆预测凝结时间的 1/4、1/2、3/4 等来测定，当接近凝结时间时可每 15min 测定一次。

**3. 检测结果**

（1）砂浆贯入阻力值计算

砂浆贯入阻力值按下式计算，精确至 0.01MPa：

$$f_p = \frac{N_p}{A_p}$$

式中 $f_p$——贯入阻力值，MPa；

$N_P$——贯入深度至 25mm 时的静压力，N；

$A_P$——贯入试针的截面积，即 30mm²。

（2）砂浆凝结时间

① 凝结时间的确定可采用图示法或内插法，有争议时应以图示法为准。

从加水搅拌开始计时，分别记录时间和相应的贯入阻力值，根据试验所得各阶段的贯入阻力与时间的关系绘图，由图求出贯入阻力值达到 0.5MPa 所需的时间 $t_s$（min），此时的 $t_s$ 值即为砂浆的凝结时间测定值。

② 测定砂浆凝结时间时，应在同盘内取两个试样，以两个试验结果的算术平均值作为该砂浆的凝结时间值，两次试验结果的误差不应大于 30min，否则应重新测定。

# 第六章　混凝土检测

## 第一节　理论知识

### 一、混凝土拌合物和易性

#### 1. 和易性概念

混凝土和易性主要包括流动性、粘聚性和保水性三方面的内容。一般来讲，和易性良好的混凝土拌合物易于施工操作（搅拌、运输、浇筑、捣实），成型后混凝土具有密实、质量均匀、不离析、不泌水的性能。

（1）流动性：混凝土拌合物在自重或外力作用下（施工机械振捣），能产生流动，并均匀密实地填满模板的性能。流动性的大小取决于拌合物中用水量或水泥浆含量的多少。

（2）粘聚性：混凝土拌合物在施工过程中其组成材料之间有一定的粘聚力，不致产生分层和离析的性能。粘聚性的大小主要取决于细骨料的用量以及水泥浆的稠度。分层现象是混凝土拌合物中粗骨料下沉，砂浆或水泥浆上浮，影响混凝土垂直方面的均匀性。离析现象是混凝土拌合物在运动过程中（泵送、浇筑、振捣），骨料、浆体的运动速度不同，导致它们相互分离。

（3）保水性：混凝土拌合物在施工过程中，具有一定的保水能力，不致产生严重泌水的性能。保水性差的混凝土拌合物，其泌水倾向大，混凝土硬化后易形成透水通路，从而降低混凝土的密实性。泌水现象是拌合物施工中骨料下沉，水分在毛细管力的作用下，沿混凝土中的毛细管道向上至混凝土表面，导致混凝土表层水灰比增大或出现一层清水。

由此可见，混凝土拌合物的流动性、粘聚性和保水性有其各自的内容，而它们之间是相互联系，又相互矛盾的。因此，混凝土和易性就是这三方面性质在某种具体条件下矛盾统一的概念。

混凝土和易性是一个综合的性质，至今尚没有全面反映混凝土和易性的测试方法。

#### 2. 和易性的测定方法

通常通过测定混凝土坍落度、扩展度或维勃稠度来确定其流动性；观察混凝土的形态，根据经验判定其粘聚性与保水性，对混凝土和易性优劣做出评价。

（1）坍落度

坍落度试验是将混凝土拌合物装入坍落度筒中，并插捣密实，装满后刮平，向上垂直平稳地提起坍落度筒，测量混凝土拌合物塌落后最高点与坍落度筒顶部的高度差，该高度差即为混凝土拌合物坍落度值（以 mm 表示），如图 6-1 所示；用捣棒在混凝土锥体侧面轻轻敲打，如锥体逐渐下沉，表示粘聚性良好，如锥体崩裂或离析，则表示粘聚性不良，如图 6-2 所示；如锥体底部有大量浆体溢出，或锥体顶部因浆体流失而骨料外露，表示混凝土保水性不良，反之，保水性良好。坍落度检验适用于骨料粒径不大于 40mm，坍落度不小于 10mm 的混凝土拌合物。按《混凝土质量控制标准》（GB 50146—2011），混凝土拌合物坍落度分为 5 个等级，见表 6-1。

表 6-1 混凝土拌合物坍落度等级

| 等级 | 坍落度/mm |
|---|---|
| S1 | 10～40 |
| S2 | 50～90 |
| S3 | 100～150 |
| S4 | 160～210 |
| S5 | ≥220 |

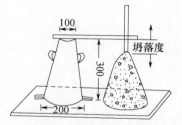

图 6-1 拌合物坍落度测试

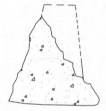

图 6-2 保水性和粘聚性观测

（2）维勃稠度

维勃稠度试验，用维勃稠度仪测定，如图 6-3 所示，将混凝土拌合物装入坍落度筒中，并插捣密实，装满后刮平，向上垂直平稳地提起坍落度筒。将透明圆盘转到混凝土试体上方并轻轻落下使之与混凝土顶面接触。同时启动振动台和秒表，记下透明圆盘的底面被水泥浆布满所需的时间（以 s 计），其值即为维勃稠度试验结果。维勃稠度试验是测定干硬性混凝土稠度的一个最主要方法，适用于检测维勃稠度在 5～30s 的混凝土拌合物。按《混凝土质量控制标准》（GB 50146—2011），混凝土拌合物维勃稠度为 5 个等级，见表 6-2。

图 6-3 维勃稠度仪

表 6-2　混凝土拌合物维勃稠度等级

| 等级 | 维勃稠度/s |
|---|---|
| V0 | ≥31 |
| V1 | 30～21 |
| V2 | 20～11 |
| V3 | 10～6 |
| V4 | 5～3 |

（3）扩展度

混凝土坍落度大于 160mm 时，拌合物出现流态型，发生摊开现象。混凝土拌合物的流动性用扩展度表示。在摊开的近似圆形的拌合物上，测量最大直径及与最大直径垂直方向的直径，取算术平均值（以 mm 表示），为拌合物和易性的量化指标之一。按《混凝土质量控制标准》（GB 50146—2011）的规定，泵送混凝土和自密实混凝土的稠度均由扩展度表示，混凝土拌合物的扩展度分 6 个等级，见表 6-3。

表 6-3　混凝土拌合物的扩展度等级

| 等级 | 扩展度/mm |
|---|---|
| F1 | ≤340 |
| F2 | 350～410 |
| F3 | 420～480 |
| F4 | 490～550 |
| F5 | 560～620 |
| F6 | ≥630 |

（4）混凝土拌合物稠度允许偏差

《混凝土质量控制标准》（GB 50146—2011）中规定混凝土拌合物的允许偏差见表 6-4。

表 6-4　混凝土拌合物的允许偏差

| 拌合物性能 | | 允许偏差 | | |
|---|---|---|---|---|
| 坍落度/mm | 设计值 | ≤40 | 50～90 | ≥100 |
| | 允许偏差 | ±10 | ±20 | ±30 |
| 维勃稠度/s | 设计值 | ≥11 | 10～6 | ≤5 |
| | 允许偏差 | ±3 | ±2 | ±1 |
| 扩展度/mm | 设计值 | ≥350 | | |
| | 允许偏差 | ±30 | | |

（5）改善混凝土拌合物和易性的措施

主要采取如下措施改善混凝土拌合物的和易性：① 拌合物坍落度太小时，保持水胶比不变，增加适量的胶凝材料浆料；当坍落度太大时，保持砂率不变，增加适量的砂、石；② 改变水泥品种、品牌及矿物掺合料、化学外加剂；③ 改变骨料的级配，尽量选用级配良好的骨料，并尽可能采用较粗的砂、石，并采用合理砂率。

## 二、混凝土强度

硬化混凝土的强度包括抗压强度、抗拉强度、抗弯强度、与钢筋的粘结强度等，同一批混凝土拌合物硬化后，以抗压强度为最大，抗拉强度为最小，结构工程中的混凝土主要用于承受压力。混凝土抗压强度与混凝土的其他性能关系密切。一般来说，混凝土的强度抗压越高，其刚性、抗渗、抵抗风化和介质侵蚀的能力也越强。混凝土的抗压强度是结构设计的主要参数，也是混凝土质量评定和控制的主要技术指标。

### 1. 混凝土抗压强度

我国采用立方体抗压强度作为混凝土的强度特征值，根据《普通混凝土力学性能试验方法标准》（GB/T 50081—2002）规定的方法制作成 150mm×150mm×150mm 的标准立方体试件，在标准养护条件［温度（20±2）℃，相对湿度大于 95％］或在不流动的 $Ca(OH)_2$ 饱和溶液中养护到 28d 龄期。用标准试验方法所测得的抗压强度值称为混凝土的立方体抗压强度。在实际工程中，在试件尺寸满足所用粗骨料的最大粒径规定的前提下，允许采用非标准尺寸的试件，但应将其抗压强度测定值换算成标准试件的抗压强度，换算系数见表 6-5。

表 6-5　非标准立方体混凝土抗压强度换算系数

| 骨料最大粒径/mm | 试件尺寸/mm | <C60 换算系数 | ≥C60 换算系数 |
|---|---|---|---|
| 31.5 | 100×100×100 | 0.95 | |
| 40 | 150×150×150 | 1.0 | 试验确定 |
| 63 | 200×200×200 | 1.05 | |

### 2. 混凝土立方体抗压强度标准值

混凝土立方体抗压强度标准值 $f_{cu,k}$ 是从概率角度出发，依据混凝土强度属于随机变量范畴，因其总体符合正态分布而引出的一个重要特征。它是指按标准方法制作和养护的立方体试件，在 28d 龄期，用标准试验方法测得的抗压强度总体分布中，客观存在一个特征值 $f_{cu,k}$，当强度低于该值的百分率不超过 5％时（具有强度保证率为 95％的立方体抗压强），即符合以这个特征值为混凝土立方体抗压强度标准值的要求。混凝土立方体抗压强度标准值是确定混凝土强度等级的依据。

### 3. 混凝土强度等级

根据混凝土不同的强度标准值可划分为大小不同的强度等级。混凝土的强度等级是以符号"C"及其对应的强度标准值（以 MPa 为单位）所表示的代号，它分别以 C10、C15、C20、C25、C30、C35、C40、C45、C50、C55、C60、C65、C70、C75、C80、C85、C90、C95、C100 等表示混凝土强度等级。例如，C20 表示混凝土立方体抗压强度标准值 $f_{cu,k}$＝20MPa。强度等级是混凝土结构设计时强度计算取值的依据，是混凝土施工中控制工程质量和工程验收时的重要依据。

### 4. 混凝土轴心抗压强度

在结构中，钢筋混凝土受压构件多为棱柱体或圆柱体。为了使测得的混凝土的强度尽可能接近实际工程结构的受力情况，钢筋混凝土结构设计中，计算轴心受压构件（如杆子、桁架的腹杆等）时，以混凝土的轴心抗压强度（以 $f_{cp}$ 表示）作为设计依据。混凝土轴心抗压强度又称棱柱体抗压强度，采用 150mm×150mm×300mm 的棱柱体作为标准试件，按照标准养护方法与试验方法测得轴向抗压强度的代表值。与标准立方体试件抗压强度（$f_{cc}$）相比，相同混凝土的轴心抗压强度值（$f_{cp}$）的数值较小。随着棱柱体试件高宽比（$h/a$）的增大，其轴心抗压强度减小；但当高宽比达到一定值后，强度就趋于稳定，这是因为试验中试件压板与试件表面间的摩阻力对棱柱体试件中部的影响已消失，该部分混凝土几乎处于无约束的纯压状态。工程中，也可以采用非标尺寸的棱柱体试件来检测混凝土的轴心抗压强度，但其高宽比（$h/a$）应在 2～3 的范围内，如 100mm×100mm×300mm、200mm×200mm×400mm。

**5. 抗折（弯）强度**

混凝土的抗折强度是指处于受弯状态下混凝土抵抗外力的能力，由于混凝土为典型的脆件材料，它在断裂前无明显的弯曲变形，故称为抗折强度。通常混凝土的抗折强度是利用 150mm×150mm×550mm 的试梁在三分点加荷状态下测得的。

**6. 抗拉（劈裂）强度**

混凝土是脆性材料，抗拉强度很低，只有抗压强度的 1/10～1/20（通常取 1/15），在钢筋混凝土结构设计中，一般不考虑混凝土的承拉能力，构件是依靠其中配置的钢筋来承担结构中的拉力，但是，抗拉强度对于混凝土的抗裂性仍具有重要作用，它是结构设计中确定混凝土抗裂的主要依据，也是间接衡量混凝土抗冲击强度、与钢筋粘结强度、抗干湿变化或温度变化能力的参考指标。

混凝土抗拉强度采用劈裂抗拉试验法间接得出混凝土的抗拉强度，称为劈裂抗拉强度（$f_{ts}$）。混凝土劈裂抗拉强度的试件是采用边长为 150mm 的立方体试件，试验时，在立方体试件的两个相对的上下表面加上垫条，然后施加均匀分布的压力，使试件在竖向平面内产生均匀分布的拉应力，如图 6-4 所示，该拉应力可以根据弹性理论计算求得。随着混凝土强度等级的提高而脆性表现得更明显，其劈裂抗拉强度与立方体抗压强度之间的差别可能更大。试验研究证明，在相同条件下，混凝土的劈裂抗拉强度（$f_{ts}$）与标准立方体抗压强度比（$f_{cc}$）之间具有一定的相关性，对于强度等级为 10～50MPa 的混凝土，其相互关系可近似表示为：$f_{ts}=0.35f_{cc}^{3/4}$。

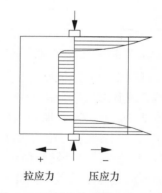

拉应力　　压应力

**图 6-4　混凝土劈裂试验应力分布**

**7. 混凝土与钢筋的粘结强度**

钢筋与混凝土间要有效地协同工作，钢筋混凝土结构中，混凝土与钢筋之间必须有足够的粘结强度（也称为握裹强度）。粘结强度，主要来源于混凝土与钢筋之间的摩擦力、钢筋与水泥石之间的粘结力以及变形钢筋的表面机械啮合力。粘结强度的大小与混凝土的性能有关，且与混凝土抗压强度近似成正比。此外，粘结强度还受其他许多因素的影响，如钢筋尺寸、钢筋种类，钢筋在混凝土中的位置（水平钢筋或垂直钢筋）、受力类型（受拉钢筋或受压钢筋）、混凝土干湿变化或温度变化等。

### 三、影响混凝土抗压强度的主要因素及其规律

#### 1. 水泥强度等级和水灰比

水泥强度等级和水灰比是影响混凝土强度最主要的因素。普通混凝土水泥石与骨料的界面往往存在有许多孔隙、水隙和潜在微裂缝等结构缺陷，这是混凝土中的薄弱部位环节，混凝土的受力破坏，主要发生于这些部位。普通混凝土中骨料本身的强度往往大大超过水泥石及界面的强度，所以普通混凝土中骨料破坏的可能性较小，混凝土的强度主要取决于水泥石强度及其与骨料表面的粘结强度，而这些强度又决定于水泥强度等级和水灰比的大小。在相同配合比情况下，所用水泥强度等级越高，混凝土的抗压强度越高；水泥品种、强度等级不变条件下，混凝土的抗压强度随着水灰比的减小而呈规律地增大，如图 6-5 实线所示。

水泥强度等级越高，即使水灰比不变，硬化水泥石强度也就越大，骨料与水泥石胶结力也就越强。理论上，水泥水化时所需的水一般只要占水泥质量的 23% 左右，拌制混凝土时，为了获得足够的流动性，常需要多加一些水，因此通常的塑性混凝土，其水灰比均在 0.40～0.80 之间。混凝土多加的水导致水泥浆与骨料胶结力减弱，多余的水分残留在混凝土中形成水泡或水道，混凝土硬化后，自由水蒸发后便留下孔隙，减少混凝土实际受力面积，混凝土受力时，也易在孔隙周围产生应力集中。因此，水灰比越大，自由水分越多，水化留下的孔隙也越多，混凝土强度也就越低，反之则混凝土强度越高。这种现象适用于混凝土拌合物被充分振捣密实的条件下，如果水灰比过小，混凝土拌合物和易性太差，混凝土反而不能被振捣密实，导致混凝土强度严重下降，如图 6-5 中的虚线所示。

材料相同的情况下，混凝土的抗压强度（$f_{cu}$）与其水灰比（$W/C$）的关系，呈近似双曲线形状（如图 6-5 中的实线），用方程表示 $f_{cu}=K/(W/C)$，则 $f_{cu}$ 与灰水比（$C/W$）的关系成线性关系。研究表明，混凝土拌合物的灰水比在 1.2～2.5 之间时，混凝土强度与灰水比（$C/W$）的直线关系，如图 6-6 所示。考虑水泥强度并应用数理统计方法，则可建立起混凝土强度（$f_{cu}$）与水泥强度（$f_{ce}$）及灰水比之间的关系式，即混凝土强度经验公式（又称饱罗米公式）：

$$f_{cu}=\alpha_a f_{ce}(C/W-\alpha_b)$$

$\alpha_a$、$\alpha_b$ 为回归系数，与骨料的品种、水泥品种等因素有关，可以通过实验求得或查《普通混凝土配合比设计规程》（JGJ 55—2011）求得。

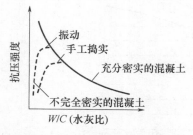

图 6-5　混凝土强度与水灰比的关系

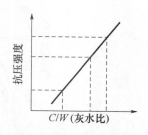

图 6-6　混凝土强度与灰水比的直线关系

**2. 骨料的影响**

级配良好的骨料和适当的砂率，可组成坚强密实的骨架，有利混凝土强度提高。碎石表面有棱角且粗糙，与水泥石胶结性好，且碎石骨料颗粒间以及与水泥石之间相互嵌固，原材料及坍落度相同情况下，用碎石拌制的混凝土较用卵石时强度高。当水灰比小于0.40时，碎石混凝土强度比卵石混凝土高约三分之一左右。但随着水灰比的增大，二者强度差值逐渐减小，当水灰比达0.65后，二者的强度差异就不太显著了。因为当水灰比很小时，影响混凝土强度的主要因素是水泥石与骨料界面强度，当水灰比很大时，影响混凝土强度的主要因素为水泥石强度。

骨灰比是骨料质量与水泥质量之比。骨灰比对35MPa以上的混凝土强度影响很大。相同水灰比和坍落度下，骨料增多后表面积增大，骨料吸水量也增加，从而降低混凝土有效水灰比，使混凝土强度提高，混凝土强度随骨灰比的增大而提高。另外骨料增多，混凝土水泥浆相对含量减少，使混凝土内总孔隙体积减少，骨料对混凝土强度所起的作用得到充分发挥，提高了混凝土强度。

**3. 养护条件的影响**

（1）养护温度的影响

温度条件决定了水泥水化速度的快慢。早期养护温度高，水泥水化速度快，混凝土早期强度高。但混凝土硬化初期的养护温度较高对其后期强度发展有影响，混凝土初始养护温度越高，其后期强度增进率越低，因为较高初始温度（40℃以上）虽然提高水泥水化速率，但使正在水化的水泥颗粒周围聚集了高浓度的水化产物，反而减缓了此后的水化速度，且水化产物来不及扩散反而易形成不均匀分布的多孔结构，此部分为水泥浆体中的薄弱区，从而对混凝土长期强度产生了不利影响。相反，在较低养护温度（5~20℃）下，水泥水化缓慢，水化产物生成速率低，有充分的扩散时间形成均匀的水泥石结构，从而获得较大的后期强度，但强度增长时间较长，养护温度对混凝土28d强度发展的影响，如图6-7所示。混凝土养护温度到0℃以下时，水泥水化反应基本停止，混凝土强度停止发展，此时混凝土中的自由水结冰产生体积膨胀（膨胀率约9%），而对孔壁产生较大压应力（可达100MPa左右），导致硬化中的水泥石结构遭到破坏，混凝土的强度会受到损失。冬季施工混凝土，要加强保温养护，避免混凝土早期受冻破坏就是这个原因。混凝土强度与冻结龄期相关性如图6-8所示。

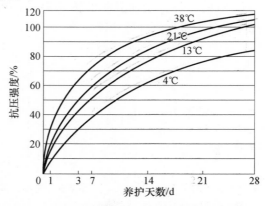

图6-7 养护温度对混凝土28d强度发展的影响

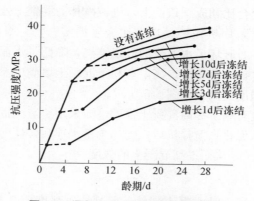

图 6-8 混凝土强度与冻结龄期相关性

（2）养护湿度的影响

湿度是水泥能否正常进行水化的决定因素。湿度合适，浇筑后的混凝土，水泥水化反应就顺利，若环境湿度较低，水泥不能正常进行水化作用，甚至停止水化，混凝土强度会降低。混凝土强度与养护湿度相关性如图 6-9 所示。如果混凝土硬化期间缺水，导致水泥石结构疏松，易形成干缩裂缝，影响混凝土的耐久性。混凝土干燥期越早，其强度损失越大。一般混凝土浇筑完毕，在 12h 内进行覆盖并开始洒水养护，夏季施工混凝土进行自然养护时，特别注意保潮。硅酸盐水泥、普通水泥或矿渣水泥配制的普通混凝土，保湿养护大于 7d；掺用缓凝型外加剂或有抗渗要求的混凝土养护大于 14d；用其他品种水泥配制的混凝土，养护根据所用水泥的技术性能而定。

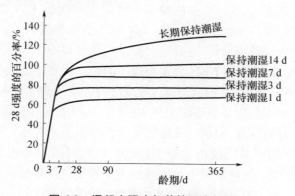

图 6-9 混凝土强度与养护湿度相关性

**4. 养护龄期的影响**

普通混凝土正常养护条件下，其强度随龄期的增加而不断增大，最初 7～14d 发展较快，以后便逐渐变慢，28d 后更慢，但只要具有一定的温度和湿度条件，混凝土的强度增长可延续数十年之久。标推养护条件下的普通混凝土，其强度（$f_n$）发展规律大致与龄期（$n$）的常用对数成正比关系，经验估算公式如下（$f_{28}$ 为混凝土 28d 强度）：

$$f_n = f_{28} \, (\lg n / \lg 28)$$

**5. 施工方法的影响**

施工时，机械搅拌比人工拌和均匀。水灰比小的混凝土拌合物，强制式搅拌机比自落式搅拌机效果好。相同配合比和成型条件下，机械搅拌的混凝土强度比人工搅拌时的提高10％左右。浇筑混凝土时采用机械振动成型比人工捣实密实，对低水灰比的混凝土更显著，因为振动作用下，暂时破坏了水泥浆的凝聚结构，降低了水泥浆的黏度，增大了骨料间润滑作用，混凝土拌合物的流动性提高，有利于混凝土填满模型，且内部孔隙减少，有利于混凝土的密实度和强度提高，如图 6-5 所示。

改善骨料界面结构也有利于提高混凝土强度，如采用"造壳混凝土"工艺，分次投料搅拌混凝土：将骨料和水泥投入搅拌机后，先加少量水拌和，使骨料表面裹上一层水灰比很小的水泥浆——"造壳"，从而提高混凝土的强度。

**6. 实验条件的影响**

加荷速率不同，试验同一批混凝土试件，所测抗压强度值会有差异，加荷速度越快，测得的强度大，反之则小。当加荷速率超过 1.0MPa/s 时，强度增大尤为显著，所以在检测混凝土强度时，国家标准对加荷速率都有严格的要求。

## 四、混凝土抗冻及抗渗性

**1. 抗冻性**

在饱水状态下的混凝土，经受多次冻融循环而不破坏，同时也不严重降低强度的能力称为混凝土抗冻性。对混凝土要求具有较高的抗冻能力的，一般是寒冷地区的建筑及建筑物中的寒冷环境（如冷库）。混凝土的抗冻性常用抗冻等级表示，混凝土的抗冻等级以 28d 龄期的混凝土标准试件，在饱水后承受反复冻融循环，以其抗压强度损失不超过 25％、质量损失不超过 5％时，混凝土所能承受的最多的冻融循环次数来表示：抗冻等级有 D25、D50、D100、D150、D200、D250、D300 及 D300 以上 8 个等级。

分析混凝土受冻融破坏的原因，主要是混凝土内孔隙和毛细孔道的水在负温下结冰时体积膨胀造成的静水压力，以及内部冰、水蒸气压的差，使未冻水向冻结区的迁移所造成的渗透压力。当这两种压力产生的内应力超过混凝土的抗拉强度时，混凝土内部就会产生微裂缝，多次冻融循环后就会使微裂缝逐渐增多和扩展，从而造成对混凝土内部结构的破坏。

抗冻性与混凝土内部孔隙的数量、孔隙特征、孔隙内充水程度、环境温度降低的程度及速度等有关；混凝土的水灰比较小、密实度较高、含封闭小孔较多或开孔中充水不满时，则其抗冻性好。所以，提高混凝土抗冻性的主要措施就是要提高其密实度或改善其孔结构，如降低水灰比、掺入引气剂、延长结冰前的养护时间等。

**2. 抗渗性**

抗渗性是决定混凝土耐久性最基本的因素，抗渗性良好的混凝土能有效地抵抗有压介质（水、油等液体）的渗透作用，抗渗性差的混凝土，则易遭周围液体物质渗入内部，而且当遇有负温或环境水中含有侵蚀性介质时，混凝土易遭受冰冻或侵蚀作用而破坏。地下建筑、水坝、水池、港工以及海工等工程，要求混凝土必须具有一定的抗渗性。《普通混凝土长期性能和耐久性能试验方法标准》（GB/T 50082—2009）规定混凝土抗渗性，可采用渗水高度法或逐级加压法评定。渗水高度法是以硬化后 28d 龄期的标准抗渗混凝土试件，在恒定水压下测得的平均渗水高度来表示；逐级加压法采用 28d 龄期的标准抗渗混凝土试件，在规定试验方法下，进行逐级施加水压进行抗水渗透试验。

混凝土渗水主要由于拌和水蒸发、拌合物泌水形成的连通性渗水通道、骨料下缘聚集的水隙、硬化混凝土干缩或温度变化产生的裂缝，这些缺陷数量与混凝土的水灰比有关，水灰比越小，合理的施工条件下，抗渗性越高。提高混凝土抗渗性的主要措施有：防止离析、泌水可采用降低水灰比，掺减水剂、引气剂等，或选用级配良好的洁净骨料，振捣密实和加强养护等。

## 五、混凝土配合比设计的步骤及试配、调整

### 1. 混凝土配合比设计的步骤

（1）确定混凝土试配强度；

（2）确定混凝土试配强度所需标准差；

（3）确定混凝土的水胶比；

（4）确定混凝土采用胶凝材料 28d 的抗压强度；

（5）确定混凝土单位用水量和外加剂掺量；

（6）确定混凝土单位胶凝材料（矿物掺合料及水泥）用量；

（7）确定混凝土的砂率；

（8）确定混凝土单位粗、细骨料的用量。

### 2. 混凝土配合比试配和调整

（1）混凝土配合比试配

混凝土试配应采用强制式搅拌机搅拌。每盘搅拌量不应小于搅拌机公称容量的 1/4 且不应大于搅拌机的公称容量。

试拌时，计算水胶比宜保持不变，并应通过调整配合比其他参数使混凝土拌合物性能符合设计和施工要求，然后修正计算配合比，提出试拌配合比。在确定的试拌配合比基础上，再拌和两个配合比，但水胶比分别增加和减少 0.05，用水量应与已确定的试拌配合比相同，砂率可分别增加或减少 1%。混凝土配合比拌和后，拌合物性能满足设计和施工要求，进行试件制作，并标准养护到 28d 或设计规定的龄期试压。

（2）混凝土配合比调整与确定

混凝土配合比调整：

① 根据试拌 3 个混凝土配合比的强度，绘制强度和胶水比的线性关系图或插值法确定略大于配制强度对应的胶水比；

② 在试拌配合比的基础上，用水量（$m_w$）和外加剂用量（$m_a$）应根据确定的水胶比作调整；

③ 胶凝材料用量（$m_b$）应以用水量乘以确定的胶水比计算得出；

④ 粗骨料（$m_g$）和细骨料（$m_s$）应根据用水量和胶凝材料进行调整。

混凝土配合比的确定：

① 配合比调整后的混凝土拌合物的表观密度按下式计算：

$$\rho_{cc} = m_c + m_f + m_g + m_s + m_w$$

式中　$\rho_{cc}$——混凝土拌合物的表观密度计算值，kg/m³；

$m_c$——每立方米混凝土的水泥用量，kg/m³；

$m_f$——每立方米混凝土的矿物掺合料用量，$kg/m^3$；

$m_g$——每立方米混凝土的粗骨料用量，$kg/m^3$；

$m_s$——每立方米混凝土的细骨料用量，$kg/m^3$；

$m_w$——每立方米混凝土的用水量，$kg/m^3$。

② 混凝土配合比校正系数按下式计算：

$$\delta = \rho_{ct}/\rho_{cc}$$

式中　$\rho_{ct}$——混凝土拌合物的表观密度实测值，$kg/m^3$；

　　　$\delta$——混凝土配合比校正系数。

混凝土拌合物的表观密度实测值与计算值之差不超过计算值的 2% 时，调整的配合比可维持不变；当二者之差超过 2% 时，将配合比的每项材料均乘以校正系数（$\delta$）。

③ 配合比调整后，还应测定拌合物水溶性氯离子含量。

④ 有耐久性设计要求混凝土的，应进行相关耐久性试验验证。

经过上述试配、调整、校正、验证后，所得结果为确定的混凝土配合比。

## 六、混凝土配合比设计方法

### 1. 混凝土试配强度确定

（1）试配强度计算

混凝土设计强度小于 C60：$f_{cu,0} \geq f_{cu,k} + 1.645\sigma$

混凝土设计强度不小于 C60：$f_{cu,0} \geq 1.15 f_{cu,k}$

式中　$f_{cu,0}$——混凝土试配强度，MPa；

　　　$f_{cu,k}$——混凝土立方体抗压强度标准值，取混凝土设计强度等级值，MPa；

　　　$\sigma$——混凝土强度标准差，MPa。

（2）标准差的计算

同一品种、强度等级的混凝土，具有 1~3 个月的强度资料，且试件组数（$n$）不小于 30，按下式计算混凝土强度标准差：

$$\sigma = \sqrt{\frac{\sum_{i=1}^{n} f_{cu,i}^2 - nm_{f_{cu}}^2}{n-1}}$$

式中　$\sigma$——混凝土强度标准差，MPa；

　　　$f_{cu,i}$——第 $i$ 组的试件强度，MPa；

　　　$m_{f_{cu}}$——$n$ 组试件的强度平均值，MPa。

对于强度等级不大于 C30 的混凝土，当计算标准差不小于 3.0MPa 时，按计算取值；当计算标准差小于 3.0MPa 时，取 3.0MPa。对于强度等级大于 C30 且小于 C60 的混凝土，当计算标准差不小于 4.0MPa 时，按计算取值；当计算标准差小于 4.0MPa 时，取 4.0MPa。

当近期同一品种、强度等级的混凝土强度无统计资料时，强度标准差按表 6-6 选用。

表 6-6　无强度统计资料标准差取值

| 混凝土强度等级 | ≤C20 | C25~C45 | C50~C55 |
|---|---|---|---|
| $\sigma$/MPa | 4.0 | 5.0 | 6.0 |

**2. 水胶比确定**

根据已测定的水泥实际强度，粗骨料种类及所要求的混凝土配制强度等级 $f_{cu,0}$，当设计混凝土强度等级小于 C60 时，混凝土水胶比宜按下式计算：

$$W/B = \frac{\alpha_a f_b}{f_{cu,0} + \alpha_a \alpha_b f_b}$$

式中　$W/B$——混凝土水胶比；

　　　$\alpha_a$、$\alpha_b$——回归系数，按表 6-7 选用；

　　　$f_b$——胶凝材料 28d 胶砂抗压强度，MPa。

$f_b$ 可实测，试验方法按现行国家标准《水泥胶砂强度检验方法（ISO 法）》（GB/T 17671—1999）执行；无法取得实测值，可按下式计算：

$$f_b = \gamma_f \gamma_s f_{ce}$$

式中　$\gamma_f$、$\gamma_s$——粉煤灰影响系数和粒化高炉矿渣影响系数，按表 6-8 选用，超出该表掺量经试验后确定；

　　　$f_{ce}$——水泥 28d 胶砂抗压强度实测值，MPa。

$f_{ce}$ 无法实测也可按下式计算：

$$f_{ce} = \gamma_c f_{ce,g}$$

式中　$\gamma_c$——水泥强度等级值的富裕系数，可按实际统计资料确定；当缺乏实际统计资料时，按表 6-9 选用；

　　　$f_{ce,g}$——水泥强度等级值，MPa。

表 6-7　回归系数 $\alpha_a$、$\alpha_b$ 取值

| 系数　　　粗骨料品种 | 碎石 | 卵石 |
| --- | --- | --- |
| $\alpha_a$ | 0.53 | 0.49 |
| $\alpha_b$ | 0.20 | 0.13 |

表 6-8　粉煤灰影响系数和粒化高炉矿渣影响系数

| 种类　掺量/% | 粉煤灰影响系数 $\gamma_f$ | 粒化高炉矿渣影响系数 $\gamma_s$ |
| --- | --- | --- |
| 0 | 1.00 | 1.00 |
| 10 | 0.85～0.95 | 1.00 |
| 20 | 0.75～0.85 | 0.95～1.00 |
| 30 | 0.65～0.75 | 0.90～1.00 |
| 40 | 0.55～0.65 | 0.80～0.90 |
| 50 | — | 0.70～0.85 |
| | 采用Ⅰ、Ⅱ级宜取上限值 | 采用 S75 级宜取下限值，采用 S95 级宜取上限值，采用 S105 级可取上限值加 0.05 |

表 6-9　水泥强度等级值的富裕系数

| 水泥强度等级值 | 32.5 | 42.5 | 52.5 |
| --- | --- | --- | --- |
| 富裕系数 $\gamma_c$ | 1.12 | 1.16 | 1.10 |

### 3. 用水量和外加剂用量确定

（1）普通混凝土用水量选用

每立方米混凝土用水量（$m_{w0}$）根据粗骨料的最大粒径和混凝土稠度选用。当计算的水胶比在 0.40～0.80 之间，按表 6-10、表 6-11 选取用水量（本表用水量系采用中砂时的取值。采用细砂时，每立方米混凝土用水量可增加 5～10kg，采用粗砂时，每立方米混凝土用水量可减少 5～10kg；掺用矿物掺合料和外加剂时，用水量应相应调整）；当计算的水胶比小于 0.40，通过实验确定用水量。

表 6-10　干硬性（中砂）混凝土用水量（kg/m³）

| 拌合物稠度 | | 卵石最大公称粒径/mm | | | 碎石最大公称粒径/mm | | |
|---|---|---|---|---|---|---|---|
| 项目 | 指标 | 10.0 | 20.0 | 40.0 | 16.0 | 20.0 | 40.0 |
| 维勃稠度/S | 16～20 | 175 | 160 | 145 | 180 | 170 | 155 |
| | 11～15 | 180 | 160 | 150 | 185 | 175 | 160 |
| | 5～10 | 185 | 170 | 155 | 190 | 180 | 165 |

表 6-11　塑性（中砂）混凝土用水量（kg/m³）

| 拌合物稠度 | | 卵石最大公称粒径/mm | | | | 碎石最大公称粒径/mm | | | |
|---|---|---|---|---|---|---|---|---|---|
| 项目 | 指标 | 10.0 | 20.0 | 31.5 | 40.0 | 16.0 | 20.0 | 31.5 | 40.0 |
| 坍落度/mm | 10～30 | 190 | 170 | 160 | 150 | 200 | 185 | 175 | 165 |
| | 35～50 | 200 | 180 | 170 | 160 | 210 | 195 | 185 | 175 |
| | 55～70 | 210 | 190 | 180 | 170 | 220 | 205 | 195 | 185 |
| | 75～90 | 215 | 195 | 185 | 175 | 230 | 215 | 205 | 195 |

（2）掺外加剂混凝土用水量计算

掺外加剂，每立方米流动性或大流动性混凝土的用水量（$m_{w0}$）按下式计算：

$$m_{w0} = m'_{w0}(1-\beta)$$

式中　$m_{w0}$——计算配合比每立方米混凝土的用水量，kg/m³；

$m'_{w0}$——未掺外加剂时推定的满足实际要求的每立方米混凝土用水量，kg/m³，以表 6-11 中 90mm 坍落度的用水量为基准，按每增大 20mm 坍落度相应增加 5kg/m³ 用水量计算，当坍落度增大到 180mm 以上时，随坍落度相应增加的用水量可减少；

$\beta$——外加剂实测减水率，%。

### 4. 外加剂用量计算

每立方米混凝土中外加剂用量 $m_{b0}$ 应按下式计算：

$$m_{a0} = m_{b0}\beta_a$$

式中　$m_{a0}$——计算配合比每立方米混凝土中的外加剂用量，kg/m³；

$m_{b0}$——计算配合比每立方米混凝土中胶凝材料用量，kg/m³；

$\beta_a$——经混凝土试验确定外加剂掺量，%。

### 5. 胶凝材料（矿物掺合料和水泥）用量确定

（1）胶凝材料用量计算

每立方米混凝土的胶凝材料用量（$m_{b0}$）按下式计算，并应进行试拌调整，在拌合物性能满足的情况下，取经济合理的胶凝材料用量。

$$m_{b0}=\frac{m_{w0}}{W/B}$$

式中 $m_{b0}$——计算配合比每立方米混凝土中胶凝材料用量，kg/m³；

$m_{w0}$——计算配合比每立方米混凝土的用水量，kg/m³；

$W/B$——混凝土水胶比。

（2）矿物掺合料用量计算

每立方米混凝土的矿物掺合料用量（$m_{f0}$）应按下式计算：

$$m_{f0}=m_{b0}\beta_f$$

式中 $m_{f0}$——计算配合比每立方米混凝土中矿物掺合料用量，kg/m³；

$\beta_f$——矿物掺合料掺量的百分数，%。

（3）水泥用量计算

每立方米混凝土的水泥用量（$m_{c0}$）按下式计算：

$$m_{c0}=m_{b0}-m_{f0}$$

式中 $m_{c0}$——计算配合比每立方米混凝土中水泥用量，kg/m³。

**6. 砂率确定**

中砂砂率（$\beta_s$）应根据骨料的技术指标、混凝土拌合物性能和施工要求，参考既有历史资料来确定。当缺乏砂率的历史资料时，混凝土砂率的确定应符合下列规定：

（1）坍落度小于 10mm 的混凝土，砂率应经试验确定。

（2）坍落度为 10～60mm 的混凝土，砂率可根据粗骨料的品种、最大公称粒径及混凝土的水胶比按表 6-12 选取。

（3）坍落度大于 60mm 的混凝土，砂率可经试验确定，也可在表 6-12 的基础上，按坍落度每增大 20mm，砂率增大 1% 幅度予以调整。

表 6-12 混凝土（中砂）砂率

| 水胶比 | 卵石最大公称粒径/mm | | | 碎石最大公称粒径/mm | | |
|---|---|---|---|---|---|---|
| | 10.0 | 20.0 | 40.0 | 16.0 | 20.0 | 40.0 |
| 0.40 | 26～32 | 25～31 | 24～30 | 30～35 | 29～34 | 27～32 |
| 0.50 | 30～35 | 29～34 | 28～33 | 33～38 | 32～37 | 30～35 |
| 0.60 | 33～38 | 32～37 | 31～36 | 36～41 | 35～40 | 33～38 |
| 0.70 | 36～41 | 35～40 | 34～39 | 39～44 | 38～43 | 36～41 |

注：1. 对于细砂、粗砂，可相应地减少或增大砂率；

2. 人工砂配制混凝土，砂率适当增大；

3. 只用一个单粒级粗骨料配制混凝土，砂率适当增大。

**7. 骨料确定**

（1）质量法计算混凝土配合比，粗、细骨料用量按下式计算：

$$m_{f0}+m_{c0}+m_{g0}+m_{s0}+m_{w0}=m_{cp}$$

$$\beta_s=\frac{m_{s0}}{m_{g0}+m_{s0}}$$

式中 $m_{g0}$——计算配合比每立方米混凝土的粗骨料用量，kg/m³；

$m_{s0}$——计算配合比每立方米混凝土的细骨料用量，$kg/m^3$；

$\beta_s$——砂率，%；

$m_{cp}$——每立方米混凝土拌合物的假设质量，$kg/m^3$（可取 2350～2450kg $kg/m^3$）。

（2）体积法计算混凝土配合比，粗、细骨料用量按下式计算：

$$m_{c0}/\rho_c+m_{f0}/\rho_f+m_{g0}/\rho_g+m_{s0}/\rho_s+m_{w0}/\rho_w+0.01\alpha=1$$

$$\beta_s=m_{s0}/(m_{g0}+m_{s0})$$

式中 $\rho_c$——水泥实测密度，$kg/m^3$（也可取 2900～3100$kg/m^3$）；

$\rho_f$——矿物掺合实测料密度，$kg/m^3$；

$\rho_g$——粗骨料实测表观密度，$kg/m^3$；

$\rho_s$——细骨料实测表观密度，$kg/m^3$；

$\rho_w$——水的密度，$kg/m^3$（可取 1000$kg/m^3$）；

$\alpha$——混凝土的含气量百分数，在不使用引气剂或引气型外加剂时，可取 $\alpha=1$。

通过以上步骤，便可将水、水泥、砂、石子、矿物掺合料、外加剂的用量全部求出，得到初步配合比，供试配用。

# 第二节  混凝土拌合物性能试验

检测主要依据标准：

《普通混凝土拌合物性能试验方法标准》（GB/T 50080—2016）。

## 一、混凝土坍落度、扩展度、凝结时间检测

### 1. 混凝土坍落度和扩展度检测

实验室制备混凝土拌合物时，相对湿度不小于 50%，室温应保持（20±5）℃；拌合材料应与室温保持一致。拌合材料称量以重量计（精度：骨料为±0.5%；水、水泥、掺合料、外加剂为±0.2%）。

（1）主要仪器

① 搅拌机：容量 30～100L，性能符合《混凝土试验用搅拌机》（JG 244—2009）。

② 磅称：称量 50kg，感量 50g。

③ 天平：称量 5kg、感量 5g。

④ 量筒：200mL、1000mL。

⑤ 拌铲、拌板（平面尺寸不小于 1.5m×1.5m，厚度不小于 3mm 的钢板）、容器等。

⑥ 捣棒：直径（16±0.2）mm、长（600±5）mm 的钢棒，端部半球形。

⑦ 小铲、钢尺（300mm、1000mL，分度值不大于 1mm）、抹刀等。

⑧ 测量标尺：表面光滑，刻度范围 0～280mm，分度值 1mm。

⑨ 坍落度筒：用 1.5mm 厚的钢板或其他金属材料制成的圆台形筒，如图 6-10 所示；底面和顶应互相平行并与锥体的轴线垂直；在筒外 2/3 高度处安两个手把，下端焊脚踏板；筒的内部尺寸为：底部直径（200±2）mm、顶部直径（100±2）mm、高度（300±2）mm。

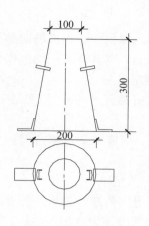
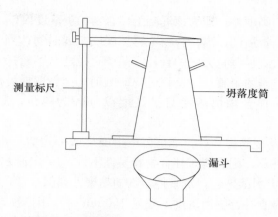

图 6-10　坍落度筒

（2）拌合方法

① 按所定配合比称取各材料质量。

② 按配合比的水泥、砂和水组成的砂浆，在搅拌机中进行涮膛预拌一次，内壁挂浆后，倒出多余的砂浆，其目的是使水泥砂浆黏附满搅拌机的筒壁，以免正式拌和时影响拌合物的配合比。

③ 称好的粗骨料、胶凝材料、细骨料和水依次加入搅拌机内，难溶或不溶的粉状外加剂宜与胶凝材料同时加入搅拌机，液体和可溶性的外加剂宜与水同时加入搅拌机。拌合物搅拌时间宜 2min 以上，直至搅拌均匀。

④ 将拌合物从搅拌机卸出，倾倒在拌板上，立即进行拌合物各项性能试验。取样或试验时拌制的混凝土应在拌制后尽短的时间内成型，一般不宜超过 15min。

（3）坍落度与坍落扩展度检测步骤

适用于骨料最大粒径不大于 40mm。坍落度检测：坍落度值不小于 10mm 的混凝土拌合物稠度测定；坍落扩展度检测：坍落度值不小于 160mm 的混凝土拌合物稠度测定。稠度测定时需拌合物约 10～13L。

① 湿润坍落度筒及其他用具，并把筒放在不吸水的刚性水平底板上，然后用脚踩住两边的脚踏板，使坍落度筒在装料时保持位置固定。

② 把按要求取得的混凝土试样用小铲分三层均匀地装入筒内，使捣实后每层高度约为筒高的 1/3。每层用捣棒插捣 25 次。插捣应沿螺旋方向由外向中心进行，各次插捣应在截面上均匀分布。插捣筒边时，捣棒可稍倾斜；插捣底层时，捣棒应贯穿整个深度。插捣第二层和顶层时，捣棒应插过本层至下一层的表面。浇灌顶层时，混凝土应灌到高出筒口，插捣过程中，如混凝土沉落到低于筒口，则应随时添加。顶层插捣完后，刮去多余的混凝土并用抹刀抹平。

③ 清除筒边底板上的混凝土后，3～7s 内垂直平衡地提起坍落度筒。从开始装料到提起坍落度筒的整个进程应连续进行，并应在 150s 内完成（坍落度检测）或 4min 内完成（扩展度检测）。

（4）检测结果

① 坍落度和扩展度测试

如检测坍落度，当试样不再继续下落或下落 30s 时，量测筒高与坍落后混凝土试体最高点之间的高度差，即为该混凝土拌合物的坍落度值。

如检测扩展度，当拌合物不再扩展或扩展时间达到50s，测量拌合物扩展面的最大直径及与最大直径垂直方向的直径，两个直径之差不超过50mm，取其算术平均值作为混凝土扩展值；当两个直径之差超过50mm时，重新取样另行测定。

混凝土拌合物坍落度与扩展度以mm为单位，测量精确至1mm，结果表达修约至5mm。

② 坍落度筒提离后，如试体产生崩坍或一边剪坏现象，则应重新取样进行测定，仍出现这种现象，则表明该拌合物和易性不好，应予记录备查。

③ 测定坍落度后，观察拌合物的粘聚性和保水性，并记入记录。

当混凝土拌合物坍落度不超过160mm时：用捣棒在已坍落的拌合物锥体侧面轻轻敲打，如果锥体逐渐下沉，表示粘聚性良好；如果锥体倒坍、部分崩裂或出现离析，即为粘聚性不好。提起坍落度筒时，如有较多的稀浆从底部析出，锥体部分的拌合物也因失浆而骨料外露，则表明保水性不好；如无这种现象，则表明保水性良好。

当混凝土拌合物的坍落度大于160mm时，如发现粗骨料在中央集堆或边缘有水泥浆析出，则混凝土拌合物离析，应予记录。

**2. 混凝土凝结时间检测**

（1）主要仪器

① 贯入阻力仪：最大测量值不小于1000N，精度±10N；测针长100mm，在距贯入端25mm处应有明显标记；测针的承压面积为100mm²、50mm²和20mm²三种。

② 砂浆试样筒：上口径160mm、下口径150mm、净高150mm的刚性不透水金属圆筒，并配有盖子。

③ 试验筛：筛孔公称直径5.00mm。

④ 振动台：符合《混凝土试验用振动台》（JG/T 245—2009）的规定。

"扫扫看"
混凝土凝结时间仪

⑤ 捣棒：符合《混凝土坍落度仪》（JG/T 248—2009）的规定。

（2）检测步骤

① 应用试验筛将砂浆从混凝土拌合物中筛出，将筛出的砂浆搅拌均匀后装入三个试样筒中。取样混凝土坍落度不大于90mm时，用振动台振实砂浆；取样混凝土坍落度大于90mm时，用捣棒人工捣实。用振动台振砂浆时，振动应持续到表面出浆为止，不得过振；

"扫扫看"
混凝土振动台

用捣棒人工捣实时，由外向中心沿螺旋方向均匀插捣25次，然后用橡皮锤敲击筒壁，直到表面插捣孔消失为止。振实或插捣后，砂浆表面宜低于砂浆试样筒口10mm，并应立即加盖。

② 砂浆试样制备完毕后，应置于（20±2）℃的环境中待测，并在整个测试工程中，环境温度始终在（20±2）℃。在整个测试过程中，除吸取泌水或进行贯入试验外，试样筒应始终加盖。现场同条件测试，试验环境应与现场一致。

③ 凝结时间测定从混凝土加水搅拌开始计时。根据混凝土拌合物的性能，确定测针试验时间，以后每隔0.5h测试一次，临近初凝或终凝时，应缩短测试间隔时间。

④ 每次测试前 2min，将一片（20±5)mm 厚的垫块垫入筒底一侧使其倾斜，用吸液管吸去表面的泌水，吸水后应复原。

⑤ 将砂浆试样筒置于贯入阻力仪上，测针端部与砂浆表面接触，在（10±2)s 内均匀地使测针贯入砂浆（25±2)mm 深度，记录最大贯入阻力值，精确至 10N；记录测试时间，精确至 1min。

⑥ 每个砂浆筒每次测试 1～2 个点，各测点间距不应小于 15mm，测点与试样筒壁的距离不应小于 25mm。

⑦ 每个试样的贯入阻力测试不应少于 6 次，直至单位面积贯入阻力大于 28MPa 为止。

⑧ 根据砂浆凝结状况，在测试过程中应以测针承压面积从大到小的顺序更换，测针按表 6-13 更换选用。

**表 6-13 混凝土凝结时间测针选用**

| 单位面积贯入阻力/MPa | 0.2～3.5 | 3.5～20 | 20～28 |
|---|---|---|---|
| 测针面积/mm | 100 | 50 | 20 |

（3）检测结果

① 单位面积贯入阻力计算，精确至 0.1MPa：

$$f_{PR}=P/A$$

式中 $f_{PR}$——单位面积贯入阻力，MPa；

$P$——贯入阻力，N；

$A$——测针面积，mm$^2$。

② 凝结时间计算

线性回归法，按下式计算：

$$\ln t=a+b\ln f_{PR}$$

式中 $t$——单位面积贯入阻力对应的测试时间，min；

$a$、$b$——线性回归系数。

单位面积贯入阻力为 3.5MPa 时对应的时间为初凝时间；单位面积贯入阻力为 28MPa 时对应的时间为终凝时间。

绘图拟合法：

以单位面积贯入阻力为纵坐标，测试时间为横坐标，绘制出单位面积贯入阻力与测试时间的关系曲线；分别以 3.5MPa 和 28MPa 绘制两条平行于横坐标轴的直线，与曲线的交点的横坐标分别是初凝时间和终凝时间，以 h：min 表示，精确至 5min。

③ 以三个试样的初、终凝时间的算数平均值作为此次试验的初、终凝时间。三个测值中的最小值或最大值中有一个与中间值的差异超过中间值的 10%，则取中间值作为检测结果。如最大值和最小值与中间值相差均超过 10%，应重新试验。

## 二、混凝土泌水率与压力泌水率检测

**1. 混凝土泌水率检测**

（1）主要仪器

① 容量筒：5L，并配有盖子。

② 量筒：1000mL、分度值 1mL，并带塞。

③ 振动台：符合《混凝土试验用振动台》（JG/T 245—2009）的规定。

④ 捣棒：符合《混凝土坍落度仪》（JG/T 248—2009）的规定。

⑤ 电子天平：最大量程 20kg，感量不大于 1g。

（2）检测步骤

① 用湿布润湿容量筒内壁后应立即称量，记录容量筒质量。

② 将混凝土拌合物装入容量筒中进行振实或插捣密实。取样混凝土坍落度不大于 90mm 时，用振动台振实，将混凝土拌合物一次性装入容量筒，振动应持续到表面出浆为止，不得过振；取样混凝土坍落度大于 90mm 时，用捣棒人工捣实。将混凝土拌合物分两层装入，每层由边缘向中心沿螺旋方向均匀插捣 25 次，插捣底层时，捣棒贯穿整个深度；插捣第二层时，捣棒应插过本层至下一层的表面。每层插捣完毕，用橡皮锤沿筒外壁敲击 5～10 次，进行振实，直到表面插捣孔消失并不见大气泡为止。振实或插捣后的混凝土表面应低于容量筒口（30±3）mm，并用抹刀抹平。

③ 自密实混凝土一次性填满，且不应进行振动或插捣。

④ 室温保持（20±2）℃，容量筒保持水、不受振动条件下进行混凝土表面泌水的吸取；除吸水操作外，容量筒应始终盖好盖子。

⑤ 计时开始 60min 内，每隔 10min 吸取一次试验表面泌水；60min 后，每隔 30min 吸取一次表面泌水，直到不再泌水为止。每次测试前 2min，将一片（35±5）mm 厚的垫块垫入筒底一侧使其倾斜，用吸液管吸去表面的泌水，吸水后应平稳复原盖好。吸出的水盛放于量筒中，并盖好塞子。记录每次的吸水量，并计算累积吸水量，精确至 1mL。

（3）检测结果

① 单位面积泌水量按下式计算，精确至 $0.01\text{mL/mm}^2$：

$$B_a = V/A$$

式中　$B_a$——单位面积混凝土拌合物的泌水量，$\text{mL/mm}^2$；

　　　$V$——累积泌水量，mL；

　　　$A$——混凝土拌合物试样外露的表面积，$\text{mm}^2$。

② 泌水率按下式计算，精确至 1%：

$$B = \frac{V_W}{(W/m_T) \times m} \times 100$$

$$m = m_2 - m_1$$

式中　$B$——泌水率，%；

　　$V_W$——泌水总量，mL；

　　$m$——混凝土拌合物试样质量，g；

　　$m_T$——试验拌制混凝土拌合物的总质量，g；

　　$W$——试验拌制混凝土拌合物的用水量，g；

　　$m_2$——容量筒及试样总质量，g；

　　$m_1$——容量筒质量，g。

③ 泌水量（率）取三个试样测值的平均值，三个测定值中的最小值或最大值中有一个与中间值之差超过中间值的 15%，取中间值作为检测结果。如最大值和最小值与中间值相差均超过 15%，则应重新试验。

**2. 混凝土压力泌水率检测**

（1）主要仪器

① 压力泌水仪：缸体内径应为（125±0.02）mm，内高（200±0.2）mm；工作活塞公称直径 125mm；筛网孔径 0.315mm，压力泌水仪如图 6-11 所示。

② 捣棒：符合《混凝土坍落度仪》（JG/T 248—2009）的规定。

③ 烧杯：150mL。

④ 量筒：200L。

（2）检测步骤

混凝土装入压力泌水仪缸体捣实后的表面应低于缸体筒口（30±2）mm。

① 普通混凝土拌合物分两层装入，每层由边缘向中心沿螺旋方向均匀插捣 25 次，插捣底层时，捣棒贯穿整个深度；插捣第二层时，捣棒应插过本层至下一层的表面。每层插捣完毕，用橡皮锤沿筒外壁敲击 5～10 次，进行振实，直到表面插捣孔消失并不见大气泡为止。

② 自密实混凝土应一次性填满，不进行振动和插捣。

③ 将缸体外表面擦干净，压力泌水仪安装完毕后应在 15s 内给混凝土拌合物试样加压至 3.2MPa，并应在 2s 内打开泌水阀门，同时开始计时，并保持恒压，泌出的水接入 15mL 的烧杯里，移至量筒中读取泌水量，精确至 1mL。

④ 加压至 10s 时读取泌水量 $V_{10}$，加压至 140s 时读取泌水量 $V_{140}$。

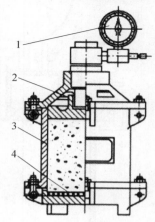

**图 6-11 压力泌水仪**
1—压力表；2—工作活塞；
3—缸体；4—筛网

（3）检测结果

压力泌水率按下式计算，精确至 1%：

$$B_V = V_{10}/V_{140}$$

式中　$B_V$——压力泌水率，%；

$V_{10}$——加压至 10s 时的泌水量，mL；

$V_{140}$——加压至 140s 时的泌水量，mL。

## 三、混凝土含气量检测

**1. 主要仪器**

（1）含气量测定仪：符合《混凝土含气量测定仪》（JG/T 246—2009）的规定，如图 6-12 所示；

（2）捣棒：符合《混凝土坍落度仪》（JG/T 248—2009）的规定；

（3）振动台：符合《混凝土试验用振动台》（JG/T 245—2009）的规定；

（4）电子天平：最大量程 50kg，感量不应大于 10g。

**2. 检测步骤**

（1）含气量测定仪的标定和率定

① 擦净容器，将含气量测定仪安装好，测定含气量测定仪总质量 $m_{A1}$，精确至 10g。

② 向容器内注水至上沿，然后加盖并拧紧螺栓，保持密封不透气；关闭操作阀和排气阀，打开排水阀和加水阀，通过加水阀向容器内注水；当排水阀流出的水流中不出现气泡时，应在注水的状态下，关闭加水阀和排气阀；将含气量测定仪外表擦净，再次测定总质量 $m_{A2}$，精确至 10g。

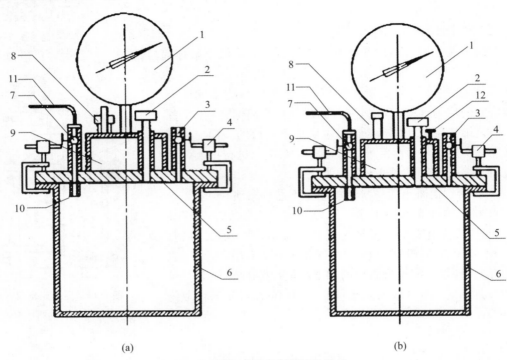

(a)                                    (b)

**图 6-12　混凝土含气量测定仪结构**

(a) 采用打气筒加压的含气量仪

1—含气量压力表；2—操作阀；3—排气阀；4—固定卡子；5—盖体；
6—容器；7—进水阀；8—进气阀；9—气室；10—取水管；11—标定管

(b) 采用手动泵加压的含气量仪

1—含气量压力表；2—操作阀；3—排气阀；4—固定卡子；5—盖体；
6—容器；7—进水阀；8—手泵；9—气室；10—取水管；11—标定管；12—气室排气阀

③ 含气量测定仪的容积按下式计算，精确至 0.01L：

$$V=(m_{A2}-m_{A1})/\rho_w$$

式中　$V$——含气量测定仪容积，L；

　　　$m_{A1}$——含气量测定仪的总质量，kg；

　　　$m_{A2}$——水、含气量测定仪的总质量，kg；

　　　$\rho_w$——水的密度，kg/m³（可取 1kg/L）。

④ 关闭排气阀，向气室打气，加压至大于 0.1MPa，且压力表显示值稳定；打开排气阀调压至 0.1MPa，同时关闭排气阀。

⑤ 开启操作阀，使气室的压缩空气进入容器，待压力表显示值稳定后测得压力值对应含气量应为零。

⑥ 开启排气阀，压力表显示值回零；关闭操作阀、排水阀和排气阀，开启加水阀，借助标定管在注水阀口用量筒接水；用气泵缓缓地向气室打气，当排出的水是含气量测定仪容积的 1％时，再按上述④、⑤的操作，测得含气量为 1％的压力值。

⑦ 继续测取含气量为 2％、3％、4％、5％、6％、7％、8％、9％、10％时的压力值。

⑧ 含气量分别为 0、1％、2％、3％、4％、5％、、6％、7％、8％、9％、10％时的试验均进行两次，以两次压力值的平均值为测量结果。

⑨ 根据含气量 0、1％、2％、3％、4％、5％、6％、7％、8％、9％、10％测量结果，绘制含气量与压力值的关系曲线，作为混凝土拌合物含气量检测查阅依据。

（2）混凝土拌合物骨料的含气量

① 按下式计算试验中粗、细骨料的质量：

$$m_g = V \times m'_g / 1000$$

$$m_S = V \times m'_s / 1000$$

式中　$m_g$——拌合物试样中粗骨料的质量，kg；

$m_s$——拌合物试样中细骨料的质量，kg；

$m'_g$——混凝土配合比中每立方米混凝土粗骨料质量，kg；

$m'_s$——混凝土配合比中每立方米混凝土细骨料质量，kg；

$V$——含气量测定仪容器容积，L。

② 先向含气量测定仪的容器中注入 1/3 高度的水，然后把质量为 $m_g$、$m_s$ 的粗、细骨料称好，搅拌均匀，倒入容器，加料同时应进行搅拌；水面每升高 25mm 左右，轻捣 10 次，加料过程应始终保持水面高出骨料的顶面，骨料全部加入，浸泡约 5min，再用橡皮锤轻敲容器外壁，排净气泡，除去水面气泡，加水至满，擦净容器口及边缘，加盖拧紧螺栓，保持密封不透气。

③ 关闭操作阀和排气阀，打开排水阀和加水阀，通过加水阀向容器内注入水；当排水阀流出的水流中不出现气泡时，应在注水的状态下，关闭加水阀和排气阀。

④ 关闭排气阀，向气室打气，加压至大于 0.1MPa，且压力表显示值稳定；打开排气阀调压至 0.1MPa，同时关闭排气阀。

⑤ 开启操作阀，使气室的压缩空气进入容器，待压力表显示值稳定后记录压力值，然后开启排气阀，压力表显示值应回零；根据含气量与压力值之间的关系曲线确定压力值对应的骨料含气量，精确至 0.1％。

⑥ 混凝土骨料的含气量 $A_g$ 应以两次测量结果的平均值作为试验结果；两次测量结果相差大于 0.5％，应重新试验。

（3）混凝土拌合物未校正含气量

① 用湿布擦净混凝土含气量测定仪容器内部和盖的内表面，装入混凝土拌合物。

② 将混凝土拌合物装入含气量测定仪容器内进行振实、插捣密实或自流密实。

取样混凝土坍落度不大于 90mm 时，用振动台振实。将混凝土拌合物一次性装至高出含气量测定仪容器口，振动过程中混凝土拌合物低于容器口，随时添加，振动应持续到表面出浆为止，不得过振。

取样混凝土坍落度大于 90mm 时，用捣棒人工捣实。将混凝土拌合物分三层装入，每层捣实高度约为 1/3 的容器高度，每层由边缘向中心沿螺旋方向均匀插捣 25 次，捣棒应插过本层至下一层的表面，每层插捣完毕，用橡皮锤沿容器外壁敲击 5～10 次，进行振实，直到拌合物表面插捣孔消失为止。

自密实混凝土一次性填满，且不应进行振动或插捣。

③ 刮去表面多余的混凝土拌合物，用抹刀刮平，并且填平表面凹陷、抹光。

④ 擦净容器口及边缘，加盖并拧紧螺栓，保持密封不透气。

⑤ 测试混凝土拌合物未校正含气量 $A_0$，方法与测试骨料含气量相同，精确至 $0.1\%$。

⑥ 混凝土拌合物的未校正含气量 $A_0$ 应以两次测量结果的平均值作为试验结果；两次测量结果相差大于 $0.5\%$，应重新试验。

**3. 检测结果**

混凝土含气量按下式计算，精确至 $0.1\%$：

$$A = A_0 - A_g$$

式中　$A$——混凝土拌合物含气量，$\%$；

$A_0$——混凝土拌合物未校正含气量，$\%$；

$A_g$——混凝土骨料含气量，$\%$。

# 第三节　硬化混凝土力学性能试验

检测主要依据标准：

《普通混凝土拌合物性能试验方法标准》（GB/T 50080—2016）；

《普通混凝土力学性能试验方法标准》（GB/T 50081—2002）。

试件制作和养护：

配制好的混凝土拌合物成型前至少用铁锹再来回拌和三次。混凝土成型时间一般不宜超过 15min。每组龄期的混凝土力学试件按检测要求制作。

（1）试模内表面应涂一层矿物油或专用脱模剂。

（2）根据混凝土拌合物的稠度确定混凝土成型方法。坍落度不大于 70mm 的混凝土拌合物宜用振动成型；坍落度大于 70mm 的混凝土拌合物宜用捣棒人工捣实成型。

用振动台振实成型制作试件：

将混凝土拌合物一次装入试模，装料时应用抹刀沿各试模壁插捣，并使混凝土拌合物高出试模。

试模附着或固定在振动台上，振动过程中试模不得有任何跳动，振动至表面出浆为止，不得过振。

人工插捣成型制作试件：

混凝土拌合物分两层装入试模内，每层的装料厚度大致相等。

用捣棒按螺旋方向从边缘向中心均匀插捣。插捣底层混凝土时，捣棒应达到试模底部；插捣上层混凝土时，捣棒应贯穿上层混凝土插入下层混凝土 20～30mm。插捣时捣棒应保持垂直。用抹刀沿试模内壁插拔数次。

每层插捣次数按 $10000\text{mm}^2$ 截面积内不得少于 12 次。

插捣后用橡皮锤轻轻敲击试模四周，直到捣棒留下的孔洞消失为止。

（3）刮除试模口多余的混凝土拌合物，待混凝土临近初凝时，用抹刀抹平表面。

（4）混凝土试件养护。

采用标准养护的试件成型后应用不透水薄膜覆盖表面，并在温度为（20±5）℃情况下静置 1～2 昼夜，然后编号拆模。拆模后的试件应立即放在温度为（20±2）℃、相对湿度为 95％以上的标准养护室中养护。标准养护室内试件应放在架上，彼此间隔为 10～20mm，并应避免用水直接冲淋试件。无标准养护室时，混凝土试件可放在温度为（20±2）℃的不流动的饱和 $Ca(OH)_2$ 水中养护。

同条件养护的试件成型后，试件的拆模时间可与实际构件的拆模时间相同。拆模后，试件仍需保持同条件养护。

（5）混凝土试件公差

承压平面的平面度公差不超过 $0.0005d$（$d$ 为边长）；试件的相邻面夹角为 90°，公差不超过 0.5°；试件各边长公差不超过 1mm。

## 一、混凝土抗压强度、抗折强度、劈裂抗拉强度检测

### 1. 混凝土抗压强度检测

（1）主要仪器

压力机：符合《液压式万能试验机》（GB/T 3159—2008）及《试验机通用技术要求》（GB/T 2611—2007）中的技术要求，测量精度为±1％，试件的破坏荷载应大于压力机全量程的 20％且小于压力机全量程的 80％。

（2）检测步骤

试件从养护室取出后，应尽快进行试验。

① 试件表面与压力机上下承压板面擦干净。

② 将试件安放在下承压板上，试件的承压面与成型时的顶面垂直。试件的中心应与试验机下压板中心对准。

③ 开动试验机，当上承压板与试件接近时，分别调整球座，使接触均衡。

④ 加压时，应连续而均匀地加荷。加荷速度：混凝土强度等级小于 C30 时，为每秒钟 0.3～0.5MPa；混凝土强度等级大于（等于）C30 且小于 C60 时，为每秒钟 0.5～0.8MPa；混凝土强度等级大于（等于）C60 时，为每秒钟 0.8～1.0MPa。当试件接近破坏而开始迅速变形时，停止调整试验机油门，直至试件破坏。

⑤ 记录破坏荷载（$F$）。

（3）检测结果

① 混凝土立方体试件抗压强度按下式计算，精确至 0.1MPa：

$$f_{cc} = \frac{F}{A}$$

式中　$f_{cc}$——混凝土立方体试件抗压强度，MPa；

"扫扫看"
压力机

"扫扫看"
混凝土破坏断面

$F$——试件破坏荷载，N；

$A$——试件承压面积，$mm^2$。

② 以 3 个试件的算术平均值作为该组试件的抗压强度值，精确至 0.1MPa。如果 3 个测定值中的最小值或最大值中有 1 个与中间值的差异超过中间值的 15%，则把最大值及最小值一并舍弃，取中间值作为该组试件的抗压强度值。如最大值和最小值与中间值相差均超过 15%，则此组试件试验结果无效。混凝土的抗压强度是以 150mm×150mm×150mm 的立方体试件的抗压强度为标准，其他尺寸试件测定结果均应换算成边长为 150mm 立方体试件的标准抗压强度，换算时分别乘以表 6-14 中的换算系数。

表 6-14 非标准立方体混凝土抗压强度换算系数

| 试件尺寸/mm | <C60 换算系数 | ≥C60 换算系数 |
|---|---|---|
| 100×100×100 | 0.95 | |
| 150×150×150 | 1.0 | 试验确定 |
| 200×200×200 | 1.05 | |

### 2. 混凝土抗折强度检测

（1）主要仪器

压力机：符合《液压式万能试验机》（GB/T 3159—2008）及《试验机通用技术要求》（GB/T 2611—2007）中的技术要求，测量精度为 ±1%，试件的破坏荷载应大于压力机全量程的 20% 且小于压力机全量程的 80%；能施加均匀、连续、速度可控的荷载，并带有能使两个相等荷载同时作用在试件跨度 3 分点处的抗折试验装置，如图 6-13 所示。

"扫扫看"
混凝土抗折用
万能试验机

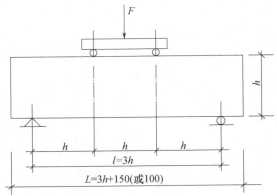

图 6-13 抗折试验装置

"扫扫看"
混凝土抗折强度
试验仪

试件的支座和加荷头应采用直径为 20～40mm、长度不小于试件宽度 $b+10mm$ 的硬钢圆柱，支座立脚点固定铰支，其他应为滚动支点。

（2）检测步骤

试件尺寸：边长为 150mm×150mm×600mm（或 550mm）的棱柱体试件是标准试件；边长为 100mm×100mm×400mm 的棱柱体试件是非标准试件。在长向中部 1/3 区段内不得有表面直径超过 5mm、深度超过 2mm 的孔洞。

① 试件从养护地取出后应及时进行试验，将试件表面擦干净。

② 按图 6-13 装置试件，安装尺寸偏差不得大于 1mm。试件的承压面应为试件成型时的侧面。支座及承压面与圆柱的接触面应平稳、均匀，否则应垫平。

③ 施加荷载应保持均匀、连续。当混凝土强度等级小于 C30 时，加荷速度取每秒钟 0.02～0.05MPa；当混凝土强度等级大于（等于）C30 且小于 C60 时，取每秒钟 0.05～0.08MPa；当混凝土强度等级大于（等于）C60 时，取每秒钟 0.08～0.10MPa，至试件接近破坏时，应停止调整试验机油门，直至试件破坏，然后记录破坏荷载。

④ 记录试件破坏荷载的试验机示值及试件下边缘断裂位置。

（3）检测结果

① 若试件下边缘断裂位置处于两个集中荷载作用线之间，则试件的抗折强度按下式计算，精确至 0.1MPa：

$$f_t = \frac{Fl}{b h^2}$$

式中 $f_f$——混凝土抗折强度，MPa；

$F$——试件破坏荷载，N；

$l$——支座间跨度，mm；

$h$——试件截面高度，mm；

$b$——试件截面宽度，mm。

② 抗折强度值的确定

3 个试件测值的算术平均值作为该组试件的强度值（精确至 0.1MPa）；3 个测值中的最大值或最小值中如有 1 个与中间值的差值超过中间值的 15％时，则把最大值及最小值一并舍弃，取中间值作为该组试件的抗压强度值；如最大值和最小值与中间值的差均超过中间值的 15％，则该组试件的试验结果无效。

3 个试件中若有 1 个折断面位于两个集中荷载之外，则混凝土抗折强度值按另 2 个试件的试验结果计算，若这 2 个测值的差值不大于这两个测值的较小值的 15％时，则该组试件的抗折强度值按这 2 个测值的平均值计算，否则该组试件的试验无效。若有 2 个试件的下边缘断裂位置位于两个集中荷载作用线之外，则该组试件试验无效。

当试件尺寸为 100mm×100mm×400mm 的非标准试件时，应乘以尺寸换算系数 0.85；当混凝土强度等级≥C60 时，宜采用标准试件；使用非标准试件时，尺寸换算系数应由试验确定。

**3. 混凝土劈裂抗拉强度检测**

（1）主要仪器

① 压力机：符合《液压式万能试验机》（GB/T 3159—2008）及《试验机通用技术要求》（GB/T 2611—2007）中的技术要求，测量精度为±1％，试件的破坏荷载应大于压力机全量程的 20％且小于压力机全量程的 80％。

② 垫块：半径为 75mm 的钢制弧形垫块，其长度与试件相同。垫块及其支架尺寸如图 6-14 所示。

③ 垫条：三合板制成，宽为 20mm，厚度为 3～4mm。不可重复使用。

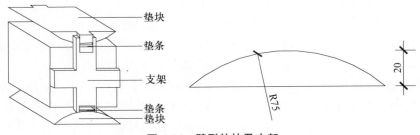

图 6-14 劈裂垫块及支架

（2）检测步骤

① 试件从养护地点取出且表面擦干后应及时进行试验。试件放于压力机下压板中央，劈裂承压面和劈裂面应与试件成型时的顶面垂直；上下压板与试件之间垫块和垫条各一条，垫块与垫条和试件上下面的中心线对准并与成型时的顶面垂直。把垫条及试件安装在定位架上使用。

② 开动试验机，当上压板与圆弧形垫块接近时，调整球座，使接触均衡。加荷速度连续均匀，当混凝土强度等级小于 C30 时，加荷速度为每秒 0.02～0.05MPa；当混凝土强度等级不小于 C30 且小于 C60 时，加荷速度为每秒 0.05～0.08MPa；当混凝土强度等级不小于 C60 时，加荷速度为每秒 0.08～0.10MPa。试件接近破坏，停止调整压力机油门，直至试件破坏，记录破坏荷载。

（3）检测结果

混凝土劈裂抗拉强度应按下式计算，精确至 0.01MPa：

$$f_{ts} = \frac{2F}{\pi A} = 0.637 \frac{F}{A}$$

式中　$f_{ts}$——混凝土劈裂抗拉强度，MPa；

　　　$F$——试件破坏荷载，N；

　　　$A$——试件劈裂面面积，$mm^2$。

① 取 3 个试件测值的算术平均值作为该组试件的强度值，异常数据取舍与混凝土立方体抗压强度相同。

② 采用 100mm×100mm×100mm 非标准试件测得的强度值，应乘以换算系数 0.85；当混凝土强度等级不小于 C60 时，宜采用标准试件；采用非标准试件，换算系数应由试验确定。

## 二、混凝土棱柱体轴心抗压强度检测

### 1. 主要仪器

压力试验机：符合《液压式万能试验机》（GB/T 3159—2008）及《试验机通用技术要求》（GB/T 2611—2007）中的技术要求，其测量精度为±1%，试件破坏荷载应大于压力机全量程的 20% 且小于压力机全量程的 80%。

### 2. 检测步骤

试件尺寸：边长为 150mm×150mm×300mm 的棱柱体试件是标准试件；边长为 100mm×100mm×300mm 和 200mm×200mm×400mm 的棱柱体试件是非标准试件。

（1）试件从养护地点取出后应及时进行试验，用干毛巾将试件表面与上下承压板面擦干净。

（2）将试件直立放置在试验机的下压板或钢垫板上，并使试件轴心与下压板中心对准。

（3）开动试验机，当上压板与试件或钢垫板接近时，调整球座，使接触均衡。

（4）应连续均匀地加荷，不得有冲击。试验过程中应连续均匀地加荷，混凝土强度等级小于 C30 时，加荷速度取每秒钟 0.3～0.5MPa；混凝土强度等级大于（等于）C30 且小于 C60 时，取每秒钟 0.5～0.8MPa；混凝土强度等级大于（等于）C60 时，取每秒钟 0.8～1.0MPa。

（5）试件接近破坏而开始急剧变形时，应停止调整试验机油门，直至破坏。然后记录破坏荷载。

**3. 检测结果**

（1）混凝土试件轴心抗压强度按下式计算，精确至 0.1MPa：

$$f_{cp} = \frac{F}{A}$$

式中　$f_{cp}$——混凝土轴心抗压强度，MPa；

　　　$F$——试件破坏荷载，N；

　　　$A$——试件承压面积，$mm^2$。

（2）取 3 个试件测值的算术平均值作为该组试件的强度值，异常数据取舍与混凝土立方体抗压强度相同。

（3）混凝土强度等级小于 C60 时，用非标准试件测得的强度值均应乘以尺寸换算系数，其值为对 200mm×200mm×400mm 试件为 1.05；对 100mm×100mm×300mm 试件为 0.95。当混凝土强度等级大于等于 C60 时，宜采用标准试件；使用非标准试件时，尺寸换算系数应由试验确定。

## 三、混凝土棱柱体静力受压弹性模量检测

**1. 主要仪器**

（1）压力试验机：符合《液压式万能试验机》（GB/T 3159—2008）及《试验机通用技术要求》（GB/T 2611—2007）中的技术要求，其测量精度为±1%，试件破坏荷载应大于压力机全量程的 20%且小于压力机全量程的 80%。

（2）微变形测量仪：测量精度不得低于 0.001mm。

（3）微变形测量固定架：标距应为 150mm。

**2. 检测步骤**

测定混凝土棱柱体静力受压弹性模量的试件与混凝土棱柱体轴心抗压强度试件相同，但每次试验应制备 6 个试件。

（1）试件从养护地点取出后先将试件表面与上下承压板面擦干净。

（2）先取 3 个试件，测定混凝土的轴心抗压强度 $f_{cp}$。另 3 个试件用于测定混凝土的弹性模量。

（3）测定混凝土弹性模量时，变形测量仪应安装在试件两侧的中线上并对称于试件的两端。

（4）调整试件在压力试验机上的位置，使其轴心与下压板的中心线对准。开动压力试验机，当上压板与试件接近时调整球座，使其接触均衡。

（5）加荷至基准应力为 0.5MPa 的初始荷载值 $F_0$，保持恒载 60s，并在以后的 30s 内记录每测点的变形读数 $\varepsilon_0$。立即连续均匀地加荷至应力为轴心抗压强度 $f_{cp}$ 的 1/3 的荷载值 $F_a$，保持恒载 60s，并在以后的 30s 内记录每一测点的变形读数 $\varepsilon_a$。所用加荷速度应连续均匀：混凝土强度等级小于 C30 时，加荷速度取每秒钟 0.3～0.5MPa；混凝土强度等级大于等于 C30 且小于 C60 时，取每秒钟 0.5～0.8MPa；混凝土强度等级大于等于 C60 时，取每秒钟 0.8～1.0MPa。

（6）当以上这些变形值之差与它们平均值之比大于 20% 时，应重新对中试件后重复第（5）步的试验。如果无法使其减少到低于 20% 时，则此次试验无效。

（7）在确认试件对中符合第（6）步规定后，以与加荷速度相同的速度卸荷至基准应力 0.5MPa（$F_0$），恒载 60s；然后用同样的加荷和卸荷速度以及 60s 的保持恒载（$F_0$ 及 $F_a$）至少进行两次反复预压。在最后一次预压完成后，在基准应力 0.5MPa（$F_0$）持荷 60s 并在以后的 30s 内记录每一测点的变形读数 $\varepsilon_0$；再用同样的加荷速度加荷至 $F_a$，持荷 60s 并在以后的 30s 内记录每一测点的变形读数 $\varepsilon_a$，如图 6-15 所示。

（8）卸除变形测量仪，以同样的速度加荷至破坏，记录破坏荷载；如果试件的抗压强度与试件轴心抗压强度（$f_{cp}$）之差超过试件轴心抗压强度（$f_{cp}$）的 20% 时，则应在报告中注明。

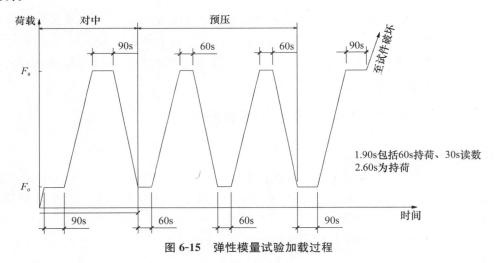

图 6-15　弹性模量试验加载过程

### 3. 检测结果

（1）混凝土弹性模量值按下式计算，计算精确至 100MPa：

$$E_c = \frac{F_a - F_0}{A} \times \frac{L}{\Delta n}$$

$$\Delta n = \varepsilon_a - \varepsilon_0$$

式中　$E_c$——混凝土弹性模量，MPa；

　　　$F_a$——应力为 1/3 轴心抗压强度时的荷载，N；

　　　$F_0$——应力为 0.5MPa 时的初始荷载，N；

　　　$A$——试件承压面积，$mm^2$；

　　　$L$——测量标距，mm；

$\Delta n$——最后一次从 $F_0$ 加荷至 $F_a$ 时试件两侧变形的平均值，mm；

$\varepsilon_a$——$F_a$ 时试件两侧变形的平均值，mm；

$\varepsilon_0$——$F_0$ 时试件两侧变形的平均值，mm。

（2）弹性模量按 3 个试件测值的算术平均值计算。如果其中有 1 个检验弹性模量试件的轴心抗压强度值与用以确定检验控制荷载的轴心抗压强度值相差超过后者的 20% 时，则弹性模量值按另 2 个试件测值的算术平均值计算，如有 2 个试件超过上述规定时，则此次试验无效。

# 第四节　混凝土耐久性试验

检测的主要依据标准：

《普通混凝土拌合物性能试验方法标准》（GB/T 50080—2016）；

《普通混凝土长期性能和耐久性能试验方法标准》（GB/T 50082—2009）。

试件制作和养护：

试件的制作和养护按《普通混凝土力学性能试验方法标准》（GB/T 50081—2002）进行。制作长期性能和耐久性试验用试件时，不应采用憎水性脱模剂，宜同时制作与相应耐久性试验龄期对应的混凝土立方体抗压强度用试件。除特别指明外，所有试件的各边长、直径、高度的公差不得超过 1mm。

## 一、混凝土抗渗性检测

### 方法一：渗水高度法

**1. 主要仪器**

（1）混凝土抗渗仪：符合《混凝土抗渗仪》（JG/T 249—2009）的规定，并应能使水压按规定的刻度稳定地作用在试件上。抗渗仪施加压力范围为 0.1～2.0MPa。

（2）试模：圆台体，上口内部直径为 175mm，下口内部直径为 185mm，高度 150mm。

（3）密封材料：石蜡加松香或水泥加黄油，或橡胶套等其他有效密封材料。

（4）梯形板：由尺寸为 200mm×200mm 的透明材料制成，并画有十条等间距、垂直于梯形底线的直线，如图 6-16 所示。

（5）钢尺：分度值 1mm。

（6）钟表：分度值 1min。

（7）辅助工具：加压器、烘箱、电炉、浅盘、铁锅、钢丝刷、灰刀。

**2. 检测步骤**

（1）制作一组 6 个圆台体抗水渗透试件。试件拆模后，

"扫扫看"

混凝土抗渗仪

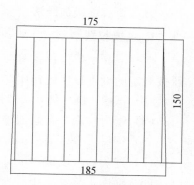

图 6-16　梯形板示意图

用钢丝刷刷去两端面的水泥浆膜，送入标准养护室进行养护。

（2）抗水渗透试验龄期一般为 28d。在达到试验龄期的前 1d，从养护室取出试件，擦拭干净，表面晾干后进行试件密封。

当用石蜡密封时，石蜡中加入少量松香，熔化后裹涂于试件侧面，然后将试件用加压器压入经预热的试模中，压至试件与试模底平齐，试模变冷后解除压力。试模的预热温度达到以石蜡接触试模，即缓慢熔化，但不流淌为准。

用水泥黄油密封时，其质量比应为（2.5～3）：1。用灰刀将密封材料均匀地刮涂在试件侧面，厚度为 1～2mm，套上试模，将试件压入，使试件与试模底齐平。

试件密封也可采用其他更可靠的密封方式。

（3）试件准备好之后，启动抗渗仪，打开 6 个试位下的阀门，使水充满试位坑，关闭 6 个试位下的阀门，将试件安装在抗渗仪上。

（4）开通 6 个试位下的阀门，使水压在 24h 内恒定控制在（1.2±0.05)MPa，且加压过程不应大于 5min，以达到稳定压力的时间作为试验记录起始时间（精确至 1min）。在稳压过程中随时观察试件端面的渗水情况，当某个试件端面出现渗水时，停止该试件的试验并记录时间，以该试件的高度作为该试件的渗水高度。对于端面未出现渗水情况的，应在试验 24h 后停止试验，并及时取出试件。在试验过程中，发现水从试件周边渗出，应重新进行密封。

（5）试件从抗渗仪上取出放在压力机上，在试件上下两端面中心处沿直径方向各放一根直径为 6mm 的钢垫条，并确保它们在同一竖直平面内。然后开动压力机，将试件沿纵断面劈裂成为两半。试件劈开后，用防水笔描出水痕。

（6）将梯形板放在试件劈裂面上，用钢尺沿水痕等间距量测 10 个测点的渗水高度值，精确至 1mm。当读数时若遇到某个测点被骨料阻挡，可取靠近骨料两端的渗水高度平均值作为该测点的渗水高度。

**3. 检测结果**

渗水高度按下式计算：

$$\overline{h_i} = \frac{1}{10}\sum_{j=1}^{10} h_j, \overline{h} = \frac{1}{6}\sum_{i=1}^{6} h_i$$

式中　　$h_j$——第 $i$ 个试件第 $j$ 个测点处的渗水高度，mm；

　　　　$h_i$——第 $i$ 个试件平均渗水高度，mm；

　　　　$\overline{h}$——一组 6 个试件的平均渗水高度，mm。

**方法二：逐级加压法**

**1. 主要仪器**

（1）混凝土抗渗仪：符合《混凝土抗渗仪》（JG/T 249—2009）的规定，并应能使水压按规定的刻度稳定地作用在试件上。抗渗仪施加压力范围为 0.1～2.0MPa。

（2）试模：圆台体，上口内部直径为 175mm，下口内部直径为 185mm，高度 150mm。

（3）密封材料：石蜡加松香或水泥加黄油，或橡胶套等。

（4）钢尺：分度值 1mm。

（5）钟表：分度值 1min。

（6）辅助工具：加压器、烘箱、电炉、浅盘、铁锅、钢丝刷、灰刀。

**2. 检测步骤**

（1）试件制作安装同渗水高度法。

（2）试验加压，从 0.1MPa 开始，以后每隔 8h 增加 0.1MPa 水压，随时观察试件端面的渗水情况，当 6 个试件中有 3 个试件表面出现渗水时，或加压至规定压力（设计抗渗等级）在 8h 内 6 个试件中表面渗水试件少于 3 个，停止试验，并记下此时的水压。在试验过程中，发现水从试件周边渗出，应重新进行密封。

**3. 检测结果**

混凝土抗渗等级以 6 个试件中 4 个试件未出现渗水的最大水压乘以 10 来确定，按下式计算：

$$P = 10H - 1$$

式中　$P$——混凝土抗渗等级；

　　　$H$——6 个试件中 3 个试件出现渗水时的水压力，MPa。

## 二、混凝土抗冻性检测（慢冻法）

**1. 主要仪器**

（1）冻融试验箱：能通过气冻水融进行冻融循环。在满载运行时，冷冻期间冻融试验箱空气的温度能保持在 −20～−18℃；融化期间冻融试验箱水的温度能保持在 18～20℃；满载时冻融试验箱内各点温度级差不应超过 2℃。

（2）自动冻融设备：具有控制系统自动控制、数据曲线实时动态显示、断电记忆和试验数据自动存储等功能。

（3）试验架：不锈钢或其他耐腐材料制作，尺寸与冻融试验箱和所装试件相适应。

（4）称量设备：最大量程 20kg，感量不超过 5g。

（5）压力机：符合《普通混凝土力学性能试验方法标准》（GB/T 50081—2002）相关要求。

（6）温度传感器：测量范围不小于 −20～20℃，测量精度为 ±0.5℃。

"扫扫看"
混凝土冻融破坏试件

**2. 试件准备**

试验试件尺寸为 100mm×100mm×100mm 的立方体，一组 3 块。试件数量、组数，见表 6-15。

表 6-15　慢冻法试件组数和数量

| 试件抗冻标号 | D25 | D50 | D100 | D150 | D200 | D250 | D300 | D300 以上 |
|---|---|---|---|---|---|---|---|---|
| 检测强度所需冻融次数 | 25 | 50 | 50 及 100 | 100 及 150 | 150 及 200 | 200 及 250 | 250 及 300 | 300 及设计次数 |
| 鉴定 28d 强度所需试件组数 | 1 | 1 | 1 | 1 | 1 | 1 | 1 | 1 |
| 冻融试件组数 | 1 | 1 | 2 | 2 | 2 | 2 | 2 | 2 |
| 对比试件组数 | 1 | 1 | 2 | 2 | 2 | 2 | 2 | 2 |
| 总计试件组数 | 3 | 3 | 5 | 5 | 5 | 5 | 5 | 5 |

## 3. 检测步骤

（1）标准养护或同条件养护的试件应在养护龄期为 24d 时提前将试件从养护地点取出，随后应将试件放在（20±2）℃水中浸泡，水面应高出试件顶面 20～30mm，时间为 4d。始终在水中养护的试件，当养护龄期达到 28d 时，可直接进行后续试验。

（2）试件养护到 28d 及时取出，用湿布擦除表面水分，对外观尺寸进行测量（尺寸要符合《普通混凝土长期性能和耐久性能试验方法标准》要求）、编号、称重后置入试验架内，试验架与试件接触的面积不宜超过试件底面积的 1/5。试件与箱体内壁之间至少留有 20mm 的空隙。

（3）冷冻时间应在冻融箱内温度降至 -18℃ 时开始计算。每次装完试件到温度降至 -18℃ 所需的时间应在 1.5～2.0h 内。

（4）每次冻融循环中试件的冷冻时间不应小于 4h。

（5）冷冻结束后，立即加入温度为 18～20℃ 的水，使试件转入融化状态，加水时间不应超过 10min。控制系统应确保 30min 内，水温不低于 10℃，且在 30min 后水温能保持在 18～20℃。冻融箱内的水位应至少高出试件表面 20mm。融化时间不应小于 4h。融化完毕视为该次冻融循环结束，可进入下一次冻融循环。

（6）每 25 次循环后宜对试件进行一次外观检查。当出现严重破坏时，应立即进行称重。当一组试件的平均质量损失超过 5% 时，可停止试验。

（7）试件达到表 6-15 规定的冻融循环次数后，试件进行称重及外观检查，应详细记录试件表面破损、裂缝及边角缺损情况。试件严重破坏时，先用高强石膏找平，然后按《普通混凝土力学性能试验方法标准》（GB/T 50081—2002）的相关规定抗压。

（8）当冻融循环因故中断且试件处于冷冻状态，试件应继续保持冷冻状态，直至恢复冻融循环试验为止。当试件处于融化状态因故中断试验，中断时间不应超过两个冻融循环时间。整个试验过程中，超过两个冻融循环时间的中断故障次数不得超过两次。

（9）部分试件由于失效破坏或停止试验被取出，应用空白试件填充空位。

（10）对比试件应继续保持原有的养护条件，直到完成冻融循环后，与冻融循环的试件同时进行抗压强度试验。

## 3. 检测结果

（1）出现下列情况之一，停止试验

① 达到规定的循环次数；② 抗压强度损失率已达 25%；③ 质量损失率已达 5%。

（2）结果计算及处理

① 强度损失率按下式计算，精确至 0.1%：

$$\Delta f_c = [(f_{c0} - f_{cn})/f_{c0}] \times 100$$

式中　$\Delta f_c$——$n$ 次冻融循环后的混凝土抗压强度损失率，%；

　　　$f_{c0}$——对比的一组混凝土试件的抗压强度测定值（精确至 0.1MPa），MPa；

　　　$f_{cn}$——$n$ 次冻融循环后的一组混凝土抗压强度测定值（精确至 0.1MPa），MPa。

$f_{c0}$ 和 $f_{cn}$ 以三个试件抗压强度试验结果的算数平均值作为测定值。当三个值中最大值或最小值与中间值之差超过中间值的 15%，应剔除此值，再取其余两值的算数平均值作为测定值；当三个值中最大值和最小值与中间值之差均超过中间值的 15%，应取中间值作为测定值。

② 单个试件的质量损失率按下式计算，精确至 1%：

$$\Delta W_{ni} = [(W_{0i} - W_{ni})/W_{0i}] \times 100$$

式中　$\Delta W_{ni}$——$n$ 次冻融循环后，第 $i$ 个混凝土试件的质量损失率，%；

　　　$W_{0i}$——冻融循环试验前，第 $i$ 个混凝土试件的质量，g；

　　　$W_{ni}$——$n$ 次冻融循环后，第 $i$ 个混凝土试件的质量，g。

③ 一组试件的平均质量损失率按下式计算，精确至 0.1%：

$$\Delta W_n = \frac{1}{3}\left(\sum_{i=1}^{3}\Delta W_{ni}\right) \times 100$$

式中　$\Delta W_n$——$n$ 次冻融循环后，一组混凝土试件的平均质量损失率，%。

④ 每组试件的平均质量损失率应以三个试件的质量损失率试验结果的算数平均值作为测定值，当某个试验结果出现负值，应取 0，再取三个试件的算数平均值。当三个值中最大值或最小值与中间值之差超过 1%，剔除此值，再取其余两值的算数平均值作为测定值；当三个值中最大值和最小值与中间值之差均超过 1%，应取中间值作为测定值。

⑤ 抗冻标号应以抗压强度损失率不超过 25% 或质量损失率不超过 5% 时的最大冻融循环次数按表 6-15 确定。

## 三、给定条件下混凝土中钢筋锈蚀检测

### 1. 主要仪器

（1）混凝土碳化试验设备：包括碳化箱、供气装置及气体分析仪。

（2）钢筋定位板：宜采用木质五合板或薄木板等材料制作，尺寸应为 100mm×100mm，板上应钻有穿插钢筋的圆孔，如图 6-17 所示。

（3）称量设备：最大量程应为 1kg，感量应为 0.001g。

### 2. 试件的制作与处理

（1）采用尺寸为 100mm×100mm×300mm 的棱柱体试件，每组应为 3 块。

（2）试件中埋置的钢筋应采用直径为 6.5mm 的 Q235 普通低碳钢热轧盘条调直截断制成，其表面不

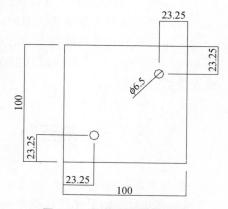

**图 6-17　钢筋定位板示意图**

得有锈坑及其他严重缺陷。每根钢筋长应为（299±1）mm，用砂轮将其一端磨出长约 30mm 的平面，并用钢字打上标记。钢筋应采用 12% 盐酸溶液进行酸洗，并经清水漂净后，用石灰水中和，再用清水冲洗干净，擦干后应在干燥器中至少存放 4h，然后应用天平称取每根钢筋的初重（精确至 0.001g）。钢筋应存放在干燥器中备用。

（3）试件成型前应将套有定位板的钢筋放入试模，定位板应紧贴试模的两个端板，安放完毕后使用丙酮擦净钢筋表面。

（4）试件成型后，在（20±2）℃的温度下盖湿布养护 24h 后编号拆模，并应拆除定位板。然后应用钢丝刷将试件两端部混凝土刷毛，并用水灰比小于试件用混凝土水灰比、水泥和砂子比例为 1：2 的水泥砂浆抹上不小于 20mm 厚的保护层，并应确保钢筋端部密封质量。试件应在就地潮湿养护（或用塑料薄膜盖好）24h 后，移入标准养护室养护至 28d。

**3. 检测步骤**

（1）钢筋锈蚀试验的试件应先进行碳化，碳化应在 28d 龄期时开始。碳化在二氧化碳浓度为（20±3）%、相对湿度为（70±5）%和温度为（20±2）℃的条件下进行，碳化时间应为 28d。对于有特殊要求的混凝土中钢筋锈蚀试验，碳化时间可再延长 14d 或者 28d。

（2）试件碳化处理后应立即移入标准养护室放置。在养护室中，相邻试件间的距离不应小于 50mm，并应避免试件直接淋水。在潮湿条件下存放 56d 后将试件取出，然后破型，破型时不得损伤钢筋。先测出碳化深度，然后进行钢筋锈蚀程度的测定。

（3）试件破型后，取出试件中的钢筋，并刮去钢筋上沾附的混凝土。用 12% 盐酸溶液对钢筋进行酸洗，经清水漂净后，再用石灰水中和，最后以清水冲洗干净。将钢筋擦干后在干燥器中至少存放 4h，然后对每根钢筋称重（精确 0.001g），并计算钢筋锈蚀失重率。酸洗钢筋时，在洗液放入两根尺寸相同的同类无锈钢筋作为基准校正。

**4. 检测结果**

（1）钢筋锈蚀失重率应按下式计算，精确至 0.01：

$$L_w = \frac{\omega_0 - \omega - \dfrac{(\omega_{01} - \omega_1) + (\omega_{01} - \omega_2)}{2}}{\omega_0} \times 100$$

式中　$L_w$——钢筋锈蚀失重率，%；

　　　$\omega_0$——钢筋未锈前质量，g；

　　　$\omega$——锈蚀钢筋经过酸洗处理后的质量，g；

　$\omega_{01}$、$\omega_{02}$——分别为基准校正用的两根钢筋的初始质量，g；

　$\omega_1$、$\omega_2$——分别为基准校正用的两根钢筋酸洗后的质量，g。

（2）每组取 3 个混凝土试件中钢筋锈蚀失重率的平均值作为该组混凝土试件中钢筋锈蚀失重率测定值。

# 第五节　混凝土强度无损检测

检测主要依据标准：

《回弹法检测混凝土抗压强度技术规程》（JGJ/T 23—2011）；

《超声回弹综合法检测混凝土强度技术规程》（CECS 02：2005）。

在正常情况下，混凝土强度的验收和评定应按现行有关国家标准执行。当对结构中的混凝土有强度检测要求时，可采用现场无损检测法，如"超声-回弹综合测强法用推定结构混凝土的强度"，作为混凝土结构处理的一个依据。此法不适用于检测因冻害、化学侵蚀、火灾、高温等已造成表面疏松、剥落的混凝土。

## 一、主要仪器

（1）回弹仪：数字式和指针直读式回弹仪应符合国家计量检定规程《回弹仪检定规程》（JJG 817—2011）的要求。回弹仪使用时，环境温度应为 −4～40℃。水平弹击时，在弹击锤脱钩的瞬间，回弹仪弹击锤的冲击能量应为 2.207J；弹击锤与弹击杆碰撞的瞬间，弹击拉簧应处于自由状态，且弹击锤起跳点应位于指针指示刻度上的"0"位；在洛氏硬度 HRC 为 60±2 的钢砧上，回弹仪的率定值应为 80±2。数字式回弹仪应带有指针直读示值系统，数字显示的回弹值与指针直读示值相差不超过 1。

（2）混凝土超声波检测仪：有模拟式和数字式，应符合现行行业标准《混凝土超声波检测仪》（JG/T 5004—1992）的要求，超声波检测仪器使用的环境温度应为 0～40℃。具有波形清晰、显示稳定的示波装置；声时最小分度值为 $0.1\mu s$；具有最小分度值为 1dB 的信号幅度调整系统；接收放大器频响范围 10～500kHz，总增益不小于 80dB，接收灵敏度（信噪比 3∶1 时）不大于 $50\mu V$；电源电压波动范围在标称值±10％情况下能正常工作；连续正常工作时间不少于 4h。

（3）换能器：换能器的工作频率宜在 50～100kHz 范围内，换能器的实测主频与标称频率相差不应超过±10％。

"扫扫看"
数字式混凝土回弹仪

"扫扫看"
混凝土超声波检测仪

## 二、检测步骤

结构或构件上的测区应编号，并记录测区位置和外观质量情况。对结构或构件的每一测区，应先进行回弹测试，后进行超声测试。

### 1. 检测数量

（1）按单个构件检测时，应在构件上均匀布置测区，每个构件上测区数量不应少于 10 个；

（2）同批构件按批抽样检测时，构件抽样数不应少于同批构件的 30％，且不应少于 10 件；

对一般施工质量的检测和结构性能的检测，可按照现行国家标准《建筑结构检测技术标准》（GB/T 50344—2004）的规定抽样。

（3）对某一方向尺寸不大于 4.5m 且另一方向尺寸不大于 0.3m 的构件，其测区数量可适当减少，但不应少于 5 个。

### 2. 构件的测区布置

（1）测区宜优先布置在构件混凝土浇筑方向的侧面；

（2）测区可在构件的两个对应面、相邻面或同一面上布置；

（3）测区宜均匀布置，相邻两测区的间距不宜大于 2m；

（4）测区应避开钢筋密集区和预埋件；

（5）测区尺寸宜为 200mm×200mm，采用平测时宜为 400mm×400mm；

（6）测试面应清洁、平整、干燥，不应有接缝、施工缝、饰面层、浮浆和油垢，并应避开蜂窝、麻面部位。必要时，可用砂轮片清除杂物和磨平不平整处，并擦净残留粉尘。

### 3. 回弹值测试

（1）回弹测试时，应始终保持回弹仪的轴线垂直于混凝土测试面。宜首先选择混凝土浇筑方向的侧面进行水平方向测试。如不具备浇筑方向侧面水平测试的条件，可采用非水平状态测试，或测试混凝土浇筑的顶面或底面。

（2）测量回弹值应在构件测区内超声波的发射和接收面各弹击 8 点；超声波单面平测时，可在超声波的发射和接收测点之间弹击 16 点。每一测点的回弹值，测读精确度至 1。

（3）测点在测区范围内宜均匀布置，但不得布置在气孔或外露石子上。相邻两测点的间距不宜小于 30mm；测点距构件边缘或外露钢筋、铁件的距离不应小于 50mm，同一测点只允许弹击一次。

**4. 超声波声时测试**

（1）超声测点应布置在回弹测试的同一测区内，每一测区布置 3 个测点。超声测试宜优先采用对测或角测，当被测构件不具备对测或角测条件时，可采用单面平测。

（2）超声测试时，换能器辐射面应通过耦合剂与混凝土测试面良好耦合。

（3）声时测量应精确至 $0.1\mu s$，超声测距测量应精确至 1.0mm，且测量误差不应超过 $\pm 1\%$。声速计算应精确至 0.01km/s。

## 三、检测结果

### 1. 回弹值计算

测区回弹代表值从该测区的 16 个回弹值中剔除 3 个较大值和 3 个较小值，根据其余 10 个有效回弹值按下列公式计算，精确至 0.1：

$$R = \frac{1}{10}\sum_{i=1}^{10} R_i$$

式中　$R$——测区回弹代表值，取有效测试数据的平均值；

　　　$R_i$——第 $i$ 个测点的有效回弹值。

（1）非水平状态下测得的回弹值，应按下列公式修正：

$$R_a = R + R_{a\alpha}$$

式中　$R_a$——修正后的测区回弹代表值；

　　　$R_{a\alpha}$——测试角度为 $\alpha$ 时的测区回弹修正值，按表 6-16 的规定采用。

**表 6-16　非水平状态下测试时的回弹修正值 $R_{a\alpha}$**

| 测试角度 $R$ | 回弹仪向上 | | | | 回弹仪向下 | | | |
|---|---|---|---|---|---|---|---|---|
| | +90 | +60 | +45 | +30 | −30 | −45 | −60 | −90 |
| 20 | −6.0 | −5.0 | −4.0 | −3.0 | +2.5 | +3.0 | +3.5 | +4.0 |
| 25 | −5.5 | −4.5 | −3.8 | −2.8 | +2.3 | +2.8 | +3.3 | +3.8 |
| 30 | −5.0 | −4.0 | −3.5 | −2.5 | +2.0 | +2.5 | +3.0 | +3.5 |
| 35 | −4.5 | −3.8 | −3.3 | −2.3 | +1.8 | +2.3 | +2.8 | +3.3 |
| 40 | −4.0 | −3.5 | −3.0 | −2.0 | +1.5 | +2.0 | +2.5 | +3.0 |
| 45 | −3.8 | −3.3 | −2.8 | −1.8 | +1.3 | +1.8 | +2.3 | +2.8 |
| 50 | −3.5 | −3.0 | −2.5 | −1.5 | +1.0 | +1.5 | +2.0 | +2.5 |

注：1. 当测试角度等于 0 时，修正值为 0；$R$ 小于 20 或大于 50 时，分别按 20 或 50 查表；
　　2. 表中未列数值，可采用内插法求得，精确至 0.1。

（2）在混凝土浇筑的顶面或底面测得的回弹值，应按下列公式修正：

$$R_a = R + (R_a^b + R_a^t)$$

式中　$R_a^t$——测量顶面时的回弹修正值，按表 6-17 的规定采用；

　　　　$R_a^b$——测量底面时的回弹修正值，按表 6-17 的规定采用。

表 6-17　测试混凝土浇筑顶面或底面时的回弹修正值 $R_a^t$、$R_a^b$

| 测试面<br>$R$ 或 $R_a$ | 顶面 $R_a^t$ | 底面 $R_a^b$ |
|---|---|---|
| 20 | +2.5 | −3.0 |
| 25 | +2.0 | −2.5 |
| 30 | +1.5 | −2.0 |
| 35 | +1.0 | −1.5 |
| 40 | +0.5 | −1.0 |
| 45 | 0 | −0.5 |
| 50 | 0 | 0 |

注：1. 在侧面测试时，修正值为 0；$R$ 小于 20 或大于 50 时，分别按 20 或 50 查表；
　　2. 当先进行角度修正时，采用修正后的回弹代表值 $R_a$；
　　3. 表中未列数值，可采用内插法求得，精确至 0.1。

（3）测试时回弹仪处于非水平状态，同时测试面又非混凝土浇筑方向的侧面，则应对测得的回弹值先进行角度修正，然后对角度修正后的值再进行顶面或底面修正。

**2. 超声波声速值计算**

（1）当在混凝土浇筑方向的侧面对测时，测区混凝土中声速代表值应根据该测区中 3 个测点的混凝土中声速值，按下列公式计算：

$$v = \frac{1}{3}\sum_{i=1}^{3}\frac{l_i}{t_i - t_0}$$

式中　$v$——测区混凝土中声速代表值，km/s；

　　　　$l_i$——第 $i$ 个测点的超声测距，mm，角测时测距按《超声回弹综合法检测混凝土强度技术规程》（CEC S02：2005）附录 B 第 B.1 节计算；

　　　　$t_i$——第 $i$ 个测点的声时读数，$\mu$s；

　　　　$t_0$——声时初读数，$\mu$s。

（2）当在混凝土浇筑的顶面或底面测试时，测区声速代表值应按下列公式修正：

$$v_a = \beta \cdot v$$

式中　$v_a$——修正后的测区混凝土中声速代表值，km/s；

　　　　$\beta$——超声测试面的声速修正系数，在混凝土浇筑的顶面和底面间对测或斜测时，$\beta = 1.034$；在混凝土浇灌的顶面或底面平测时，测区混凝土中声速代表值应按《超声回弹综合法检测混凝土强度技术规程》（CECS 02：2005）附录 B 第 B.2 节计算和修正。

## 四、混凝土强度推定

计算混凝土抗压强度换算值时，非同一测区内的回弹值和声速值不得混用。

**1. 结构或构件中第 $i$ 个测区的混凝土抗压强度换算值推定（精确至 0.1MPa）**

当粗骨料为卵石时：

$$f_{cu,i}^c = 0.0056 v_{ai}^{1.439} R_{ai}^{1.769}$$

当粗骨料为碎石时：

$$f_{cu,i}^c = 0.0162 v_{ai}^{1.656} R_{ai}^{1.410}$$

式中　$f_{cu,i}^c$——第 $i$ 个测区混凝土抗压强度换算值，MPa；

　　　$R_{ai}$——测区回弹代表值；

　　　$v_{ai}$——测区声速代表值，km/s。

**2. 结构或构件混凝土抗压强度推定值 $f_{cu,e}$**

按下列规定确定：

（1）当结构或构件的测区抗压强度换算值中出现小于 10.0MPa 的值时，该构件的混凝土抗压强度推定值 $f_{cu,e}$ 取小于 10MPa。

（2）当结构或构件中测区数少于 10 个时，$f_{cu,e}$ 取结构或构件最小的测区混凝土抗压强度换算值，精确至 0.1MPa。

（3）当结构或构件中测区数不少于 10 个或按批量检测时，$f_{cu,e}$ 按下式计算：

$$f_{cu,e} = m_{f_{cu}^c} - 1.645 s_{f_{cu}^c}$$

式中　$m_{f_{cu}^c}$——结构或构件测区混凝土抗压强度换算值的平均值（精确至 0.1），MPa；

　　　$s_{f_{cu}^c}$——结构或构件测区混凝土抗压强度换算值的标准差（精确至 0.1），MPa。

（4）对按批量检测的构件，当一批构件的测区混凝土抗压强度标准差出现下列情况之一时，该批构件应全部重新按单个构件进行检测：

① 一批构件的混凝土抗压强度平均值 $m_{f_{cu}^c} < 25.0$MPa，标准差 $s_{f_{cu}^c} > 4.50$MPa；

② 一批构件的混凝土抗压强度平均值 $m_{f_{cu}^c} = 25.0 \sim 50.0$MPa，标准差 $s_{f_{cu}^c} > 5.50$MPa；

③ 一批构件的混凝土抗压强度平均值 $m_{f_{cu}^c} > 50.0$MPa，标准差 $s_{f_{cu}^c} > 6.50$MPa。

# 第七章　防水材料检测

## 第一节　理论知识

### 一、防水材料的分类、品种、规格

用于建筑物或构筑物防漏、防渗、防潮功能的材料，称之为防水材料。

#### 1. 防水材料的分类

防水材料按产品形状分，有片状（防水卷材）、粉状（防水粉）、液态（防水涂料）三大类；按材料变形特征分，有柔性防水材料和刚性防水材料两大类。

柔性防水材料具有较高的弹性或塑性变形能力，主体结构或基层微变形时，保持材料自身的结构连续性而不开裂；刚性防水材料具有较高的弹性模量、自身变形能力小，使用过程中材料保持基本不变的形状和体积，适应主体结构或基层的基本不变形的部位。

#### 2. 防水材料的品种

建筑防水材料品种多种多样，常见的主要有：弹性体改性沥青防水卷材、塑性体改性沥青防水卷材、沥青复合胎柔性防水卷材、自粘聚合物改性沥青防水卷材、带自粘层的防水卷材、预铺/湿铺防水卷材、胶粉改性沥青玻纤毡与聚乙烯膜增强防水卷材、胶粉改性沥青聚酯毡与玻纤网格布增强防水卷材、改性沥青聚乙烯胎防水卷材、聚氯乙烯（PVC）防水卷材、氯化聚乙烯防水卷材、聚氨酯防水涂料、聚合物水泥防水涂料、聚合物乳液建筑防水涂料、路桥用水性沥青基防水涂料、道桥用防水涂料、水乳型沥青防水涂料、水泥基渗透结晶型防水材料、无机防水堵漏材料、外墙无机建筑涂料、膨润土橡胶遇水膨胀止水条、硫化橡胶或热塑性橡胶、建筑石油沥青等。

#### 3. 防水材料的规格

不同防水材料的规格有多种，如工程中常用的弹性体改性沥青防水卷材（SBS）、塑性体改性沥青防水卷材（APP）规格，见表7-1。

**表 7-1　弹性体改性沥青防水卷材（SBS）和塑性体改性沥青防水卷材（APP）规格**

| | |
|---|---|
| 卷材公称宽度/mm | 1000 |
| 聚酯毡卷材（PY）公称厚度/mm | 3、4、5 |
| 玻纤毡卷材（G）公称厚度/mm | 3、4 |
| 玻纤毡增强聚酯毡卷材（PYG）公称厚度/mm | 5 |
| 每卷卷材公称面积/m² | 7.5、10、15 |

传统的防水材料，建筑石油沥青按针入度不同划分的牌号见表7-2。

表7-2　建筑石油沥青按针入度不同划分的牌号

| 针入度 | 牌号 | | |
|---|---|---|---|
| | 10 | 30 | 40 |
| 25℃，100g，5s（1/10mm） | 10～25 | 26～35 | 36～50 |

## 二、常用防水材料的主要参数及指标

### 1. 弹性体和塑性体改性沥青防水卷材单位面积质量、面积及厚度

弹性体（SBS）和塑性体（APP）改性沥青防水卷材的单位面积质量、面积及厚度见表7-3。

表7-3　SBS、APP的单位面积质量、面积及厚度

| 公称厚度/mm | | 3 | | | 4 | | | 5 | | |
|---|---|---|---|---|---|---|---|---|---|---|
| 上表面材料 | | PE | S | M | PE | S | M | PE | S | M |
| 下表面材料 | | PE | PE、S | | PE | PE、S | | PE、S | PE、S | |
| 每卷面积 /m² | 公称面积 | 10、15 | | | 10、7.5 | | | 7.5 | | |
| | 偏差 | ±0.10 | | | ±0.10 | | | ±0.10 | | |
| 单位面积质量/(kg/m²)≥ | | 3.3 | 3.5 | 4.0 | 4.3 | 4.5 | 5.0 | 5.3 | 5.5 | 6.0 |
| 厚度 /mm | 平均值≥ | 3.0 | | | 4.0 | | | 5.0 | | |
| | 最小值 | 2.7 | | | 3.7 | | | 4.7 | | |

注：PE—聚乙烯膜，S—细砂，M—矿物料。

### 2. 弹性体改性沥青防水卷材的技术指标

弹性体改性沥青防水卷材（SBS）的主要性能，见表7-4。

表7-4　SBS的主要性能

| 序号 | 项目 | | 指标 | | | | |
|---|---|---|---|---|---|---|---|
| | | | I | | II | | |
| | | | PY | G | PY | G | PYG |
| 1 | 可溶物量/ (g/m²)≥ | 3mm | 2100 | | | | — |
| | | 4mm | 2900 | | | | — |
| | | 5mm | 3500 | | | | |
| | | 试验现象 | — | 胎基不燃 | — | 胎基不燃 | |
| 2 | 耐热度 | ℃ | 90 | | 105 | | |
| | | ≤mm | 2 | | | | |
| | | 试验现象 | 无流淌、滴落 | | | | |
| 3 | 低温柔性/℃ | | —20 | | —25 | | |
| | | | 无裂缝 | | 无裂缝 | | |
| 4 | 不透水性，30min | | 0.3MPa | 0.2MPa | 0.3MPa | | |
| 5 | 拉力 | 最大峰拉力/(N/50mm)≥ | 500 | 350 | 800 | 500 | 900 |
| | | 次高峰拉力/(N/50mm)≥ | — | — | — | — | 800 |
| | | 试验现象 | 拉伸过程中，试件中部无沥青涂盖层开裂或与胎基分离 | | | | |

续表

| 序号 | 项目 | | 指标 | | | | |
|---|---|---|---|---|---|---|---|
| | | | I | | II | | |
| | | | PY | G | PY | G | PYG |
| 6 | 延伸率 | 最大峰时延伸率/%≥ | 30 | — | 40 | — | — |
| | | 第二峰时延伸率/%≥ | — | — | — | — | 15 |
| 7 | 浸水后质量增加/%≤ | PE | 1.0 | | | | |
| | | PE、S | 2.0 | | | | |
| 8 | 热老化 | 拉力保持率/%≥ | 90 | | | | |
| | | 延伸率保持率/%≥ | 80 | | | | |
| | | 低温柔性/℃ | −15 | | −20 | | |
| | | | 无裂缝 | | | | |
| | | 尺寸变化率/%≤ | 0.7 | — | 0.7 | — | 0.3 |
| | | 质量损失率/%≤ | 1.0 | | | | |
| 9 | 渗油性 | 张数≤ | 2 | | | | |
| 10 | 接缝剥离强度/(N/mm) ≥ | | 1.5 | | | | |
| 11 | 钉杆撕裂强度a/N≥ | | — | | | | 300 |
| 12 | 矿物粒料粘附性b/g≤ | | 2.0 | | | | |
| 13 | 卷材下表面沥青涂盖层厚度c/mm≥ | | 1.0 | | | | |
| 14 | 人工气候加速老化 | 外观 | 无滑动、滴淌、滴落 | | | | |
| | | 拉力保持率/%≥ | 80 | | | | |
| | | 低温柔性/℃ | −15 | | −20 | | |
| | | | 无裂缝 | | | | |

a 仅适用于单层机械固定施工方式的卷材；
b 仅适用于矿物粒料表面的卷料；
c 仅适用于热熔施工的卷材。

### 3. 塑性体改性沥青防水卷材的技术指标

塑性体改性沥青防水卷材（APP）的主要性能，见表 7-5。

表 7-5　APP 的主要性能

| 序号 | 项目 | | 指标 | | | | |
|---|---|---|---|---|---|---|---|
| | | | I | | II | | |
| | | | PY | G | PY | G | PYG |
| 1 | 可溶物量/(g/m²) ≥ | 3mm | 2100 | | | | — |
| | | 4mm | 2900 | | | | — |
| | | 5mm | 3500 | | | | |
| | | 试验现象 | — | 胎基不燃 | — | 胎基不燃 | |
| 2 | 耐热度 | ℃ | 110 | | 130 | | |
| | | ≤mm | 2 | | | | |
| | | 试验现象 | 无流淌、滴落 | | | | |

续表

| 序号 | 项目 | | 指标 | | | | |
|---|---|---|---|---|---|---|---|
| | | | I | | II | | |
| | | | PY | G | PY | G | PYG |
| 3 | 低温柔性/℃ | | −7 | | −15 | | |
| | | | 无裂缝 | | 无裂缝 | | |
| 4 | 不透水性，30min | | 0.3MPa | 0.2MPa | 0.3MPa | | |
| 5 | 拉力 | 最大峰拉力/(N/50mm)≥ | 500 | 350 | 800 | 500 | 900 |
| | | 次高峰拉力/(N/50mm)≥ | — | — | — | — | 800 |
| | | 试验现象 | 拉伸过程中，试件中部无沥青涂盖层开裂或与胎基分离 | | | | |
| 6 | 延伸率 | 最大峰时延伸率/%≥ | 25 | | 40 | | — |
| | | 第二峰时延伸率/%≥ | — | | — | | 15 |
| 7 | 浸水后质量增加/%≤ | PE、S | 1.0 | | | | |
| | | M | 2.0 | | | | |
| 8 | 热老化 | 拉力保持率/%≥ | 90 | | | | |
| | | 延伸率保持率/%≥ | 80 | | | | |
| | | 低温柔性/℃ | −2 | | −10 | | |
| | | | 无裂缝 | | | | |
| | | 尺寸变化率/%≤ | 0.7 | — | 0.7 | — | 0.3 |
| | | 质量损失率/%≤ | 1.0 | | | | |
| 9 | 接缝剥离强度/(N/mm)≥ | | 1.0 | | | | |
| 10 | 钉杆撕裂强度[a]/N≥ | | — | | | | 300 |
| 11 | 矿物粒料粘附性[b]/g≤ | | 2.0 | | | | |
| 12 | 卷材下表面沥青涂盖层厚度[c]/mm≥ | | 1.0 | | | | |
| 13 | 人工气候加速老化 | 外观 | 无滑动、滴淌、滴落 | | | | |
| | | 拉力保持率/%≥ | 80 | | | | |
| | | 低温柔性/℃ | −2 | | −10 | | |
| | | | 无裂缝 | | | | |

a 仅适用于单层机械固定施工方式的卷材；
b 仅适用于矿物粒料表面的卷材；
c 仅适用于热熔施工的卷材。

**4. 聚氨酯防水涂料的主要技术指标**

（1）聚氨酯防水涂料的基本性能，见表 7-6。

表 7-6 聚氨酯防水涂料的基本性能

| 序号 | 项目 | | 技术指标 | | |
|---|---|---|---|---|---|
| | | | I | II | III |
| 1 | 固含量/%≥ | 单组分 | 85.0 | | |
| | | 多组分 | 92.0 | | |

续表

| 序号 | 项目 | | 技术指标 | | |
|---|---|---|---|---|---|
| | | | Ⅰ | Ⅱ | Ⅲ |
| 2 | 表干时间/h≤ | | 12 | | |
| 3 | 实干时间/h≤ | | 24 | | |
| 4 | 流平性[a] | | 20min 时，无明显齿痕 | | |
| 5 | 拉伸强度/MPa≥ | | 2.00 | 6.00 | 12.00 |
| 6 | 断裂伸长率/%≥ | | 500 | 450 | 250 |
| 7 | 撕裂强度/(N/mm)≥ | | 15 | 30 | 40 |
| 8 | 低温弯折性 | | −35℃，无裂纹 | | |
| 9 | 不透水性 | | 0.3MPa，120min，不透水 | | |
| 10 | 加热伸缩率/% | | −4.0～+1.0 | | |
| 11 | 粘结强度/MPa≥ | | 1.0 | | |
| 12 | 吸水率/%≤ | | 5.0 | | |
| 13 | 定伸时老化 | 加热老化 | 无裂纹及变形 | | |
| | | 人工气候老化[b] | 无裂纹及变形 | | |
| 14 | 热处理<br>(80℃，168h) | 拉伸强度保证率/% | 80～150 | | |
| | | 断裂伸长率/%≥ | 450 | 400 | 200 |
| | | 低温弯折性 | −30℃，无裂纹 | | |
| 15 | 碱处理<br>[0.1% NaOH＋饱和<br>Ca(OH)₂溶液，168h] | 拉伸强度保证率/% | 80～150 | | |
| | | 断裂伸长率/%≥ | 450 | 400 | 200 |
| | | 低温弯折性 | −30℃，无裂纹 | | |
| 16 | 酸处理<br>(2% H₂SO₄溶液，168h) | 拉伸强度保证率/% | 80～150 | | |
| | | 断裂伸长率/%≥ | 450 | 400 | 200 |
| | | 低温弯折性 | −30℃，无裂纹 | | |
| 17 | 人工气候老化[b]<br>(1000h) | 拉伸强度保证率/% | 80～150 | | |
| | | 断裂伸长率/%≥ | 450 | 400 | 200 |
| | | 低温弯折性 | −30℃，无裂纹 | | |
| 18 | 燃烧性能[b] | | B₂−E（点火 15s，燃烧 20s，火焰长度 $Fs$≤150mm，<br>无燃烧滴落物引燃滤纸） | | |

　　a 该项性能不适用于单组分和喷涂施工的产品。流平时间也可根据工程要求和施工环境由供需双方商定并在订货合同与产品包装上表明；

　　b 仅外露产品要求测定。

（2）聚氨酯防水涂料的有害物质含量限定，见表7-7。

表 7-7　聚氨酯防水涂料的有害物质含量

| 序号 | 项目 | 有害物质 | |
|---|---|---|---|
| | | A 类 | B 类 |
| 1 | 挥发类有机物（VOC)/(g/L)≤ | 50 | 200 |
| 2 | 苯/(mg/kg)≤ | 200 | 200 |
| 3 | 甲苯＋乙苯＋二甲苯/(g/kg)≤ | 1.0 | 5.0 |

续表

| 序号 | 项目 | | 有害物质 | |
|---|---|---|---|---|
| | | | A类 | B类 |
| 4 | 苯酚/(mg/kg) ≤ | | 100 | 100 |
| 5 | 蒽/(mg/kg) ≤ | | 10 | 10 |
| 6 | 萘/(mg/kg) ≤ | | 200 | 200 |
| 7 | 游离DTI/(g/kg) ≤ | | 3 | 7 |
| 8 | 可溶性重金属a/（mg/kg） ≤ | 铅 | 90 | |
| | | 镉 | 75 | |
| | | 铬 | 60 | |
| | | 汞 | 60 | |

a 可选项目，由供需双方商定。

## 三、有关抽样方法及复检的规定

### 1. 沥青和高分子防水卷材的抽样方法及复检规定

（1）沥青和高分子防水卷材抽样方法

按《建筑防水卷材试验方法 第1部分：沥青和高分子防水卷材抽样规则》（GB/T 328.1—2007）规定形成试样和试件的过程，如图7-1所示，抽样数量见表7-8或双方协议。

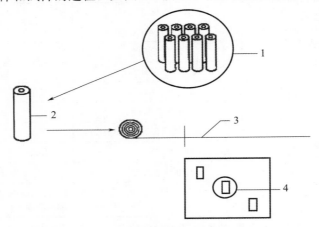

**图7-1  试样和试件的形成过程**
1—交付批；2—样品；3—试样；4—试件

**表7-8  沥青和高分子防水卷材抽样数量**

| 批量/m² | | 样品数量/卷 |
|---|---|---|
| 以上 | 直到 | |
| — | 1000 | 1 |
| 1000 | 2500 | 2 |
| 2500 | 5000 | 3 |
| 5000 | — | 4 |

（2）沥青和高分子防水卷材试样和试件

裁剪试样前，样品在（20±10）℃放置至少 24h。无争议时，可在产品规定的展开温度范围内采取试样。在平面上展开抽取的样品，根据试样所需的长度在整个卷材宽度上裁取。如无合适的包装保护，卷材外面的一层去掉后再裁取。试样要标记清楚卷材的上表面和机器生产方向。

若无其他相关标准规定，裁取试件前，试样在（23±2）℃放置至少 20h。试样不应存在由于抽样或运输造成的折痕，保证不存在《建筑防水卷材试验方法 第 2 部分：沥青防水卷材 外观》（GB/T 328.2—2007）和《建筑防水卷材试验方法 第 3 部分：高分子卷材 外观》（GB/T 328.3—2007）规定的外观缺陷。

按相关检测性能和需要标准规定裁取试件的数量，并且试件上标记清楚卷材的上表面和机器生产方向。

（3）复检规定

不同品种的防水卷材，复检有不同的规定，如弹性体和塑性体改性沥青防水卷材（SBS 和 APP），单项判定：单位面积质量、面积、厚度及外观，若其中一项不符合规定，允许从该批产品中再随机抽检五卷样品，对不合格项目进行复查，如果全部达到标准规定，则判定为合格；否则，该批产品不合格。材料性能指标，若有一项不符合标准规定，允许从该批产品中再随机抽检五卷，从中任取一卷，对不合格项目进行单项复验，达到标准规定，则判定为合格。

**2. 聚氨酯防水涂料抽样方法及复检规定**

聚氨酯防水涂料型式检验：

每批产品中随机抽取两组样品，一组用于检验，另一组样品封存备用。每组至少 5kg（多组分产品按比例抽取），抽样前产品应搅拌均匀。若采用喷涂方式取样则数量根据需要抽取。

物理力学性能检验，若有一项指标不符合标准规定，则用备用样对不合格项目进行单项复验，若符合标准规定，则判定产品性能合格，否则判定为不合格。

## 四、屋面、地下防水等级及对防水材料的要求

**1. 屋面防水等级及对防水材料的要求**

（1）防水等级和防水做法

按照《屋面工程技术规范》（GB 50345—2012）要求，屋面防水等级分为Ⅰ、Ⅱ级。屋面卷材、涂膜防水等级和做法，见表 7-9。

表 7-9　屋面卷材、涂膜防水等级和做法

| 防水等级 | 防水做法 |
|---|---|
| Ⅰ级 | 卷材防水层和卷材防水层、卷材防水层和涂膜防水层、复合防水层 |
| Ⅱ级 | 卷材防水层、涂膜防水层、复合防水层 |

注：在Ⅰ级屋面防水做法中，防水层仅作单层卷材时，应符合有关单层防水卷材屋面技术的规定。

（2）防水材料的要求

① 防水卷材

防水材料可按合成高分子和高聚物改性沥青防水卷材选用，所选卷材外观质量和品

种、规格应符合现行有关材料标准。

根据当地历年最高气温、最低气温、屋面坡度和使用条件等因素，选择耐热、低温柔性相适应的卷材。

根据地基变形程度、结构形式、当地年温差、日温差和振动等因素，选择拉伸性能相适应的卷材。

根据屋面卷材的暴露程度，选择耐紫外线、耐老化、耐霉烂相适应的卷材。

种植隔热的屋面应选择耐根穿刺防水卷材。

② 防水涂料

防水涂料可按合成高分子防水涂料、聚合物水泥防水涂料和高聚物改性沥青防水涂料选用，所选涂料外观质量和品种、型号应符合现行有关材料标准。

根据当地历年最高气温、最低气温、屋面坡度和使用条件等因素，选择耐热性、低温柔性相适应的涂料。

根据地基变形程度、结构形式、当地年温差、日温差和振动等因素，选择拉伸性能相适应的涂料。

根据屋面涂膜的暴露程度，选择耐紫外线、耐老化相适应的涂料。屋面坡度大于25％时，应选择成膜时间转短的涂料。

**2. 地下防水等级及对防水材料的要求**

（1）地下防水等级

根据《地下防水工程质量验收规范》（GB 50208—2011）和《地下工程防水技术规范》（GB 50108—2008）规定，地下防水等级分为 1、2、3、4 等四个等级。各个等级的防水标准和适用范围见表 7-10。

表 7-10　地下防水等级的防水标准和适用范围

| 等级 | 防水标准 | 适用范围 |
|---|---|---|
| 1级 | 不允许渗水，结构表面无湿渍 | 人员长期停留的场所；因有少量的湿渍会使物品变质、失效的储存场所及严重影响设备正常运转及危及工程安全运营的部位；极重要的战备工程、地铁车站 |
| 2级 | 不允许漏水，结构表面可有少量湿渍；房屋建筑地下工程：总湿渍面积不大于总防水面积（包括顶板、墙面、地面）的 1‰；任意 100m² 防水面积上的湿渍不超过 2 处，单个湿渍的最大面积不大于 0.1m²；其他地下工程：湿渍总面积不应大于总防水面积的 2‰；任意 100m² 防水面积上的湿渍不超过 3 处，单个湿渍的最大面积不大于 0.2m²；其中，隧道工程平均渗水量不大于 0.05L/(m²·d)，任意 100m² 防水面积上的渗水量不大于 0.15L/(m²·d) | 人员经常停留的场所；在有少量湿渍情况下不会使物品变、失效的储存场所及基本不影响设备正常运转和工程安全运营的部位，主要的战备工程 |
| 3级 | 有少量漏水点，不得有线流和漏泥砂；任意 100m² 防水面积上的漏水或湿渍点数不超过 7 处，单个漏水点的最大漏水量不大于 2.5L/d，单个湿渍的最大面积不大于 0.3m² | 人员临时活动的场所；一般战备工程 |
| 4级 | 有漏水点，不得有线流和漏泥砂；整个工程平均漏水量不大于 2L/(m²·d)，任意 100m² 防水面积上的平均漏水量不大于 4L/(m²·d) | 对渗漏无严格要求的过程 |

（2）地下防水材料及设防的要求

处于侵蚀性介质中的工程，应采用耐侵蚀的防水混凝土、防水砂浆、防水卷材或防水涂料;处于冻融侵蚀环境中的地下过程,混凝土抗冻循环次数不得少于 300 次;结构刚度较差或受振动作用的工程,宜采用延伸率较大的卷材、涂料等柔性防水材料。

　　地下防水设防有明挖法和暗挖法防水设防,不同部位防水设防选材要求不同。明挖法和暗挖法地下工程采取的防水设防措施,见表 7-11 和表 7-12。

**表 7-11　明挖法地下工程防水设防**

| 工程部位 防水措施 | 主体结构 | | | | | | | 施工缝 | | | | | | | 后浇带 | | | | 变形缝(诱导缝) | | | | | |
|---|---|---|---|---|---|---|---|---|---|---|---|---|---|---|---|---|---|---|---|---|---|---|---|---|
| 防水等级 | 防水混凝土 | 防水卷材 | 防水涂料 | 塑料防水板 | 膨润土防水材料 | 防水砂浆 | 金属板 | 遇水膨胀止水条(胶) | 外贴式止水带 | 中埋式止水带 | 外抹防水砂浆 | 外涂防水涂料 | 水泥基渗透结晶型防水涂料 | 预埋注浆管 | 补偿收缩混凝土 | 外贴式止水带 | 预埋注浆管 | 遇水膨胀止水条(胶) | 中埋式止水带 | 外贴式止水带 | 可卸式止水带 | 防水密封材料 | 外贴防水卷材 | 外涂防水涂料 |
| 1 级 | 应选 | 应选一至二种 | | | | | | 应选二种 | | | | | | 应选 | 应选 | 应选二种 | | | 应选 | 应选一至二种 | | | | |
| 2 级 | 应选 | 应选一种 | | | | | | 应选一至二种 | | | | | | 应选 | 应选 | 应选一至二种 | | | 应选 | 应选一至二种 | | | | |
| 3 级 | 应选 | 宜选一种 | | | | | | 宜选一至二种 | | | | | | 应选 | 应选 | 宜选一至二种 | | | 应选 | 宜选一至二种 | | | | |
| 4 级 | 宜选 | — | | | | | | 宜选一种 | | | | | | 应选 | 应选 | 宜选一种 | | | 应选 | 宜选一种 | | | | |

**表 7-12　暗挖法地下工程防水设防**

| 工程部位 防水措施 | 衬砌结构 | | | | | | | 内衬砌施工缝 | | | | | | 内衬砌变形缝(诱导缝) | | | | |
|---|---|---|---|---|---|---|---|---|---|---|---|---|---|---|---|---|---|---|
| 防水等级 | 防水混凝土 | 防水卷材 | 防水涂料 | 塑料防水板 | 膨润土防水材料 | 防水砂浆 | 金属板防水板 | 遇水膨胀止水条(胶) | 外贴式止水带 | 中埋式止水带 | 防水密封材料 | 水泥基渗透结晶型防水涂料 | 预埋注浆管 | 中埋式止水带 | 外贴式止水带 | 可卸式止水带 | 防水密封材料 | 遇水膨胀止水条(胶) |
| 1 级 | 必选 | 应选一至二种 | | | | | | 应选一至二种 | | | | | | 应选 | 应选一至二种 | | | |
| 2 级 | 应选 | 应选一种 | | | | | | 应选一种 | | | | | | 应选 | 应选一种 | | | |
| 3 级 | 宜选 | 宜选一种 | | | | | | 宜选一种 | | | | | | 应选 | 宜选一种 | | | |
| 4 级 | 宜选 | 宜选一种 | | | | | | 宜选一种 | | | | | | 应选 | 宜选一种 | | | |

# 第二节　沥青防水卷材试验

检测主要依据标准：

《建筑防水卷材试验方法 第 8 部分：沥青防水卷材 拉伸性能》（GB/T 328.8—2007）；

《建筑防水卷材试验方法 第 10 部分：沥青和高分子防水卷材 不透水性》（GB/T 328.10—2007）；

《建筑防水卷材试验方法 第 11 部分：沥青防水卷材 耐热性》（GB/T 328.11—2007）；

《建筑防水卷材试验方法 第 12 部分：沥青防水卷材 尺寸稳定性》（GB/T 328.12—2007）；

《建筑防水卷材试验方法 第 14 部分：沥青防水卷材 低温柔性》（GB/T 328.14—2007）；

《建筑防水卷材试验方法 第 18 部分：沥青防水卷材 撕裂性能（钉杆法）》（GB/T 328.18—2007）；

《建筑防水卷材试验方法 第 26 部分：沥青防水卷材 可溶物含量（浸涂材料含量）》（GB/T 328.26—2007）；

《弹性体改性沥青防水卷材》（GB 18242—2008）；

《塑性体改性沥青防水卷材》（GB 18243—2008）；

《建筑防水材料老化试验方法》（GB/T 18244—2000）。

## 一、拉伸性能（拉伸强度和断裂伸长率）检测

### 1. 主要仪器

拉伸试验机：有连续记录力和对应标距的装置，量程至少 2000N。夹具移动速度（100±10）mm/min；夹具宽度不小于 50mm，且能随着试件拉力的增加而保持或增加夹具的夹持力，对于厚度不超过 3mm 的产品能夹持住试件使其在夹具中滑移不超过 1mm，更厚的产品不超过 2mm；允许使用冷却的夹具，防止试件在夹具中的滑移超过极限值，同时实际的试件伸长用引伸计测量。力值测量至少应符合《拉力、压力和万能试验机检定规程》（JJG 139—2014）的 2 级（即±2%）。

"扫扫看"
卷材拉力机

### 2. 试件制备

制备两种试件，一组纵向 5 个试件，一组横向 5 个试件。在试样上距边缘 100mm 以上，用模板或裁刀任意裁取试件，宽度为（50±0.5）mm，长度为 200mm+2×加持长度，长度方向为试验方向。除去表面非持久层，试件实验前在（23±2）℃和相对湿度 30%～70%的条件下至少放置 20h。

### 3. 检测步骤

将试件夹在拉伸试验机的夹具中，注意试件长度方向的中线与试验机夹具中心线在一条线上。夹具间距离为（200±2）mm，为防止试件从夹具中滑移应做标记。当用引伸计时，实验前设置标距间的距离为（180±2）mm。为防止试件产生任何松弛，推荐加载不超过 5N 的力。

试验在（23±2）℃进行，夹具以恒定速度（100±10）mm/min 移动，连续记录拉力和

对应的夹具（或引伸计）间距离。

#### 4. 检测结果

（1）记录得到的拉力和距离，或数据记录，最大拉力和对应的由夹具（或引伸计）间距离与起始距离的百分率计算的延伸率。

（2）去除任何在夹具 10mm 以内断裂或在试验夹具中滑移超过极限值的试件的实验结果，用备用试件重测。

（3）最大拉力单位为 N/50mm，对应的延伸率用百分率表示，作为试件同一方法结果。

（4）分别记录每个方向 5 个试件的拉力值和延伸率，计算平均值，拉力的平均值修约到 5N，延伸率的平均值修约到 1%。对于复合增强的卷材在应力-应变图上有两个或更多的峰值，拉力和延伸率应记录两个最大值。

## 二、耐热性检测（方法 A）

#### 1. 主要仪器

（1）光学测量装置：刻度至少 0.1mm，如读数放大镜。

（2）鼓风烘箱：试验范围温度波动±2℃；打开门 30s 后，恢复到工作温度时间不超过 5min。

（3）热电偶：连接到外面的电子温度计，在规定范围内能测量到±1℃。

（4）悬挂装置：宽度至少 100mm，能夹住试件的整个宽度在一条线，并被悬挂在试验区域，如图 7-2 所示。

（5）金属插销的插入装置：内径 4mm。

（6）画线装置：能画直的标记线，如图 7-2 所示。

（7）记号笔：白色耐水，线的宽度不超过 0.5mm。

（8）硅纸。

"扫扫看"
防水卷材耐热挂具及
光学测量装置

#### 2. 试件制备

（1）试件均匀地在试样宽度方向裁取，长边是卷材的纵向，试件尺寸为（115±1）mm×（100±1）mm。试件应距卷材边缘 150mm 以上，从卷材的一边开始连续编号，并标记卷材的上、下表面。

（2）除去试件上任何持久保护层，可以在常温下用胶带粘在上面，冷却到接近假设的冷弯温度，然后从试件上撕去胶带，也可以用压缩空气吹（压力约 0.5MPa，喷嘴直径约 0.5mm），假若上述方法均不能除去保护膜，用火烤，用最少的时间破坏保护膜而不损伤试件。

（3）在试件纵向的横断面一边，上表面和下表面大约 15mm 一条的涂盖层去除直至胎体，若卷材有超过一层的胎体去除涂盖料直到另外一层胎体。在试件的中间区域的涂盖层也从上表面和下表面两个接近处去除，直至胎体（图 7-2）。可采用热刮刀或类似装置，小心地除去涂盖层不损伤胎体。两个内径约 4mm 的插销在裸露区域穿过胎体。任何表面浮着的矿物颗粒和表面材料通过轻轻敲打试件去除。然后标记装置放在试件两边插入插销定位于中心位置，在试件表面整个宽度方向沿着直边用记号笔垂直画一条线（宽度约 0.5mm），操作时试件平放。

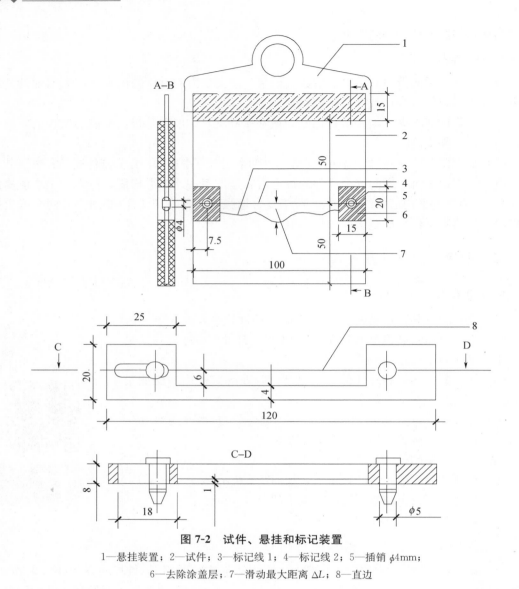

**图 7-2  试件、悬挂和标记装置**

1—悬挂装置；2—试件；3—标记线 1；4—标记线 2；5—插销 $\phi4mm$；
6—去除涂盖层；7—滑动最大距离 $\Delta L$；8—直边

（4）试件试验前至少放置在（23±2）℃的平面上 2h，相互之间不要接触或粘住，有必要时，将试件分别放在硅纸上防止粘结。

**3. 检测步骤**

烘箱预热到规定试验温度，温度通过与试件中心同一位置的热电偶控制。整个试验期间，试验区域的温度波动不超过±2℃。

（1）规定温度下耐热性的测定

制备一组三个试件，露出的胎体处用悬挂装置夹住。需要时用硅纸的不粘层包住两面，便于试验结束时除去夹子。

制备好的试件垂直悬挂在烘箱的相同高度，间隔至少 30mm。此时烘箱的温度不能下降太多，开关烘箱门放入试件的时间不超过 30s。放入试件后加热时间为（120±2）min。

加热周期一结束，试件和悬挂装置一起从烘箱中取出，相互之间不要接触。在（23±

2)℃自由悬挂冷却至少 2h。然后除去悬挂装置，在试件两面画第二个标记，用光学测量装置在每个试件的两面测量两个标记间最大距离 $\Delta L$，精确至 0.1mm。

（2）耐热极限测定

耐热极限对应的涂层滑移正好 2mm，通过对卷材上表面和下表面在间隔 5℃的不同温度段的每个试件的初步处理试验的平均值测定，其温度段总是 5℃的倍数（如 100℃、105℃、110℃）。找出涂盖层位移尺寸 $\Delta L = 2mm$ 在其中的两个温度段 $T$℃和 $(T+5)$℃。

卷材的两个面都要按"规定的温度下耐热性能"试验方法测定。一组三个试件，初步测定耐热性能的两个温度段已测定后，上表面和下表面都要测定两个温度 $T$℃和 $(T+5)$℃，每个温度段应采用新的试件试验。

卷材涂盖层在两个温度段间完全流动将产生的情况下，$\Delta L = 2mm$ 的精确耐热性不能测定，此时滑动不超过 2.0mm 的最高温度 $T$ 可作为耐热极限。

**4. 检测结果**

（1）平均值

计算卷材每个面三个试件的滑动值的平均值，精确至 0.1mm。

（2）耐热性

规定温度下，卷材上表面和下表面的滑动平均值不超过 2.0mm 认为合格。

（3）耐热极限

通过线形图或计算每个试件上表面和下表面的两个结果测定，如图 7-3 所示，每个面修约到 1℃。

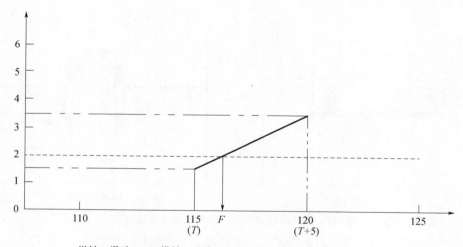

纵轴：滑动 mm；横轴：试验温度℃；$F$：耐热极限（示例＝117℃）

**图 7-3　内插法耐热极限测定**

（4）试验方法的精确度

重复性：

一组三个试件偏差范围：$d_{1,3} = 1.6mm$；重复性的标准差：$\sigma_T = 0.7$℃；置信水平（95%）值：$q_r = 1.3$℃；重复性极限（两个不同结果）：$r = 2$℃。

再现性：

再现性的标准差：$\sigma_R = 3.5$℃；置信水平（95%）值：$q_R = 6.7$℃；再现性极限（两个

不同结果）：$R = 10℃$。

### 三、低温柔性（柔度）检测

#### 1. 主要仪器

试验装置：该装置由两个直径（$20 \pm 0.1$）mm 不旋转的圆筒，一个直径（$30 \pm 0.1$）mm 的圆筒或半圆筒弯曲轴组成（可以根据产品规定采用其他直径的弯曲轴，如 20mm、50mm），该轴在两个圆筒中间，能向上移动。两个圆筒间的距离可以调节，即圆筒和弯曲轴间的距离能调节为卷材的厚度。整个装置浸入能控制温度在 $+20 \sim -40℃$、精度 $0.5℃$ 温度条件的冷冻液中。冷冻液用任一混合物：丙烯乙二醇/水溶液（体积比 $1 : 1$）低至 $-25℃$，或低于 $-20℃$ 的乙醇/水混合物（体积比 $2 : 1$）；用一支测量精度 $0.5℃$ 的半导体温度计检查试验温度，放入试验液体中与试验试件在同一水平面。试件在试验液体中的位置应平放且完全浸入，用可移动的装置支撑，该支撑装置应至少能放一组五个试件。试验时，弯曲轴从下面顶着试件以 360mm/min 的速度升起，这样试件能弯曲 180°，电动控制系统能保证在每个试验过程和试验温度下的移动速度保持在（$360 \pm 40$）mm/min。裂缝通过目测检查，在试验过程中不应有任何人为的影响。为了准确评价，试件移动路径是在试验结束时，试件应露出冷冻液，移动部分通过设置适当的极限开关控制限定位置。该装置操作示意和方法，如图 7-4 所示。

"扫扫看"
卷材低温弯折仪

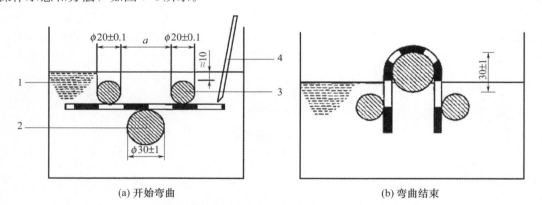

(a) 开始弯曲           (b) 弯曲结束

**图 7-4　低温柔性装置操作系统示意和完成方法**

1—冷冻液；2—弯曲轴；3—固定圆筒；4—半导体温度计（热敏探头）

#### 2. 试件制备

试验的矩形试件尺寸为（$150 \pm 1$）mm×（$25 \pm 1$）mm，试件从试样宽度方向上均匀地裁取，长边在卷材的纵向，试件裁取时应距卷材边缘不少于 150mm，试件应从卷材的一边开始做连续的记号，同时标记卷材的上表面和下表面。

除去试件上任何持久保护层，可以在常温下用胶带粘在上面，冷却到假设冷弯温度，然后从试件上撕去胶带，也可以用压缩空气吹（压力约 0.5MPa，喷嘴直径约 0.5mm），假若上述方法均不能除去保护膜，用火烤，用最少的时间破坏保护膜而不损伤试件。

试件试验前至少放置在（23±2）℃的平面上 4h，相互之间不能接触或也不能粘在板上，有必要时，将试件分别放在硅纸上防止粘结，表面的松散颗粒用手轻轻敲打除去。

**3. 检测步骤**

（1）仪器准备

在开始所有试验前，两个圆筒间的距离，应按试件厚度调节，即弯曲轴直径＋2mm＋两倍试件的厚度，如图 7-4 所示。然后装置放入已冷却的液体中，并且圆筒的上端在冷冻液面下约 10mm，弯曲轴在下面的位置。弯曲轴直径根据产品不同可以为 20mm、30mm、50mm。

（2）试件条件检查

冷冻液达到规定的试验温度，误差不超过 0.5℃，试件放于支撑装置上，保证冷冻液完全浸没试件。试件放入冷冻液达到规定温度后，开始保持在该温度 1h±5min，半导体温度计的位置靠近试件，检查冷冻液温度，然后开始试验。

（3）低温柔性测定

两组试件，每组 5 个，全部试件在规定温度处理后，一组是上表面试验，另一组是下表面试验，试验按下述进行。

试件放置在圆筒和弯曲轴之间，试验面朝上，然后设置弯曲轴以（360±40)mm/min 速度顶着试件向上移动，试件同时绕轴弯曲。轴移动的终点在圆筒上面（30±1)mm 处。试件的表面明显露出冷冻液，同时液面也因此下降。

完成弯曲过程 10s 内，在适宜的光源下用肉眼检查试件有无裂纹，必要时，用辅助光学装置帮助。假若有一条或更多的裂纹从涂盖层深入到胎体层，或完全贯穿无增强卷材，即存在裂缝。一组 5 个试件应分别试验检查。假若装置的尺寸满足，可以同时试验几组试件。

（4）冷弯温度测定

假若沥青卷材的冷弯温度要测定（如人工老化后变化的结果），按测定"低温柔性"和下面的步骤进行试验。

冷弯温度的范围（未知）最初测定，从期望的冷弯温度开始，每隔 6℃试验每个试件，因此每个试验温度都是 6℃的倍数，如－12℃、－18℃、－24℃等。从开始导致破坏的最低温度开始，每隔 2℃分别试验每组 5 个试件的上表面和下表面，连续的每次 2℃的改变温度，直到每组 5 个试件分别试验后至少有 4 个无裂缝，这个温度记录为试件的冷弯温度。

**4. 检测结果**

（1）规定温度的柔度结果

一个试验面 5 个试件在规定温度至少 4 个无裂缝为通过，上表面和下表面的试验结果要分别记录。

（2）冷弯温度测定的结果

试验得到的温度值应 5 个试件中至少 4 个通过，该温度值是该卷材试验面的冷弯温度值。上表面和下表面的结果应分别记录（卷材的上表面和下表面可能有不同的冷弯温度）。

（3）试验方法的精确度

重复性：

重复性的标准差：$\sigma_T=1.2℃$；置信水平（95％）值：$q_r=2.3℃$；重复性极限（两个

不同结果）：$r=3℃$。

再现性：

再现性的标准差：$\sigma_R=2.2℃$；置信水平（95%）值：$q_R=4.4℃$；再现性极限（两个不同结果）：$R=6℃$。

### 四、不透水性检测

方法 A：试验适用卷材压力的使用场合：屋面、基层、隔汽层。试件满足直到 60kPa 压力 24h。

方法 B：试验适用卷材高压力的使用场合：特殊屋面、隧道、水池。试件采用有四个规定形状尺寸狭缝的圆盘保持规定水压 24h，或采用 7 孔圆盘保持规定水压 30min，观测试件是否保持不渗水。

#### 1. 主要仪器

（1）方法 A：一个带法兰盘的金属圆柱体箱体，孔径 150mm，并连接到开放管子或容器，期间高差不低于 1m，如图 7-5 所示。

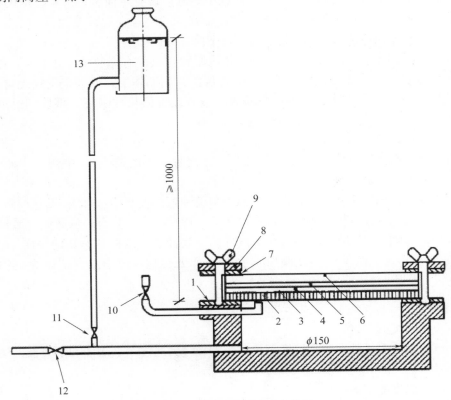

**图 7-5　方法 A 低压不透水装置**

1—下橡胶密封垫圈；2—试件的迎水面是通常暴露于大气/水的面；3—试验室用滤纸；4—湿气指示混合物，均匀地铺在滤纸上面 ［指示剂由细白糖（冰糖）（99.5%）和亚甲基蓝（0.5%）组成，用 0.074mm 筛过滤并在干燥器中用氯化钙干燥］；5—试验室用滤纸；6—圆的普通玻璃：5mm 厚，水压≤10kPa；8mm 厚，水压≤60kPa；7—上橡胶密封垫圈；8—金属夹环；9—带翼螺母；10—排气阀；11—进水阀；12—补水和排水阀；13—提供和控制水压到 60kPa 的装置

（2）方法 B：组成设备的装置如图 7-6、图 7-7 所示。试件用有 4 个狭缝的盘（或 7 孔圆盘）盖上。缝的形状尺寸如图 7-8 所示，孔的尺寸如图 7-9 所示。

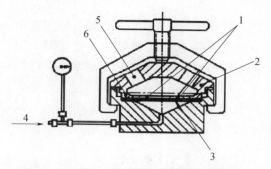

图 7-6 方法 B 高压力不透水压力试验装置

1—狭缝；2—封盖；3—试件；4—静压力；
5—观察孔；6—开缝盘

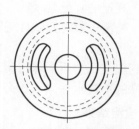

图 7-7 狭缝压力试验装置封盖

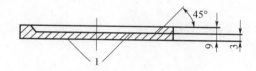

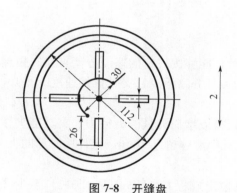

图 7-8 开缝盘

1—所有开缝盘的边缘都有约 0.5mm 半径弧度；
2—试件纵向方向

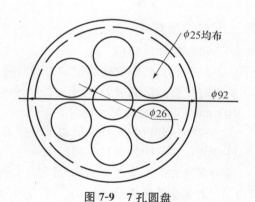

图 7-9 7 孔圆盘

## 2. 试件制备

试件在卷材宽度方向均匀裁取，最外 1 个距卷材边缘 100mm，试件的纵向与产品的纵向平行并标记。相关产品标准中应规定试件的数量，最少 3 块。

试件尺寸：方法 A 圆形试件，直径（200±2）mm；方法 B 试件直径不小于盘外径（约 130mm）。试件试验前至少放置在（23±5）℃的平面上 6h。

## 3. 检测步骤

试验在（23±5）℃进行，产生争议时，在（23±2）℃、相对湿度（50±5）%进行。

（1）方法 A

试件放在低压不透水装置设备上，旋紧翼形螺母固定夹环。如图 7-5 所示，打开阀（11）让水进入，同时打开阀（10）排出空气，直至水出来关闭阀（10），说明设备已水满。调整试件上表面所要求的压力，保持压力（24±1）h。检查试件，观察上面滤纸有无变色。

（2）方法 B

图 7-6 装置中充水直到满出，彻底排出水管中空气。试件的上表面朝下放置在透水盘上，盖上规定的开缝盘（或 7 孔圆盘），其中一个缝的方向与卷材纵向平行（图 7-8）。放上封盖，慢慢夹紧直到试件夹紧在盘上，用布或压缩空气干燥试件的非迎水面，慢慢加压到规定的压力。

达到规定压力后，保持压力（24±1）h［7 孔盘保持规定压力（30±2）min］。试验时观察试件的不透水性（水压突然下降或试件的非迎水面有水）。

**4. 检测结果**

（1）方法 A 的试验结果

试件有明显的水渗到上面的滤纸产生变色，认为试验不符合。所有试件通过试验则认为卷材不透水。

（2）方法 B 的试验结果

所有试件在规定的时间不透水，认为不透水性试验通过。

## 五、撕裂性能（撕裂强度）检测

**1. 主要仪器**

（1）拉伸试验机

拉伸试验机应有连续记录力和对应距离的装置，能够按规定的速度分离夹具。拉伸试验机有足够的荷载能力（至少 2000N），和足够的夹具分离距离，夹具拉伸速度为（100±10）mm/min，夹持宽度不少于 100mm。

拉伸试验机的夹具能随着试件拉力的增加而保持或增加夹具的夹持力，夹具能夹住试件使其在夹具中的滑移不超过 2mm，为防止从夹具中滑移超过 2mm，允许用冷却的夹具。这种夹持方法不应在夹具内外产生过早的破坏。

力测量系统满足《拉力、压力和万能试验机检定规程》（JJG 139—2014）至少 2 级（即±2%）。

（2）U 形装置

U 形装置一端通过连接件连在拉伸试验机夹上，另一端有两个臂支撑试件。臂上有钉杆穿过的孔，其位置如图 7-10 所示。

**2. 试件制备**

试件需距卷材边缘 100mm 以上，用模板或裁刀在试样上任意裁取，要求长方形试件宽（100±1）mm，长至少 200mm，试件长度方向是试验方向，试件从试样的纵向或横向裁取。对卷材用于机械固定的增强边，应取增强部位试验。每个选定的方向试验 5 个试件，任何表面的非持久层应去除。试验前试件应在（23±2）℃和相对湿度 30%～70%的条件下放置至少 20h。

**3. 检测步骤**

试件放入打开的 U 形头的两臂中，用一直径（2.5±0.1）mm 的尖钉穿过 U 形头的孔位置，同时钉杆位置在试件的中心线上，距 U 形头中的试件一端（50±5）mm，钉杆距上夹具的距离（100±5）mm，如图 7-10 所示。

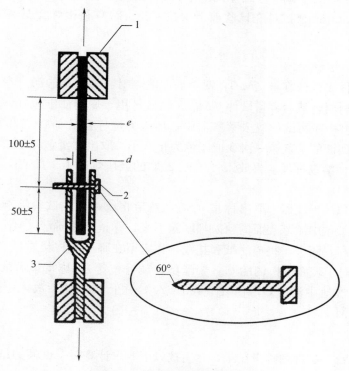

**图 7-10　钉杆撕裂试验装置**
1—夹具；2—钉杆（φ2.5±0.1）；3—U 型头；e—样品厚度；d—U 形头间隙（e+1≤d≤e+2）

该装置试件一端的夹具和另一端的 U 形头放入拉伸试验机，启动试验机使穿过材料面的钉杆直到材料的末端。

试验在（23±2）℃进行，拉伸速度为（100±10）mm/min，穿过钉杆的撕裂力连续记录。

**4. 检测结果**

试件的撕裂性能是记录的最大力。

每个试件分别列出拉力值并且记录试验方向，计算平均值，精确至 5N。

## 六、可溶物含量（浸涂材料含量）检测

**1. 主要仪器和试剂**

（1）分析天平：测量范围不大于 100g，精度 0.001g。

（2）萃取器：500mL 索氏萃取器。

（3）鼓风烘箱：温度波动±2℃。

（4）试验筛：孔径 0.315mm 或其他规定孔径的筛网。

（5）溶剂：三氯乙烯（化学纯）或其他适合溶剂。

（6）滤纸：直径不小于 150mm。

149

**2. 试件制备**

整个试验应准备 3 个试件。试件在试样上距边缘 100mm 以上任意裁取，尺寸为（100 ±1）mm×（100±1）mm。试件在试验前至少在（23±2）℃和相对湿度 30%～70% 的条件下放置 20h。

**3. 检测步骤**

（1）每个试件先进行称量（$M_0$），对于表面隔离材料为粉状的沥青卷材，先用软毛刷刷除表面隔离层材料，然后称量试件（$M_1$）。将试件用干燥的滤纸包好，用线扎好，称其质量（$M_2$）。将包扎好的试件放入萃取器中，加入为烧杯容量 1/2～2/3 的溶剂，进行加热萃取，萃取至回流的溶剂第一次变成浅色为止。小心取出滤纸包，不要破裂，空气中放置 30min 以上，使溶剂挥发。再放入（105±2）℃的鼓风烘箱中干燥 2h，然后取出放入干燥器中冷却至室温。

（2）将滤纸包从干燥器中取出称量（$M_3$）然后将滤纸包在试验筛上打开，下面放一容器接着，将滤纸包中胎基表面的粉末都刷除下来，称量胎基质量（$M_4$）。敲打振动试验筛直至其中没有材料落下，扔掉滤纸和扎线，称量留在筛上的材料质量（$M_5$），称量筛下的质量（$M_6$）。对于表面疏松的胎基（聚酯毡、玻纤毡等），称量最后的胎基质量（$M_4$）后放入超声波清洗池中清洗，取出在（105±2）℃烘干 1h，然后放入干燥器中冷却至室温，称其质量（$M_7$）。

**4. 检测结果**

记录得到的每个试件的称量结果，然后按以下要求计算每个试件的结果，取三个试件的平均值。

（1）可溶物含量

按下式计算：

$$A = (M_2 - M_3) \times 100$$

式中　$A$——可溶物含量，$g/m^2$；

　　$M_2$——试件用干燥的滤纸包好、线扎好的质量，g；

　　$M_3$——萃取后滤纸包从干燥器中取出称量的质量，g。

（2）浸涂层含量

表面隔离材料非粉状的产品按下式计算：

$$B = (M_0 - M_5) \times 100 - E$$

式中　$B$——浸涂层含量，$g/m^2$；

　　$M_0$——试件的质量，g；

　　$M_5$——萃取干燥后最终筛余的质量，g；

　　$E$——胎基单位面积质量，$g/m^2$。

表面隔离材料为粉状的产品按下式计算：

$$B = M_1 \times 100 - E$$

式中　$B$——浸涂层含量，$g/m^2$；

　　$M_1$——清除表面隔离层材料后试件质量，g；

　　$E$——胎基单位面积质量，$g/m^2$。

（3）表面隔离材料质量

表面隔离材料为粉状的产品表面隔离材料单位面积的质量按下式计算：

$$C=（M_0-M_1）\times100$$

式中　$C$——粉状的产品表面隔离材料单位面积的质量，$g/m^2$；

$\quad\quad M_0$——试件的质量，$g$；

$\quad\quad M_1$——清除表面隔离层材料后试件质量，$g$。

表面隔离材料非粉状的产品表面隔离材料单位面积的质量按下式计算：

$$C=M_5\times100$$

式中　$C$——非粉状的产品表面隔离材料单位面积的质量，$g/m^2$；

$\quad\quad M_5$——萃取干燥后最终筛余的质量，$g$。

（4）填充料含量

胎基表面疏松的产品填充料按下式计算：

$$D=（M_6+M_4-M_7）\times100$$

式中　$D$——填充料含量，$g/m^2$；

$\quad\quad M_6$——萃取干燥后筛下的质量，$g$；

$\quad\quad M_4$——试件胎基质量，$g$；

$\quad\quad M_7$——超声波清洗、取出烘干后的质量，$g$。

其他产品的填充料按下式计算：

$$D=M_6\times100$$

式中　$D$——填充料含量，$g/m^2$；

$\quad\quad M_6$——萃取干燥后筛下的质量，$g$。

（5）胎基单位面积质量

胎基表面疏松的产品胎基单位面积质量按下式计算：

$$E=M_7\times100$$

式中　$E$——胎基单位面积质量，$g/m^2$；

$\quad\quad M_7$——超声波清洗、取出烘干后的质量，$g$。

胎基表面不疏松的产品胎基单位面积质量按下式计算：

$$E=M_4\times100$$

式中　$E$——胎基单位面积质量，$g/m^2$；

$\quad\quad M_4$——试件胎基质量，$g$。

## 七、尺寸稳定性（热处理尺寸变化率）检测

两种测量方法：方法 A（光学方法）——采用光学方法测量标记在热处理前后间的距离，如图 7-11 所示；方法 B（卡尺法）——采用卡尺（变形测量器）测量两个测量标记间距离变化，如图 7-12 所示。

### 1. 方法 A 和方法 B 共有主要仪器设备

（1）鼓风烘箱：（无新鲜空气进入）达到（80±2）℃。

（2）热电偶：连接到外面的电子温度计，在温度测量范围内精确至±1℃。

（3）钢板：（大约 280mm×80mm×6mm）用于裁切，它作为模板用来去除露出的涂

盖层，在放置测量标记和测量期间压平试件，如图7-11和图7-12所示。

（4）玻璃板：涂有滑石粉。

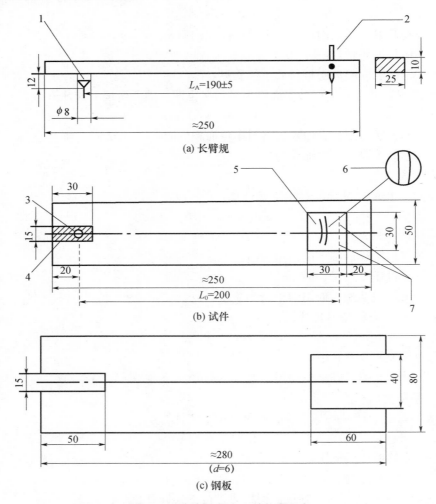

(a) 长臂规

(b) 试件

(c) 钢板

**图7-11　试件及方法A的仪器设备**

1—钢锥；2—钉；3—M5螺母；4—涂盖层去除；5—铝标签；
6—测量标记；7—订书机钉

**2. 方法A（光学方法）专用仪器设备**

（1）长臂规：钢制，尺寸大约为25mm×10mm×250mm，上配有定位圆锥（直径大约8mm，高大约12mm，圆锥角度约60°）及可更换的画线钉（尖头直径约0.05mm），与圆锥轴距离 $L_A$＝（190±5）mm，如图7-11所示。

（2）M5螺母：或类似的测量标记作为测量基点。

（3）铝标签：（约30mm×30mm×0.2mm）用于标测量标记。

（4）办公用订书机：用于扣紧铝标签。

（5）长度测量装置：测量长度至少250mm，刻度至少1mm。

（6）精确长度测量装置：如读数放大镜，刻度至少0.05mm。

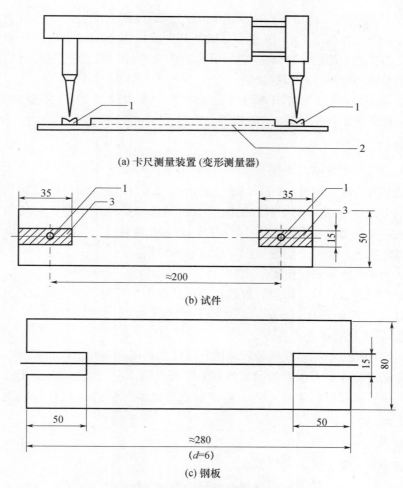

(a) 卡尺测量装置（变形测量器）

(b) 试件

（d=6）

(c) 钢板

**图 7-12 试件及方法 B 的仪器设备**

1—测量基点；2—胎体；3—涂盖层去除

### 3. 方法 B（卡尺方法）专用仪器设备

（1）卡尺（变形测量器）：测量基点间距 200mm，机械或电子测量装置，能测量到 0.05mm。

（2）测量基点：特制的用于配合卡尺测量的装置。

### 4. 试件制备

从试样的宽度方向均匀地裁取 5 个矩形试件。尺寸（250±1)mm×(50±1)mm，长度方向是卷材的纵向，在卷材边缘 150mm 内不裁试件。当卷材有超过一层胎体时裁取 10 个试件。试件从卷材的一边开始顺序编号，标明卷材上表面和下表面。

任何保护膜应去除，适宜的方法是常温下用胶带粘在上面，冷却到接近假设的冷弯温度，然后从试件上撕去胶带，另一方法是用压缩空气吹（压力约 0.5MPa，喷嘴直径约 0.5mm），假若上面的方法不能除去保护膜，用火焰烤，用最少的时间破坏保护膜而对试件没有其他损伤。

按图 7-11 或图 7-12，用金属模板和加热的刮刀或类似装置，把试件下表面的涂盖去除直到胎体，不应损害胎体。

按图 7-11 或图 7-12，测量基点用无溶剂粘结剂粘在露出的胎体上。对于采用光学测量方法的试件，铝标签按图 7-11 用两个与试件长度方向垂直的钉书机订固定到胎体，钉子与测量基点的中心距离约 200mm。对于没有胎体的卷材，测量基点直接粘在试件表面，对于超过一层胎体的卷材，两面都试验。

试件制备后，在有滑石粉的平板上于（23±2）℃至少放置 24h，需要时卡尺、量规、钢板等也在同样温度条件下设置。

**5. 检测步骤**

（1）方法 A（光学方法）步骤

当采用光学方法时，试件（图 7-11）上的相关长度 $L_0$ 在（23±2）℃用长度测量装置测量，精确到 1mm，为此，用于裁取的钢板放在测量基点和铝标签上，长臂规上圆锥的中心此时放入测量基点，用画线钉在铝标签上画弧形测量标记。操作时不应用附加的压力，只有量规的质量，第一个测量标记应能明显的识别。

（2）方法 B（卡尺方法）步骤

试件采用卡尺方法试验，测量装置放在测量基点上，温度（23±2）℃，测量两个基点间的起始距离 $L_0$，精确到 0.05mm。

（3）方法 A 和方法 B 共同步骤

烘箱预热到（80±2）℃，在试验区域控制温度的热电偶应拉至靠近试件。然后，试件和上面的测量基点放在撒有滑石粉的玻璃板上放入烘箱，在（80±2）℃处理 24h±15min，整个试验期间烘箱区域保持温度恒定。处理后，玻璃板和试件从烘箱中取出，在（23±2）℃冷却至少 4h。

**6. 检测结果**

（1）方法 A（光学方法）检测结果

试件［按方法 A（光学方法）步骤］画第二个测量标记，测量两个标记外圈半径方向间的距离（图 7-11），每个试件用精确长度测量装置测量，精确到 0.05mm。

每个测量值与 $L_0$ 比，给出百分率。

（2）方法 B（卡尺方法）检测结果

按［方法 B（卡尺方法）］再次测量两个测量基点间的距离，精确到 0.05mm，计算每个试件与起始长度 $L_0$ 比较的差值，以相对于起始长度 $L_0$ 的百分率表示。

（3）评价

每个试件根据直线上的变化结果给出符号（＋伸长，－收缩）。实验结果取 5 个试件的算术平均值，精确至 0.1%，对于超过一层胎体的卷材要分别计算每面的实验结果。

（4）试验方法精确度（聚酯胎卷材）

重复性：

一组 5 个试件偏差范围：$d_{1,5} = 0.3\%$；重复性的标准差：$\sigma_r = 0.06\%$；置信水平（95%）值：$q_r = 0.1\%$；重复性极限（两个不同结果）：$r = 0.2\%$。

再现性：

再现性的标准差：$\sigma_R = 0.12\%$；置信水平（95%）值：$q_R = 0.2\%$；再现性极限（两个不同结果）：$R = 0.3\%$。

### 八、沥青基防水卷材老化检测

《建筑防水材料老化试验方法》（GB/T 18244—2000）中，防水卷材的老化有热空气老化、臭氧老化、人工气候老化（碳弧灯、紫外灯等）等。实验室标准条件：温度为（23±2）℃，相对湿度为45％～70％。沥青基防水卷材老化试样形状、尺寸与取样方法按相关产品标准进行，如无标准规定按表7-13和图7-13进行。

表7-13　沥青基防水卷材老化试样和试件

| 项目 | 规格/mm | 数量，个 |
|---|---|---|
| 老化试样 A、B | 300×90 | 纵向2，横向2 |
| 对比试样 A′、B′ | 300×90 | 纵向2，横向2 |
| 拉伸性能试件 c | 120×25 | 纵向6，横向6 |
| 低温柔性试件 d | 120×25 | 纵向6，横向6 |

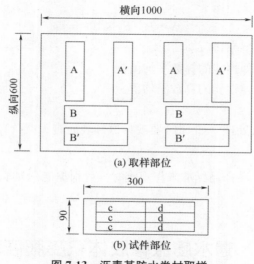

(a) 取样部位

(b) 试件部位

图7-13　沥青基防水卷材取样

#### 1. 主要仪器

按具体老化项目、产品标准选择。

如 SBS 防水卷材热老化检测主要仪器有：

（1）天平：精度0.1g。

（2）烘箱：控温精确±2℃。

（3）游标卡尺：精度±0.02mm。

#### 2. 试件制备

（1）试件数量根据试验项目与试验周期确定。若对产品纵向、横向力学性能均有要求，则两个方向分别取样，各为一组。

（2）试验前试件在标准条件下放置24h。

（3）对比试件放置于暗环境中，与达到规定老化周期的试件同时试验。

**3. 检测方法**

（1）拉伸性能：沥青基防水卷材拉伸试验，夹具间距 70mm，拉伸速度 50mm/min。

（2）低温柔度：试验方法按产品标准进行。试验温度按相关产品标准要求，或以产品不产生裂纹为最低温度。

（3）检测步骤：按具体产品标准执行。

**4. 检测结果**

（1）拉伸性能

拉伸性能变化率按下式计算：

$$W = (P_1/P_2 - 1) \times 100$$

式中　$W$——拉伸性能变化率，%；

　　　$P_1$——老化试件拉伸性能的算数平均值；

　　　$P_2$——对比试件拉伸性能的算数平均值。

拉伸性能保持率按下式计算：

$$X = P_1/P_2 \times 100$$

式中　$X$——拉伸性能保持率，%；

　　　$P_1$——老化试件拉伸性能的算数平均值；

　　　$P_2$——对比试件拉伸性能的算数平均值。

（2）低温柔度

按相关产品标准进行处理（如 SBS 要观察试件表面有无裂纹）。

**5. 评定方法**

根据产品标准规定。在产品标准未作规定时，可根据老化试验后外观、拉伸性能变化与低温柔度进行判断。

# 第三节　遇水膨胀橡胶体积膨胀倍率试验

检测主要依据标准：

《高分子防水材料 第 3 部分：遇水膨胀橡胶》（GB/T 18173.3—2014）；

《橡胶物理试验方法试样制备和调节通用程序》（GB/T 2941—2006）。

## 一、检测方法 I

试验室温度为（23±2）℃，要求更严时为（23±1）℃。

**1. 主要仪器**

天平：精度不低于 0.001g。

**2. 试样制备**

长、宽各为（20.0±0.2）mm，厚度（2.0±0.2）mm，试样数量为 3 个。用成品制作试样，应去掉表层。

**3. 检测步骤**

（1）将制作好的试样先用天平称出在空气中的质量，然后再称出试样悬挂在蒸馏水中的质量。

（2）将试样浸泡在（23±5）℃的 300mL 蒸馏水中，试验过程中，应避免试样重叠及水分的挥发。

（3）试样浸泡 72h 后，先用天平称出其在蒸馏水中的质量，然后用滤纸轻轻吸干试样表面的水分，称出其在空气中的质量。

（4）如果试样密度小于蒸馏水密度，试样应悬挂坠子使试样完全浸泡在蒸馏水中。

**4. 检测结果**

体积膨胀倍率按下式计算：

$$\Delta V = \frac{m_3 - m_4 + m_5}{m_1 - m_2 + m_5} \times 100\%$$

式中　$\Delta V$——体积膨胀倍率，％；

$m_1$——浸泡前试样在空气中的质量，g；

$m_2$——浸泡前试样在蒸馏水中的质量，g；

$m_3$——浸泡后试样在空气中的质量，g；

$m_4$——浸泡后试样在蒸馏水中的质量，g；

$m_5$——坠子在蒸馏水中的质量，g（无坠子用发丝等特细丝悬挂可忽略不计）。

实验结果取 3 个试样的算术平均值。

## 二、检测方法 Ⅱ

本检测方法适用于浸泡后不能用称量法检测的试样。试验室温度为（23±2）℃，要求更严时为（23±1）℃。

**1. 主要仪器**

（1）天平：精度不低于 0.001g。

（2）量筒：50mL。

**2. 试样制备**

取试样质量为 2.5g，制成直径约为 12mm、高度约为 12mm 的圆柱体，试样数量为 3 个。用成品制作试样，应去掉表层。

**3. 检测步骤**

（1）将制作好的试样先用 0.001g 精度的天平称出其在空气中的质量，然后再称出试样悬挂在蒸馏水中的质量（必须用发丝等特细丝悬挂试样）。

（2）在量筒中注入 20mL 左右的（23±5）℃蒸馏水，放入试样后，加蒸馏水至 50mL。然后在温度为（23±2）℃条件下放置 120h（试样表面和蒸馏水必须充分接触）。

（3）读出量筒中试样占水的体积数 $V$（即试样的高度）。

**4. 检测结果**

体积膨胀倍率按下式计算：

$$\Delta V = \frac{V \cdot \rho}{m_1 - m_2} \times 100\%$$

式中　$\Delta V$——体积膨胀倍率，%；

　　　　$m_1$——浸泡前试样在空气中的质量，g；

　　　　$m_2$——浸泡前试样在蒸馏水中的质量，g；

　　　　$V$——浸泡后试样占水的体积，mL；

　　　　$\rho$——水的密度，取 1g/mL。

实验结果取 3 个试样的算术平均值。

# 第四节　聚氨酯防水涂料试验

检测主要依据标准：

《建筑防水涂料试验方法》（GB/T 16777—2008）；

《聚氨酯防水涂料》（GB/T 19250—2013）；

《硫化橡胶或热塑性橡胶 拉伸应力应变性能的测定》（GB/T 528—2009）；

《硫化橡胶或热塑性橡胶撕裂强度的测定（裤形、直角形和新月形试样）》 （GB/T 529—2008）。

## 一、主要仪器

（1）拉力试验机：测量值在量程的 15%～85% 之间，示值精度不低于 1%，伸长范围大于 500mm。

（2）天平：精度不小于 0.1mg。

（3）梳齿刮刀：宽 250mm，齿深 5mm、齿宽 5mm，如图 7-14 所示。

（4）低温冰柜：－40～0℃，精度±2℃。

（5）电热鼓风干燥箱：不小于 200℃，精度±2℃。

（6）冲片机，Ⅰ裁刀（符合《硫化橡胶或热塑性橡胶 拉伸应力应变性能的测定》要求），直角撕裂裁刀［符合《硫化橡胶或热塑性橡胶撕裂强度的测定（裤形、直角形和新月形试样）》］。

（7）不透水仪：压力 0～0.4MPa，精度 2.5 级，三个七孔透水盘，内径 92mm。

（8）厚度计：接触面直径 6mm，单位面积压力 0.02MPa，分度值 0.01mm。

（9）半导体温度计：量程－40～30℃，精度 0.1℃。

（10）定伸保时器：能使试件标线间距拉伸 100% 以上。

（11）测长装置：精度至少 0.5mm。

（12）放大镜：6 倍以上。

（13）弯折仪：如图 7-15 所示。

"扫扫看"
防水涂料裁刀

"扫扫看"
冲片机

"扫扫看"
不透水仪　　　"扫扫看"
（涂料）弯折仪

（14）金属网：孔径（0.5±0.1）mm。

（15）计时器：分度值至少 1min。

（16）铝板：120mm×50mm×（1～3）mm。

（17）线棒涂布器：200μm。

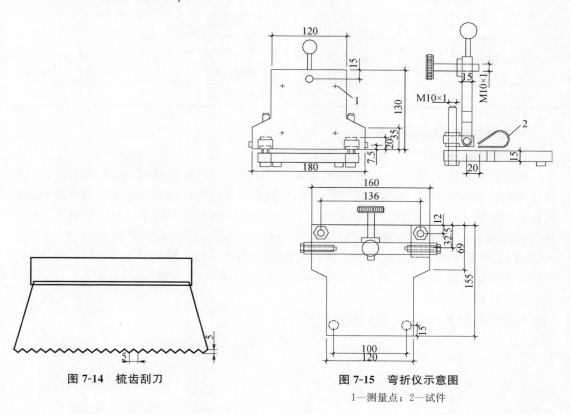

图 7-14　梳齿刮刀

图 7-15　弯折仪示意图

1—测量点；2—试件

## 二、试样制备

标准试验条件：温度为（23±2）℃，相对湿度（50±10）%。试验前，试样及所用试验器具在标准试验条件下放置至少 24h。标准试验条件下称量所需的试样量，保证最终涂膜厚度为（1.5±0.2）mm。将放置后的试样混合均匀，不得加入稀释剂。多组分试样涂料，则按生产企业要求的配合比混合后在不混入气泡的情况下充分搅拌 5min，静置 2min，倒入模框中，也可按使用的喷涂设备制备涂膜。模框不得翘曲且表面平滑，涂覆前可使用脱模剂。多组分试样一次涂覆到规定的厚度，单组分试样分三次涂覆到规定的厚度，试样也可按生产企业的要求次数涂覆（最多三次，每次间隔时间不超过 24h），涂覆后 5min，轻轻刮去表面的气泡，最后一次将表面刮平。制备的涂膜在标准试验条件下养护 96h，然后脱模，涂膜翻面后继续在标准条件下养护 72h。

## 三、主要技术性能的检测

试件形状及数量见表 7-14。

表 7-14  试件形状及数量

| 序号 | 项目 | 试件形状 | 数量/个 |
|------|------|----------|---------|
| 1 | 拉伸性能 | 符合 GB/T 528—2009 要求的哑铃 I 型 | 5 |
| 2 | 撕裂强度 | 符合 GB/T 529—2008 规定的无缺口直角形 | 5 |
| 3 | 低温弯折性 | 100mm×25mm | 3 |
| 4 | 不透水性 | 150mm×150mm | 3 |
| 5 | 加热伸缩性 | 300mm×30mm | 3 |
| 6 | 吸水率 | 50mm×50mm | 3 |

**1. 拉伸性能（无处理）检测**

（1）检测步骤

裁取符合 GB/T 528—2009 要求的哑铃 I 型试件，并画好间距 25mm 的平行线，用厚度计测量试件标线中间和两端三点的厚度，取其算数平均值作为试件厚度。调整拉伸试验机夹具间距约 70mm，将试件夹在试验机上，保持试件长度方向的中线与试验机夹具中线在一条直线上。高延伸率涂料拉伸速度 500mm/min，低延伸率涂料拉伸速度 200mm/min，记录断裂时的最大荷载（$P$），断裂时标线间距离（$L_1$，精确至 0.1mm），测试 5 个试件，若有试件断裂在标线外，应舍弃用备用试件补测。

（2）检测结果

拉伸强度按下式计算，精确至 0.01MPa：

$$T_L = P/(B \times D)$$

式中   $T_L$——拉伸强度，MPa；

　　　$P$——最大拉力，N；

　　　$B$——试件中间部位宽度，mm；

　　　$D$——试件厚度，mm。

断裂伸长率按下式计算，精确至 1%：

$$E = (L_1 - L_0)/L_0 \times 100$$

式中   $E$——断裂伸长率，%；

　　　$L_0$——试件起始标线间距离，25mm；

　　　$L_1$——试件断裂时标线距离，mm。

如果试件在狭窄部分以外断裂则舍弃该试验数据，试验结果取 5 个试件的算数平均值。若试验数据与平均值的偏差超过 15%，则剔除该数据，以剩下的至少 3 个试件的平均值作为试验结果。若有效数据少于 3 个则需要重新试验。

**2. 加热度伸缩率检测**

（1）检测步骤

将涂膜裁取 300mm×30mm 试件三块，试件在标准试验条件下放置 24h，用测长装置测定试件长度（$L_0$）。将试件放在撒有滑石粉的隔离纸上，水平放置在已加热至规定温度（80±2）℃的烘箱中，恒温（168±1）h 取出，在标准试验条件下放置 4h，然后用测长装置在同一位置测定试件的长度（$L_1$），若有弯曲，用直尺压住后再测量。

（2）检测结果

加热度伸缩率按下式计算，精确至 0.1%：

$$S = \frac{L_1 - L_0}{L_0} \times 100$$

式中 $S$——加热度伸缩率，%；

$L_0$——加热处理前长度，mm；

$L_1$——加热处理后长度，mm。

取三个试件的算数平均值作为试验结果。

**3. 低温弯折性检测**

（1）检测步骤

裁取三个 100mm×25mm 试件，沿长度方向弯曲试件，将端部固定在一起（可以用胶带），如此弯曲三个试件。调节弯折仪的两个平板间的距离为试件厚度的 3 倍。检测平板间 4 点的距离，如 7-15 所示。

放置弯曲试件在试验机上，胶带端对着平行于弯板的转轴。放置翻开的弯折试验机和试件于调至好规定温度的低温箱中。在规定的温度放置 1h 后，弯折试验机从超过 90°的垂直位置到水平位置，1s 内合上，保持该位置 1s，整个操作过程在低温箱中进行。从试验机中取出试件，恢复到（23±5）℃，用 5 倍放大镜检查试件弯折区域的裂纹或断裂。

（2）检测结果

所有试件应无裂纹。

**4. 不透水性检测**

（1）试验步骤

裁取三个约 150mm×150mm 试件，在标准试验条件下放置 2h，试验在（23±5）℃进行，将装置中充满水直到满出，彻底排出装置中空气。

试件放置透水盘上，再在试件上加以相同尺寸的金属网，盖上 7 孔圆盘，慢慢加紧直到试件加紧在盘上，用布或压缩空气干燥试件的非迎水面，慢慢加压至规定的压力。

达到规定压力后，保持压力（30±2）min。试验时观察试件的透水情况（水压突然下降或试件的非迎水面有水）。

（2）检测结果

所有试件在规定的时间应无透水现象。

**5. 撕裂强度检测**

（1）检测步骤

从厚度均匀的试片上用直角形裁刀裁取无缺口试件。试片在裁切前可用水或皂液润湿，并置于一个起缓冲作用的薄板上，裁切应在刚性平面上进行。试件的形状如图 7-16 所示。用厚度计测量试件撕裂区域的 3 点厚度值，取其平均值。将试件夹在试验机上，保持试件长度方向的中线与试验机夹具中线在一条直线上。拉伸速度（500±50）mm/min，记录断裂时的最大荷载（$F$），测试 5 个试件。

（2）检测结果

撕裂强度按下式计算：

$$T_S = P/d$$

式中　$T_S$——撕裂强度，N/mm；

　　　　$P$——试件撕裂时的最大力，N；

　　　　$d$——试件厚度，mm。

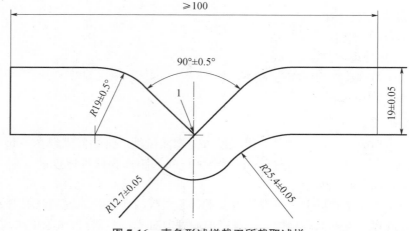

**图 7-16　直角形试样裁刀所裁取试样**
1—撕裂试件缺口位置

试验结果取 5 个试件的算数平均值，精确到 0.1N/mm。若试验数据与平均值的偏差超过 15%，则剔除该数据，以剩下的至少 3 个试件的平均值作为试验结果。若有效数据少于 3 个则需要重新试验。

**6. 固体含量检测**

（1）检测步骤

将试样充分搅拌均匀，取（10±1）g 的试样倒入已干燥称量的直径（65±5）mm 的培养皿（$m_0$）中刮平，立即称量（$m_1$）然后在标准试验条件下放置 24h。再放入（120±2）℃烘箱中，恒温 3h，取出放入干燥器中冷却 2h，然后称量（$m_2$）。

（2）检测结果

固体含量按下式计算：

$$X=\frac{m_2-m_0}{m_1-m_0}\times100\%$$

式中　$X$——固体含量，%；

　　　$m_0$——培养皿质量，g；

　　　$m_1$——干燥前试样和培养皿质量，g；

　　　$m_2$——干燥后试样和培养皿质量，g。

试验结果取两次平均值，计算结果精确至 0.1%。

对于单组分水固化聚氨酯防水涂料，不加水直接试验，试验结果按单组分聚氨酯防水涂料固体含量规定判定。

对于多组分水固化聚氨酯防水涂料，按上述方法得到的 $m_1$，应减去采用《室内装饰装修材料 内墙涂料中有害物质限量》（GB 18582—2008）中卡尔费休法或气相色谱法得到的水分计算试验结果。

**7. 干燥时间检测**

（1）检测步骤

试验前铝板、工具、涂料应在标准试验条件下放置 24h 以上。在标准试验条件下，用线棒涂布器将按生产厂家要求混合搅拌均匀的样品涂布在铝板上制备涂膜，涂布面积为 100mm×50mm，湿涂膜厚度为（0.5±0.1）mm，记录涂布结束时间，对于多组分涂料从混合开始记录时间。

静置一段时间后，用无水乙醇擦净手指，在距试件边缘不小于 10mm 范围内用手指轻触涂膜表面，若无涂料粘在手上即为表干，试验开始到结束的时间即为表干时间。

再静置一段时间，用刀片在距试件边缘上不小于 10mm 范围内切割涂膜，若底层及膜内均无粘附手指现象，则为实干，记录时间，试验开始到结束的时间即为表干时间。

（2）检测结果

对于表面有组分渗出的试件，以实干时间作为表干时间的实验结果。表干（实干）时间不超过 2h 的精确至 0.5h，表干（实干）时间大于 2h 的，精确至 1h。

平行试验 2 次，以 2 次结果的平均值作为最终结果，有效数字应精确到实际时间的 10%。

**8. 粘结强度检测**

（1）拉伸专用金属夹具：上夹具、下夹具、垫板，如图 7-17～图 7-19 所示。

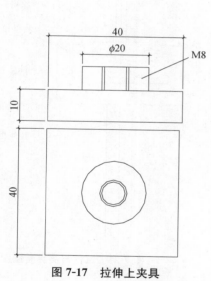

图 7-17　拉伸上夹具

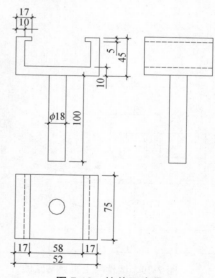

图 7-18　拉伸下夹具

（2）试验准备

制备 70mm×70mm×20mm 的水泥砂浆试块五块备用。

采用 42.5 强度等级的普通硅酸盐水泥，水泥：中砂质量比为 1:1，搅拌机搅拌均匀，砂浆稠度 70～90mm，倒入模框中抹平，养护室养护 1d 后脱模，水中养护 10d，在（50±2）℃的烘箱中干燥（24±0.5）h，取出在标准条件下放置备用，去除砂浆试块成型面的浮浆、浮砂、灰尘等。

（3）检测步骤

将试块、工具、涂料在标准试验条件下放置 24h 以上。取 5 块砂浆试块用 2 号砂纸清除表面浮浆，必要时按生产厂要求在砂浆块的成型面［70mm×70mm］上涂刷底涂料，干燥后按生产厂家要求的比例将样品混合搅拌 5min 后涂抹在成型面上，涂膜厚度控制住 0.5～1.0mm（分两次涂覆，间隔时间不超过 24h）。然后将制得的试件在标准条件下养护 96h，不需要脱模，制备 5 个试件。

将养护后的试件用高强度胶粘剂（无溶剂环氧树脂）将拉伸用上夹具与涂料面粘贴在一起，如图 7-20 所示。

小心去除周围溢出的胶粘剂，在标准试验条件下水平放置 24h。然后沿上夹具边缘一圈用刀切割涂膜至基层，使试验面积为 40mm×40mm。将粘有拉伸上夹具的试件按如图 7-21 所示装在试验机上，保持试件表面垂直方向的中心线与试验机夹具中心线在一条线上，以（5±1）mm/min 的速度拉伸至试件破坏，记录试件的最大力。试验温度为（23±2）℃。

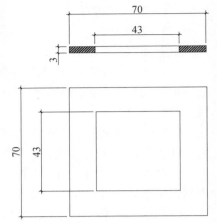

图 7-19　拉伸垫板

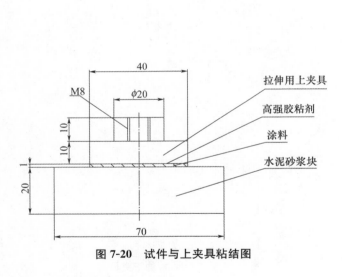

图 7-20　试件与上夹具粘结图

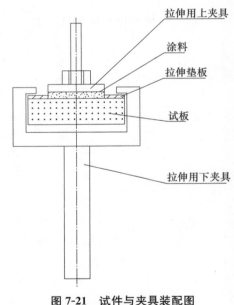

图 7-21　试件与夹具装配图

（4）检测结果

粘结强度按下式计算：

$$\sigma = \frac{F}{a \times b}$$

式中　　$\sigma$——粘结强度，MPa；

　　　　$F$——试件的最大拉力，N；

　　　　$a$——试件的粘结面长度，mm；

　　　　$b$——试件的粘结面宽度，mm。

除去表面未被粘住面积超过 20% 的试件，粘结强度以剩余的不少于 3 个试件的算数平均值表示，不足 3 个试件应重新试验，结果精确至 0.01MPa。

### 9. 吸水率检测

（1）检测步骤

将 50mm×50mm 的涂膜试件称量质量 $m_1$，然后将试件浸入（23±2）℃的水中（168±2)h，取出用滤纸吸干表面的水渍，立即称量 $m_2$，试件从水中取出到称量完毕应在 1min 内完成。

（2）检测结果

吸水率按下式计算：

$$W_m = \frac{m_2 - m_1}{m_1} \times 100\%$$

式中　　$w_m$——吸水率，%；

$m_1$——浸水前试件质量，g；

$m_2$——浸水后试件质量，g。

试验结果取 3 个试件的算数平均值，精确至 0.1%。

# 第八章 钢材检测

## 第一节 理论知识

### 一、钢材的分类

按钢材化学成分、品质、生产方法和用途不同，可分成不同的钢种。

**1. 按化学成分分类**

（1）碳素钢：低碳钢（含碳量小于 0.25%），中碳钢（含碳量 0.25%～0.60%），高碳钢（含碳量大于 0.60%）；

（2）合金钢：低合金钢（合金元素总含量小于 5.0%），中合金钢（合金元素总含量 5.0%～10.0%），高合金钢（合金元素总含量大于 10.0%）。

**2. 按杂质含量分类**

（1）普通碳素钢（硫含量 0.055%～0.065%，磷含量 0.045%～0.085%）；

（2）优质碳素钢（硫含量 0.030%～0.045%，磷含量 0.035%～0.040%）；

（3）高级优质钢（硫含量不大于 0.030%，磷含量不大于 0.035%，钢号后加"高"或"A"）。

**3. 按冶炼脱氧程度分类**

（1）特殊镇静钢（代号 TZ）；

（2）镇静钢（代号 Z）；

（3）半镇静钢（代号 b）；

（4）沸腾钢（代号 F）。

**4. 按冶炼方法分**

（1）平炉钢；

（2）氧气转炉钢；

（3）电炉钢。

**5. 按用途分类**

（1）结构钢：碳素结构钢、合金结构钢；

（2）工具钢：碳素工具钢、合金工具钢、高速工具钢；

（3）特种钢：高压容器用钢、钢轨等。

**6. 建筑用钢的分类**

建筑用钢材一般分为型材、板材、线材和管材等几类。型材主要有角钢、工字钢、槽钢、方钢、吊车轨、H 型钢等，用于钢结构工程；线材主要有钢筋、钢丝和钢绞线等，用于混凝土和预应力混凝土；板材主要有中厚钢板和薄钢板，中厚钢板用于建造房屋、桥梁及建筑机械等，薄钢板用于屋面、墙面、楼板等；管材主要用于钢桁（网）架和钢管混凝土等。

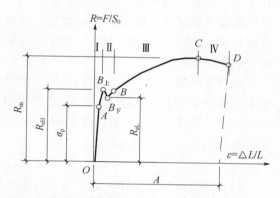

## 二、钢材的主要力学性能

钢材的力学性能主要有：抗拉（压）、冷弯、反复弯曲、冲击韧性、耐疲劳和硬度。

建筑结构中，承受静荷载作用的钢材，要求具有一定力学强度，且要求正常承载力条件下产生的变形不影响结构的正常工作；承受动荷载作用的钢材，要求具有较高的韧性和耐疲劳性。

### 1. 抗拉性能

抗拉性能用钢材的屈服强度、抗拉强度和伸长率等技术指标表示。通过万能材料试验机拉伸低碳钢（软钢）的应力-应变，如图 8-1 所示，明显地可以看出，低碳钢的受拉过程可分为四个阶段：弹性阶段（$O$—$A$），屈服阶段（$A$—$B$），强化阶段（$B$—$C$）和颈缩阶段（$C$—$D$）。

（1）弹性阶段

此阶段，应力与应变成正比例关系，如果卸去外部荷载，拉伸的钢材试件则恢复原状而无残余变形，如图 8-1 中 $OA$ 段。弹性阶

**图 8-1  低碳钢受拉的应力-应变曲线**

段的应力-应变曲线图中最高点 $A$ 对应的应力值为比例极限或称弹性极限，通常用 $\sigma_p$ 表示。应力与应变的比值为常数，称弹性模量（$E$），即 $E = R/\varepsilon$。弹性模量反应材料的刚度，即产生单位应变所需应力的大小，是计算钢结构变形的重要指标。Q235 碳素结构钢的弹性模量约为：$(2.0 \sim 2.1) \times 10^5 \text{MPa}$。

（2）屈服阶段

当应力超过比例极限后，应力的增加滞后于钢材应变的增加，应力和应变不再成正比关系，应力-应变曲线图上出现锯齿台阶，这一阶段称为屈服阶段。此阶段内若卸去外荷载，试件变形不能完全恢复，即产生了塑性变形。应力-应变曲线图上锯齿台阶 $B_\perp$ 点对应的应力值称屈服上限，$B_\top$ 点对应的应力值称屈服下限。屈服下限较稳定易测，常作为钢材的屈服强度，称屈服点，用 $R_{eL}$（或 $\sigma_s$）表示。当钢材受力达到屈服强度时，由于变形大，虽然未发生断裂，但已不能满足使用要求，所以建筑工程结构设计中一般以屈服强度作为钢材设计取值依据。

一些合金钢或高碳钢，应力-应变曲线图上没有明显的屈服点，则规定产生残余变形为 0.2%原标距长度时的应力值作为该钢材的屈服强度，即规定非比例延伸强度，用 $R_{p0.2}$（$\sigma_{0.2}$）表示，如图 8-2 所示。

（3）强化阶段

钢材受拉超过屈服强度，继续拉伸，由于钢材内部晶格扭曲、晶粒破碎等原因，阻止了塑性变形进一步发展，钢材抵抗外荷载的能力重新提高，从应力-应变曲线图上看，应力从屈服下限开始上升至最高点 $C$，这一过程称为钢材的强化阶段，对应于最高点 $C$ 的应力值为抗拉强度，它是钢材能承受的最大拉应力，用 $R_m$（$\sigma_b$）表示。

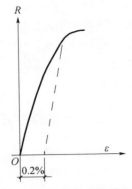

图 8-2 合金钢或高碳钢
屈服强度 $R_{p0.2}$（$\sigma_{0.2}$）

屈服强度与抗拉强度之比（$R_{eL}/R_m$）称屈强比，它是评价钢材受力特征的一个参数。屈强比越小，钢材受力超过屈服强度以后工作的可靠性越大，安全性越高；但屈强比小，说明钢材强度利用率低，浪费钢材。Q235 钢的屈强比为 0.58～0.63，普通低合金钢的屈强比为 0.65～0.75。

（4）颈缩阶段

当钢筋受力达到极限强度时，受拉试件薄弱处的断面开始减小，随着拉伸的增加，试件的塑性变形急剧增加，试件产生"颈缩"现象而断裂，如图 8-3 所示。

试件在断裂处对齐，并保持在同一轴线，测量断后试件标距的长度 $L_U$，$L_U$ 与试件受力前的原始标距长度 $L_0$ 之差为塑性变形值，它与 $L_0$ 之比称为伸长率 $A$，按下式计算：

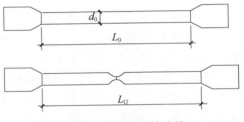

图 8-3 断裂前后的试件

$$A=（L_U-L_0）/L_0$$

结构设计虽然是在弹性范围内，但在应力集中处的合应力可能超过屈服强度，良好的塑性变形能力，可以使应力重新分布，避免构件过早的破坏。

由于在试件的标距内塑性变形分布不均匀，远离颈缩处变形逐渐减小，颈缩断裂处变形最大。所以原标距与直径比值越小，则颈缩处伸长值在整个伸长值中的比重越大，计算得出的伸长率就越大。在相关钢材质量标准中通常取 5 倍的钢材直径或 10 倍的钢材直径作为原始标距。

钢材的另一种表示塑性变形能力的指标是断面收缩率（$Z$）。它是试件断裂处截面积收缩值与原始面积的百分比，按下式计算：

$$Z=\frac{S_0-S_u}{S_0}\times100\%$$

式中　$S_0$，$S_u$——分别是试件断后最小截面积和原始截面积，$mm^2$。

**2. 冷弯性能**

冷弯性能反应钢材在常温下承受弯曲变形的能力。弯曲试验后试样弯曲外表面无肉眼可见裂纹则评定为合格。

钢材的冷弯性能通常用弯曲角度 $\alpha$ 和弯心直径 $d$ 与试件直径（或厚度）$a$ 的比值表示。弯曲角度越大，$d/a$ 越小，说明钢材的冷弯性能越好。不同种类钢材，其相应的标准中对冷弯的技术指标均有具体的规定。图 8-4 为弯曲 180°时，不同 $d/a$ 的弯曲情况。

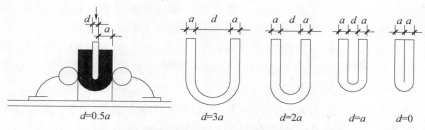

图 8-4 弯曲 180℃时,不同 $d/a$ 的弯曲情况

　　钢材的冷弯性能和伸长率均是塑性变形能力的反映。伸长率反映的是钢材在均匀变形条件下的塑性变形能力,冷弯性能则是钢材在局部变形条件下的塑性变形能力。冷弯性能可揭示钢材内部结构是否均匀、是否存在内应力和缺陷。在土木工程中,还经常采用冷弯试验来检验钢材某些焊接接头的焊接质量。

### 3. 冲击韧性

　　钢材在冲击负荷作用下,抵抗破坏的能力称为冲击韧性。

　　冲击负荷的加载速度高,作用时间短,受冲击时,钢材应力分布和变形不均匀,构件往往易断裂。因此,对于承受冲击荷载的构件,仅具有高的强度是不够的,还必须具有足够的抗冲击荷载的能力。

"扫扫看"
钢材冲击试验机

　　钢材冲击韧性的好坏可通过冲击试验来测定。《金属材料夏比摆锤冲击试验方法》(GB/T 229—2007)规定,冲击试验是用夏比摆锤一次打击钢材标准试件来测定钢材标准试件承受冲击荷载时所吸收的能量值。同一条件下,试件吸收的能量越大,钢材的冲击韧性越好;试件吸收的能量值用字母 K 及缺口几何形状符号 V 或 U 和摆锤刀刃半径表示(如 $KV_2$ 表示 V 形缺口标准试件,在刀口半径 2mm 摆锤冲击下吸收的能量值),冲击试验对设计计算和钢材评定均有重要的意义。

　　由于大多数材料的冲击值随温度变化,因此试验应在规定的温度下进行。当不在室温条件下时,试样必须在规定的条件下加热或冷却,以保证规定的温度,试验装置如图 8-5 所示。

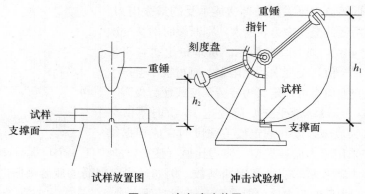

图 8-5 冲击试验装置

钢材的化学成分、内在缺陷、加工工艺及硫、磷的含量高低、化学偏析、温度都会影响冲击韧性。试验表明，钢材冲击韧性随温度的降低而下降，其规律是开始下降缓和，当达到一定温度范围时，突然下降很多而呈脆性，这种脆性称为钢材的冷脆性，此时的温度称为临界温度，其数值越低，说明钢材的低温冲击性能越好。所以，在负温下使用的结构，应当选用脆性临界温度较低的钢材。

由于"时效"作用，钢材随时间的延长，其塑性和冲击韧性下降，强度逐渐提高。完成时效变化的过程可达数十年，但是钢材如经受冷加工变形，或使用中经受震动和反复荷载的影响，时效可迅速发展。因时效导致性能改变的程度称为时效敏感性，承受动荷载的结构应该选用时效敏感性小的钢材。因此，对于直接承受动荷载而且可能在负温下工作的重要结构，必须进行钢材的冲击韧性试验。《低合金高强度结构钢》（GB/T 1591—2008）规定冲击试验的试验温度和冲击吸收能量见表 8-1。

表 8-1　低合金高强度结构钢冲击试验温度和冲击吸收能量（夏比 V 形）

| 牌号 | 质量等级 | 试验温度/℃ | 冲击吸收能量（$KV_2$）/J 公称厚度（直径、边长） | | |
|---|---|---|---|---|---|
| | | | 12~150mm | ＞（150~250）mm | ＞（250~400）mm |
| Q345 | B | 20 | ≥34 | ≥27 | — |
| | C | 0 | | | |
| | D | −20 | | | ≥27 |
| | E | −40 | | | |
| Q390，Q420 | B | 20 | ≥34 | — | — |
| | C | 0 | | | |
| | D | −20 | | | |
| | E | −40 | | | |

### 4. 耐疲劳性

交变荷载反复作用下，钢材突然破坏，而此时应力远低于抗拉强度，这种现象称为疲劳破坏。疲劳破坏的危险应力也就是疲劳极限，即疲劳试验时，试件在交变应力作用下，于规定的周期基数内不发生破坏所能承受的最大应力。试验表明，钢材承受的交变应力 $\sigma$ 越大，则断裂时的交变次数 $N$ 越少，反之亦然，如图 8-6 所示。从理论上讲，当最大交变应力低于某个值，交变次数无限多，钢材也不会产生疲劳破坏时，此交变应力可以定义为疲劳强度或疲劳极限。

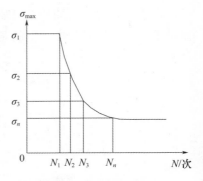

图 8-6　钢材疲劳曲线

对钢材而言，一般将承受交变荷载达 $10^7$ 次时不破坏的最大应力定义为疲劳强度。测定疲劳强度时，应根据结构使用条件确定采用应力循环类型、应力比值（疲劳试验中任一个单循环最小应力与最大应力比值）或应力幅及平均应力和周期基数。例如，测定钢筋的疲劳极限时，通常采用拉应力循环，非预应力筋的应力比一般取 0.1~0.8，预应力筋的应力比取 0.7~0.85，周期基数一般为 $2×10^6$ 或 $4×10^6$ 以上。

钢材的疲劳破坏一般是拉应力引起的。首先在局部开始形成微细裂纹，其后由于裂纹尖端处产生应力集中而使裂纹逐渐扩展直至构件疲劳断裂。钢材内部的晶体结构、偏析以及最大应力处的表面质量等因素均会明显影响疲劳强度。

### 5. 反复弯曲

反复弯曲是将矩形或圆形或其他规定形状横截面钢材试件的一端固定，绕规定半径的圆柱支辊弯曲 $90°$，再沿相反方向弯曲的重复弯曲，原理如图 8-7 所示。

"扫扫看"
机动式弯折仪

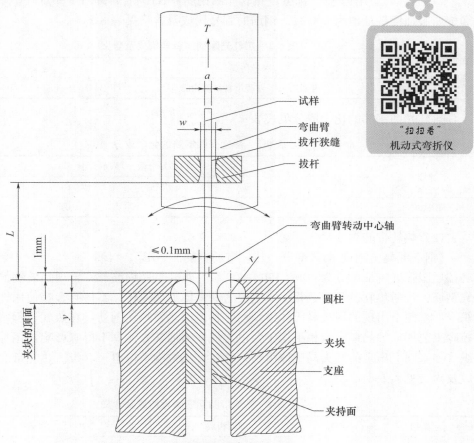

图 8-7 反复弯曲试验原理示意图

反复弯曲试验一般在 $10\sim35℃$ 的室温进行，如果要求严格应在 $(23\pm5)℃$。弯曲臂处于垂直状态，夹紧试样下端，试样上端穿过拔杆狭缝。试样从起始位置向左或右弯曲 $90°$，然后返回至起始位置为一次弯曲。再由起始位置向右或左弯曲 $90°$，再返回至起始位置为第二次。如此连续进行反复弯曲，如图 8-8 所示。

反复弯曲试验的速率一般每秒不超过 1 次，弯曲应平稳无冲击。必要时降低弯曲速率避免弯曲部位产生的热对试验影响。连续弯曲至相关产品规定

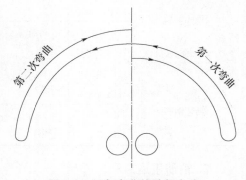

图 8-8 反复弯曲的计数方法

的弯曲次数，或试样断裂为止。

## 三、钢筋强度等级的分级、表示法及用途

### 1. 热轧钢筋强度等级的分级和表示法

（1）热轧光圆钢筋

《钢筋混凝土用钢 第1部分：热轧光圆钢筋》（GB/T 1499.1—2017）中，热轧光圆钢筋按屈服强度特征值为300级。钢筋的牌号构成及含义见表8-2。

表8-2　热轧光圆钢筋牌号构成及含义

| 牌号 | 牌号构成 | 含义 |
| --- | --- | --- |
| HPB300 | 由 HPB+屈服强度特征值构成 | HPB—Hot rolled Plain Bars 的缩写 |

热轧光圆钢筋的化学成分见表8-3。

表8-3　热轧光圆钢筋的化学成分

| 牌号 | 化学成分（质量分数）/%不大于 | | | | |
| --- | --- | --- | --- | --- | --- |
| | C | Si | Mn | P | S |
| HPB300 | 0.25 | 0.55 | 1.50 | 0.045 | 0.045 |

（2）热轧带肋钢筋

《钢筋混凝土用钢 第2部分：热轧带肋钢筋》（GB/T 1499.2—2018）中，热轧带肋钢筋按屈服强度特征值分为400、500、600级。热轧带肋钢筋有：普通热轧钢筋和细晶粒热轧钢筋。普通热轧钢筋，金相组织主要为铁素体加珠光体，不得有影响使用性能的其他组织（如基圆上出现的回火马氏体组织）存在。细晶粒热轧钢筋，在热轧过程中通过控轧和控冷工艺形成细晶粒，金相组织主要也为铁素体加珠光体，不得有影响使用性能的其他组织（如基圆上出现的回火马氏体组织）存在，晶粒度不得粗于9级。热轧带肋钢筋牌号构成及含义见表8-4。

表8-4　热轧带肋钢筋牌号构成及含义

| 类别 | 牌号 | 牌号构成 | 含义 |
| --- | --- | --- | --- |
| 普通热轧钢筋 | HRB400 | 由 HRB+屈服强度特征值构成 | HRB——热扎带肋钢筋的英文（Hot rolled Ribbed Bars）缩写；E——"地震"的英文（Earthquake）首位字母 |
| | HRB500 | | |
| | HRB600 | | |
| | HRB400E | 由 HRB+屈服强度特征值+E 构成 | |
| | HRB500E | | |
| 细晶粒热轧钢筋 | HRBF400 | 由 HRBF+屈服强度特征值构成 | HRBF——在热扎带肋钢筋的英文缩写后加"细"的英文（Fine）首位字母；E——"地震"的英文（Earthquake）首位字母 |
| | HRBF500 | | |
| | HRBF400E | 由 HRBF+屈服强度特征值+E 构成 | |
| | HRBF500E | | |

### 2. 钢筋用途

《混凝土结构设计规范（2015 年版)》（GB 50010—2010）规定钢筋混凝土结构的受力钢筋：

（1）纵向受力普通钢筋宜采用 HRB400、HRB500、HRBF400、HRBF500 钢筋，也可采用 HPB300、HRB335、HRBF335、RRB400 钢筋；

（2）梁、柱纵向受力普通钢筋应采用 HRB400、HRB500、HRBF400、HRBF500 钢筋；

（3）箍筋宜采用 HRB400、HRBF400、HPB300、HRB500、HRBF500 钢筋；可采用 HRB335、HRBF335 钢筋；

（4）预应力筋宜采用预应力钢丝、钢绞线和预应力螺纹钢筋。

## 四、钢筋焊接和机械连接的类别、技术要求、应用范围

### 1. 钢筋焊接

（1）钢筋焊接连接主要形式

钢筋焊接连接形式有：电阻点焊、闪光对焊、电弧焊、电渣压力焊、气压焊、预埋件钢筋埋弧压力焊。钢筋焊接连接可改善结构受力性能，提高工效，减低施工成本。

① 电阻点焊：将两根钢筋交叉叠接放于两电极之间，电极通电熔化母材，加压形成焊点。

② 闪光对焊：钢筋安放对接形式，利用电阻热使触点金属熔化，迅速施加顶锻力，产生强烈的闪光飞溅后形成焊点。

③ 电弧焊：焊条和钢筋各作为一个电极，利用焊接电流产生的电弧热进行熔焊。

④ 电渣压力焊：两根钢筋竖向对接安放，电流通过两钢筋端面间隙，焊剂层下形成电弧和电渣，电弧热和电阻热熔化钢筋，加外压形成焊点。

⑤ 气压焊：采用高温火焰（乙炔）对两钢筋对接处加热，使其达塑性状态或熔化状态后，再加压形成焊点。

⑥ 预埋件钢筋埋弧压力焊：钢筋安放于钢板上，形成 T 型接头形式，当焊接电流通过时，在焊剂层下产生电弧，形成熔池，加压形成焊点。

（2）钢筋焊接连接技术要求

① 闪光对焊、电弧焊、电渣压力焊、气压焊、箍筋闪光对焊应从每一检验批接头中随机切取三个接头进行试验并应按下列规定对试验结果进行评定。

符合下列条件之一，评定该检验批接头拉伸试验合格：

3 个试件均断于母材，呈延性断裂，其抗拉强度大于或等于钢筋母材抗拉强度标准值；

2 个试件断于钢筋母材，呈延性断裂，其抗拉强度大于或等于钢筋母材抗拉强度标准值；另一根试件断于焊缝，呈脆性断裂，其抗拉强度大于或等于钢筋母材抗拉强度标准值的 1.0 倍（试件断于热影响区，呈延性断裂，应视作与断于钢筋母材等同；试件断于热影响区，呈脆性断裂，应视作与断于焊缝等同）。

符合下列条件之一，应进行复验：

2 个试件断于钢筋母材，呈延性断裂，其抗拉强度大于或等于钢筋母材抗拉强度标准值；另一个试件断于焊缝，或热影响区，呈脆性断裂，其抗拉强度小于钢筋母材抗拉强度标准值的 1.0 倍；

1 个试件断于钢筋母材，呈延性断裂，其抗拉强度大于钢筋母材抗拉强度标准值；另 2 个断于焊缝或热影响区，呈脆性断裂；

3 个试件均断于焊缝，呈脆性断裂，其抗拉强度均大于或等于钢筋母材抗拉强度标准值的 1.0 倍。

出现下述现象，应评定该检验批接头拉伸试验不合格：

3个试件均断于焊缝，呈脆性断裂，其中有1个试件抗拉强度小于或等于钢筋母材抗拉强度标准值的1.0倍。

复验判定：

复验时，应取6个试件进行试验，若有4个或4个以上试件断于钢筋母材，呈延性断裂，其抗拉强度大于或等于钢筋母材抗拉强度标准值，另2个或2个以下试件断于焊缝，呈脆性断裂，其抗拉强度大于或等于钢筋母材抗拉强度标准值的1.0倍，应评定该检验批接头拉伸试验复验合格。

② 预埋件钢筋T形接头拉伸试验

预埋件钢筋T形接头拉伸试验结果，3个试件的抗拉强度均大于或等于表8-5中的规定值时，应评定该检验批拉伸试验合格。若有一个接头试件抗拉强度小于表8-5的规定值时，应进行复验。复验时，切取6个试件进行试验。复验结果，其抗拉强度均大于或等于表8-5的规定值，应判定该检验批接头拉伸试验复验合格。

表 8-5　预埋件钢筋 T 形接头拉伸试验强度规定值

| 钢筋牌号 | 抗拉强度规定值/MPa |
| --- | --- |
| HPB300 | 400 |
| HRB335、HRBF335 | 435 |
| HRB400、HRBF400 | 520 |
| HRB500、HRBF500 | 610 |
| RRB400W | 520 |

③ 余热处理钢筋RRB400W焊接接头拉伸试验

可焊余热处理钢筋RRB400W焊接接头拉伸试验结果，其抗拉强度应符合同级别热轧带肋钢筋抗拉强度标准值540MPa的规定。

④ 钢筋闪光对焊、气压焊接头弯曲试验

a. 弯心直径和弯曲角度

钢筋闪光对焊、气压焊接头弯曲试验时，应从每一个检验批接头中随机切取3个接头，焊缝处于弯曲中心点，弯心直径（$D$）和弯曲角度按表8-6规定。

表 8-6　弯心直径和弯曲角度的规定

| 钢筋牌号 | 弯心直径 | 弯曲角度/° |
| --- | --- | --- |
| HPB300 | $2d$ | 90 |
| HRB335、HRBF335 | $4d$ | 90 |
| HRB400、HRBF400、RRB400W | $5d$ | 90 |
| HRB500、HRBF500 | $7d$ | 90 |

注：$d$为钢筋直径，mm；直径大于25mm的钢筋焊接接头，弯心直径应增加1倍钢筋直径。

b. 弯曲试验结果评定

试件弯曲至90°，有2个或3个试件外侧（含焊缝和热影响区）未发生宽度达到0.5mm的裂纹，应评定该检验批接头弯曲试验合格。

当有 2 个或 3 个试件发生宽度达到 0.5mm 的裂纹，应进行复验。

当有 3 个试件发生宽度达到 0.5mm 的裂纹，应评定该检验批接头弯曲试验不合格。

复验时，应切取 6 个试件进行试验。当不超过 2 个试件发生宽度达到 0.5mm 的裂纹，应评定该检验批接头弯曲试验复验合格。

**2. 机械连接**

（1）钢筋机械连接主要形式

钢筋的机械连接指通过钢筋与连接件的机械咬合作用或钢筋端面的承压作用，将一根钢筋中的力传递至另一根钢筋的连接方法。其常见主要形式有：套筒挤压连接、锥螺纹套筒连接、镦粗直螺纹钢筋套筒连接、滚轧直螺纹套筒连接、套筒灌浆连接、熔融金属填充连接等。

① 套筒挤压连接

施工时，将需要连接的带肋钢筋插于特制的钢套筒中，机械挤压套筒，产生塑性变形，套筒与钢筋紧密咬合实现钢筋之间的连接，如图 8-9 所示。

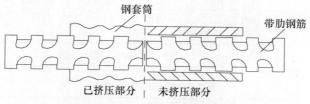

**图 8-9　套筒挤压连接示意图**

② 锥螺纹套筒连接

将钢筋端头加工成特制的锥形螺纹，连接钢筋时，对正轴线将钢筋按规定的力矩拧入连接套筒中，连接示意图如图 8-10 所示。

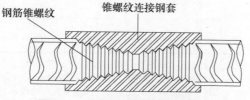

**图 8-10　锥螺纹套筒连接示意图**

③ 镦粗直螺纹钢筋套筒连接

将钢筋的连接端先行镦粗，再加工出圆柱螺纹并用连接套筒连接。镦粗头示意图如图 8-11 所示。

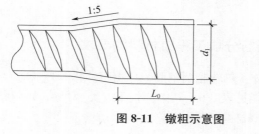

**图 8-11　镦粗示意图**

④ 滚轧直螺纹套筒连接

将钢筋端部用滚轧工艺加工成直螺纹或剥肋后滚轧成直螺纹，并用相应的连接套筒将两根钢筋相互连接。

⑤ 套筒灌浆连接

在金属套筒中插入单根带肋钢筋并注入灌浆拌合物，通过拌合物硬化而实现传力的钢筋连接方法。

⑥ 熔融金属填充连接

由高热剂反应产生熔融金属填充在钢筋与连接件套筒形成的钢筋连接方法。

（2）机械连接的钢筋接头主要技术要求

机械连接的钢筋接头根据极限抗拉强度、残余变形、最大力下总伸长率以及高应力和大变形条件下反复拉压性能，分为Ⅰ级、Ⅱ级、Ⅲ级。《钢筋机械连接技术规程》（JGJ 107—2016）规定，机械连接的钢筋接头极限抗拉强度（$f_{mst}^o$），见表8-7，接头的变形能力见表8-8。

表 8-7　钢筋接头极限抗拉强度

| 接头等级 | Ⅰ级 | Ⅱ级 | Ⅲ级 |
|---|---|---|---|
| 极限抗拉强度 | $\geqslant f_{stk}$ 钢筋拉断 或 $\geqslant 1.10 f_{stk}$ 连接件破坏 | $\geqslant f_{stk}$ | $\geqslant 1.25 f_{yk}$ |

注：钢筋拉断——断于钢筋母材、套筒外钢筋丝头和钢筋镦粗过渡段；连接件破坏——断于套筒、套筒纵向开裂或从套筒中拔出以及其他连接组件破坏；$f_{yk}$——钢筋屈服强度标准值；$f_{stk}$——钢筋极限抗拉强度标准值。

表 8-8　接头的变形能力

| 接头等级 | | Ⅰ级 | Ⅱ级 | Ⅲ级 |
|---|---|---|---|---|
| 单项拉伸 | 残余变形/mm | $u_0 \leqslant 0.10$（$d \leqslant 32$） $u_0 \leqslant 0.14$（$d > 32$） | $u_0 \leqslant 0.14$（$d \leqslant 32$） $u_0 \leqslant 0.16$（$d > 32$） | $u_0 \leqslant 0.14$（$d \leqslant 32$） $u_0 \leqslant 0.16$（$d > 32$） |
| | 最大力总伸长率/% | $A_{sgt} \geqslant 6.0$ | $A_{sgt} \geqslant 6.0$ | $u_{0t} \geqslant 3.0$ |
| 高应力反复拉压 | 残余变形/mm | $u_{20} \leqslant 0.3$ | $u_{20} \leqslant 0.3$ | $u_{20} \leqslant 0.3$ |
| 大变形反复拉压 | 残余变形/mm | $u_4 \leqslant 0.3$ 且 $u_8 \leqslant 0.6$ | $u_4 \leqslant 0.3$ 且 $u_8 \leqslant 0.6$ | $u_4 \leqslant 0.6$ |

注：$u_0$—接头试件加载至 $0.6 f_{yk}$ 并卸载后在规定标距内的残余变形；

　　$u_{20}$—接头试件按 JGJ 107—2016 规程加载经高应力反复拉压 20 次后的残余变形；

　　$u_4$—接头试件按 JGJ 107—2016 规程加载经大变形反复拉压 4 次后的残余变形；

　　$u_8$—接头试件按 JGJ 107—2016 规程加载经大变形反复拉压 8 次后的残余变形。

（3）机械连接的钢筋接头应用

《钢筋机械连接技术规程》（JGJ 107—2016）中规定：混凝土结构中要充分发挥钢筋强度或对延性要求高的部位应选用Ⅰ级或Ⅱ级接头；在同一连接区段内钢筋接头面积百分率为100%时，应选用Ⅰ级接头；混凝土结构中钢筋应力较高但对延性要求不高的部位可选用Ⅲ级接头。

## 五、钢筋产品标准及钢筋分项工程原材料的要求

《钢筋混凝土用钢 第1部分：热轧光圆钢筋》（GB/T 1499.1—2017）中，热轧光圆钢筋的力学性能特征值和工艺性能见表8-9。其中伸长率的类型可从 $A$（断后伸长率）或 $A_{gt}$（最大力总伸长率）中选定，仲裁检验采用 $A_{gt}$。

表 8-9　热轧光圆钢筋的力学性能特征值和工艺性能

| 牌号 | $R_{eL}$/MPa | $R_m$/MPa | $A$/% | $A_{gt}$/% | 冷弯实验 180° $d$—弯心直径/mm $a$—钢筋公称直径/mm |
|---|---|---|---|---|---|
| | 不小于 | | | | |
| HPB300 | 300 | 420 | 25.0 | 10.0 | $d=a$，钢筋受弯曲部位表面 不得产生裂纹 |

《钢筋混凝土用钢 第 2 部分：热轧带肋钢筋》（GB/T 1499.2—2018）中，钢筋力学性能特征值见表 8-10，弯曲性能见表 8-11。

表 8-10　热轧带肋钢筋力学性能特征值

| 牌号 | 下屈服强度 $R_{eL}$ /MPa | 抗拉强度 $R_m$ /MPa | 断后伸长率 $A$ /% | 最大力总延伸率 $A_{gt}$ /% | $R_m^o/R_{eL}^o$ | $R_{eL}^o/R_{eL}$ |
|---|---|---|---|---|---|---|
| | 不小于 | | | | | 不大于 |
| HRB400 HRBF400 | 400 | 540 | 16 | 7.5 | — | — |
| HRB400E HRBF400E | | | | 9.0 | 1.25 | 1.30 |
| HRB500 HRBF500 | 500 | 630 | 15 | 7.5 | — | — |
| HRB500E HRBF500E | | | | 9.0 | 1.25 | 1.30 |
| HRB500 | 600 | 730 | 14 | 7.5 | — | — |

注：$R_m^o$ 为钢筋实测抗拉强度；$R_{eL}^o$ 为钢筋实测下屈服强度。

表 8-11　热轧钢筋的弯曲性能

| 牌号 | 公称直径 $d$/mm | 弯心直径/mm | 弯曲 180° |
|---|---|---|---|
| HRB400 HRBF400 HRB400E HRBF400E | 6~25 | $4d$ | |
| | 28~40 | $5d$ | |
| | >40~50 | $6d$ | |
| HRB500 HRBF500 HRB500E HRBF500E | 6~25 | $6d$ | 受弯曲部位表面 不得产生裂纹 |
| | 28~40 | $7d$ | |
| | >40~50 | $8d$ | |
| HRB600 | 6~25 | $6d$ | |
| | 28~40 | $7d$ | |
| | >40~50 | $8d$ | |

《混凝土结构工程施工质量验收规范》（GB 50204—2015）中，对钢筋分项工程要求：钢筋进场时，应按国家现行相关标准的规定抽取试件作屈服强度、抗拉强度、伸长率、弯曲性能和重量偏差检验，检验结果必须符合相关标准的规定。对按一、二、三级抗震等级设计的框架和斜撑构件（含梯段）中的纵向受力普通钢筋应采用 HRB335E、HRB400E、HRB500E、HRBF335E、HRBF400E 或 HRBF500E 钢筋。

GB 50204—2015 和 GB/T 1499.2—2018 中都规定，牌号后加 E 的钢筋，其强度和最大力下总伸长率的实测值应符合下列规定：（1）钢筋的抗拉强度实测值与下屈服强度实测值的比值不小于 1.25；（2）钢筋的下屈服强度实测值与屈服强度标准值的比值不大于

1.30；（3）钢筋的最大力总伸长率不应小于9％。

### 六、钢材的超声波探伤

建筑钢材中缺陷的检验，可用无损检测的方法对其大小定量。钢材缺陷无损检验方法较多，有超声波、射线、磁粉、涡流、渗透、声发射、红外等。对于建筑钢结构用钢比较经济、实用、安全的检验方法是金属超声波探伤法。

通常选用A型金属超声波仪进行焊接的无损检验。这种探伤仪荧光屏横坐标为声波传播的时间（或距离），纵坐标代表反射波的波幅（一般而言缺陷大的波幅高）。根据荧光屏上反射波的位置可以确定缺陷位置，反射波的波幅可以估算缺陷大小。A型金属超声波仪工作过程，如图8-12所示。

同步电路产生的触发脉冲同时加至扫描电路和发射电路，扫描电路受触发开始工作，产生锯齿波扫描电压，加至示波管水平偏转板，使电子束发生水平偏转，在荧光屏上产生一条水平扫描线。与此同时，发射电路受触发产生高频窄脉冲，加至探头，激励压电晶片振动，在工件中产生超声波。超声波在工件中传播，遇到缺陷发生反射，返回探头时，又被压电晶片转换成电信号，经接收电路放大和检波，加至示波管垂直偏转板上，使电子束发生垂直偏转，在水平扫描的相应位置上产生缺陷波和底波。根据缺陷波的位置可以确定缺陷的深度，根据波幅可以估算缺陷当量的大小。

现场斜探头探伤法对于焊缝缺陷检测较实用。斜探头法是超声波从焊缝侧面斜射进入焊缝，探伤示意图如图8-13所示。

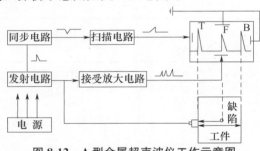

图8-12　A型金属超声波仪工作示意图

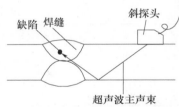

图8-13　斜探头探伤示意图

# 第二节　试　　验

## 一、钢筋母材力学性能检测

检测主要依据标准：

《钢筋混凝土用钢 第1部分：热轧光圆钢筋》（GB/T 1499.1—2017）；

《钢筋混凝土用钢 第2部分：热轧带肋钢筋》（GB/T 1499.2—2018）；

《金属材料 拉伸试验 第1部分：室温试验方法》（GB/T 228.1—2010）；

《金属材料 弯曲试验方法》（GB/T 232—2010）；

《钢筋混凝土用钢材试验方法》（GB/T 28900—2012）。

取样方法及试样制备：

钢筋拉伸和弯曲试验不允许进行车削加工。试样应在符合交货状态的钢筋产品上制取。

拉伸试样：任选两根（盘）钢筋切取两根试样，试样在两夹头间的自由长度应足够使原始标距的标记与试验机夹头有合理的距离。

弯曲试样：任选两根（盘）钢筋切取两根试样，长度应满足试验机进行规定的弯折角度（根据钢筋直径和设备而定）。对于支辊式弯曲装置支辊间距（$l$）按下式计算：

$$l = (D + 3a) \pm a/2$$

式中 $D$——弯心直径，mm；

　　$a$——钢筋直径，mm。

重量偏差试样：从不同钢筋上截取，数量不少于 5 根，每根长度不小于 500mm。

**1. 拉伸检测**

（1）主要仪器

① 试验机：满足《静力单轴试验机的检验 第 1 部分：拉力和（或）压力试验机测力系统的检验与校准》（GB/T 16825.1—2008），并且为一级精度或优于一级精度。

② 引伸计：应符合《单轴试验用引伸计的标定》（GB/T 12160—2002），用于测定 $R_{eL}$（$R_{P0.2}$）时，应达到 1 级精度；测定 $A$ 及 $A_{gt}$ 时，为 2 级精度。用于测定最大力 $F_m$ 总延伸率（$A_{gt}$）应至少有 100mm 的标距精度。

③ 钢筋标距打点机。

（2）检测步骤

① 在待测钢筋试件上打上原始标距。

比例试样原始标距（$L_0$）与原始截面积（$S_0$）有以下关系：

$$L_0 = k\sqrt{S_0}$$

式中 $L_0$——试样原始标距，mm；

　　$k$——取 5.65，相关产品标准规定，可采用 11.3；

　　$S_0$——钢筋原始截面积，$mm^2$。

圆形横截面比例试样的原始标距计算见表 8-12（相关产品可以规定其他尺寸）。

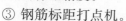

**表 8-12　圆形横截面比例试样的原始标距**

| $d_0$/mm | $k = 5.65$ | | | $k = 11.3$ | | |
|---|---|---|---|---|---|---|
| | $L_0$/mm | $L_c$/mm | 试样编号 | $L_0$/mm | $L_c$/mm | 试样编号 |
| 25 | | | R1 | | | R01 |
| 20 | | | R2 | | | R02 |
| 15 | | | R3 | | | R03 |
| 10 | $5d_0$ | $L_c \geq L_0 + d_0/2$ 仲裁实验：$L_0 + 2d$ | R4 | $10d_0$ | $L_c \geq L_0 + d_0/2$ 仲裁实验：$L_0 + 2d$ | R04 |
| 8 | | | R5 | | | R05 |
| 6 | | | R6 | | | R06 |
| 5 | | | R7 | | | R07 |
| 3 | | | R8 | | | R08 |

注：1. $L_c$——平行长度，指试样平行缩减部分的长度；对于未经加工的试样，平行长度的概念被两夹头之间的距离取代；

　　2. 试样总长度 $L_t$ 取决于加持方法，原则上 $L_t > L_c + 4d_0$。

平行长度 $L_c$ 比原始标距长许多，可以标记一系列套叠的原始标距。

手工方法测定量大力 $F_m$ 总伸长率（$A_{gt}$）时，等分格标记应标在试样的平行长度上，根据钢筋的直径，等分格标记间的距离应为 10mm，也可采用 5mm 或 20mm。

② 将试件固定在试验机夹头内，按《金属材料拉伸试验 第 1 部分：室温试验方法》（GB/T 228.1—2010）中规定测屈服强度和抗拉强度要求的加荷速度进行加荷。试件在弹性范围内应力速率按表 8-13 控制；试样平行长度的屈服期间应变速率在 $0.00025\sim0.0025s^{-1}$ 之间控制，测定屈服强度或塑性延伸强度后，试验应变速率可增加到不大于 $0.008s^{-1}$。

表 8-13　弹性范围内应力速度

| 弹性模量/MPa | 应力速率/（MPa·s⁻¹） | |
| --- | --- | --- |
| | 最小 | 最大 |
| <150000 | 2 | 20 |
| ≥150000 | 6 | 60 |

③ 记录试件的屈服荷载和断裂最大荷载。

④ 将拉断的试件在断裂处对齐，并保持在同一轴线，测量断后试件（断裂伸长率或最大力总伸长率）标距的长度。

（3）检测结果

① 屈服强度

$$R_{eL}=F_S/S_0$$

式中　$R_{eL}$——下屈服强度，MPa；
　　　$F_S$——屈服荷载，N；
　　　$S_0$——公称截面面积，mm。

② 抗拉强度

$$R_m=F_m/S_0$$

式中　$R_m$——抗拉强度，MPa；
　　　$F_m$——最大力，N；
　　　$S_0$——公称截面面积，mm。

③ 断后伸长率

$$A=（L_U-L_0）/L_0$$

式中　$A$——断后伸长率，%；
　　　$L_U$——断后标距，mm；
　　　$L_0$——原始标距，mm。

原则上只有断裂处与最接近的标距标记的距离不小于原始标距的三分之一情况下有效，但断裂伸长率大于或等于规定值，不管断裂位置在何处测量均有效。

断裂处与最接近的标距标记的距离小于原始标距的三分之一，可用移位法测断后伸长率，如图 8-14 所示。

实验前，将原始标距细分为 $N$ 等分。试验后，以符号 $X$ 表示断裂后试样短段的标距标记，以符号 $Y$ 表示断裂试样长段的等分标记，此标记与断裂处的距离最接近于断裂处至标距标记 X 的距离。如果 $X$ 与 $Y$ 之间的分格数为 $n$，则断后伸长率计算：

当 $N-n$ 为偶数 [图 8-14（a）]，测量 $X$ 与 $Y$ 之间的距离及测量从 $Y$ 至距离为（$N-$

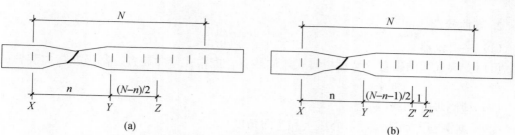

**图 8-14　移位法图示说明**

$n$)/2 个分格的 $Z$ 标记之间的距离，按下式计算断后伸长率：

$$A = \frac{XY + 2YZ - L_0}{L_0} \times 100\%$$

当 $N-n$ 为奇数 [图 8-14（b）]，测量 $X$ 与 $Y$ 之间的距离，和测量从 $Y$ 至距离分别为：（$N-n-1$）/2 和（$N-n+1$）/2 个分格的 $Z'$ 和 $Z''$ 标距之间的距离，按下式计算断后伸长率：

$$A = \frac{XY + YZ' + YZ'' - L_0}{L_0} \times 100\%$$

④ 最大力总伸长率

最大力总伸长率按下式计算，测试计算示意如图 8-15 所示。

$$A_{gt} = \left( \frac{L - L_0}{L_0} + \frac{R_m^0}{E} \right) \times 100$$

式中　$A_{gt}$——最大力总伸长率，%；

$L$——如图 8-15 所示断裂后的距离，mm；

$L_0$——实验前同样标记间的距离（至少 100mm），mm；

$R_m^0$——抗拉强度实测值，MPa；

$E$——弹性模量，其值可取 $2 \times 10^5$ MPa。

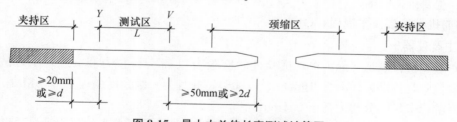

**图 8-15　最大力总伸长率测试计算图**

⑤ 数据修约

钢筋强度、伸长率及最大力总伸长率数据修约按《冶金技术标准的数值修约与检测数值的判定》（YB/T 081—2013）执行，修约间隔见表 8-14。

**表 8-14　钢筋强度、伸长率及最大力总伸长率数据修约间隔**

| 性能 | 强度范围 | 修约间隔 |
|---|---|---|
| $R_{eL}$，$R_m$ | ≤200MPa | 1MPa |
| | >200~1000MPa | 5MPa |
| | >1000MPa | 10MPa |
| $A$，$A_{gt}$ | — | 0.1% |

**2. 弯曲检测**

（1）主要仪器

可用支辊式弯曲装置、V型模具式弯曲装置、虎钳式弯曲装置、翻板式弯曲装置的任意一种。

（2）检测步骤

① 根据钢筋类别选择好弯心压头和弯曲角度。

② 调整好所选弯曲试验装置，钢筋试样在弯曲试验装置上就位。

③ 缓慢施加弯曲力［当出现争议时，试验速率应为（1±0.2）mm/s］，以使材料能够自由地进行塑性变形，直至钢筋试样弯曲到180°。支辊式弯曲装置，如图8-16所示。

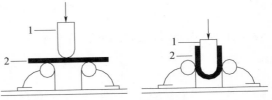

图 8-16　钢筋弯曲试验（示意图）
1—弯心压头；2—钢筋试样

（3）检测结果

钢筋试样按规定的弯心弯曲到180°后，受弯部位表面不得产生裂纹为弯曲合格。

**3. 重量偏差检测**

（1）检测步骤

每根钢筋逐根检验长度，精确至1mm；测量试样的总重量，应精确到不大于总重量的1%。

（2）检测结果

$$重量偏差 = \frac{试样实际总重量 - （试样总长度 \times 理论重量）}{试样总长度 \times 理论重量} \times 100$$

重量偏差应符合钢筋产品规定；不合格时，不准复验。

## 二、钢筋机械连接检测

检测主要依据标准：

《钢筋机械连接技术规程》（JGJ 107—2016）。

**1. 主要仪器**

（1）试验机：满足《静力单轴试验机的检验 第1部分：拉力和（或）压力试验机测力系统的检验与校准》（GB/T 16825.1—2008），并且为一级精度或优于一级精度。

（2）游标卡尺：分辨力优于0.1mm。

（3）变形测量仪：如带有百分表装置的变形测量仪表，百分表的行程满足变形检验。

**2. 检测步骤**

单项拉伸和反复拉压试验：

（1）变形仪表对称布置在接头两侧，两侧测点的相对偏差不宜大于5mm，如图8-17所示。

（2）试验加载，按表8-15进行。单项拉伸、高应力反复拉压、大变形反复拉压加载示意如图8-18～图8-20所示。测量接头试件残余变形时的加载应力速率宜采用$2N/mm^2 \cdot s^{-1}$，

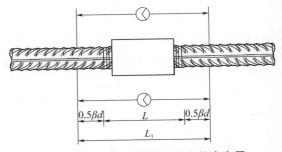

图 8-17　接头变形测量标距和仪表布置

不应超过 $10N/mm^2 \cdot s^{-1}$，测量接头试件的最大力总伸长率或极限抗拉强度时，试验机夹头的分离速率宜采用每分钟 $0.05L_c$（$L_c$ 为试验机夹头之间的距离），速率的相对误差不宜大于 $\pm 20\%$。

（3）量测仪表分别读取各自变形值，取其平均值计算残余变形。

表 8-15　单项拉伸和反复拉压试验加载

| 实验项目 | | 加载制度 |
|---|---|---|
| 单项拉伸 | | $0 \rightarrow 0.6f_{yk} \rightarrow 0$（测量残余变形）$\rightarrow$ 最大拉力（记录极限抗拉强度）$\rightarrow$ 破坏（测定最大力下总伸长率） |
| 高应力反复拉压 | | $0 \rightarrow [0.9f_{yk} \rightarrow -0.5f_{yk}$（反复 20 次）$] \rightarrow$ 破坏 |
| 大变形反复拉压 | Ⅰ、Ⅱ级 | $0 \rightarrow [2\varepsilon_{yk} \rightarrow -0.5f_{yk}$（反复 4 次）$] \rightarrow [5\varepsilon_{yk} \rightarrow -0.5f_{yk}$（反复 4 次）$] \rightarrow$ 破坏 |
| | Ⅲ级 | $0 \rightarrow [2\varepsilon_{yk} \rightarrow -0.5f_{yk}$（反复 4 次）$] \rightarrow$ 破坏 |

注：荷载与变形测量偏差不应大于 $\pm 5\%$；$f_{yk}$—钢筋屈服强度标准值；$\varepsilon_{yk}$—钢筋达到屈服强度标准值时的应变。

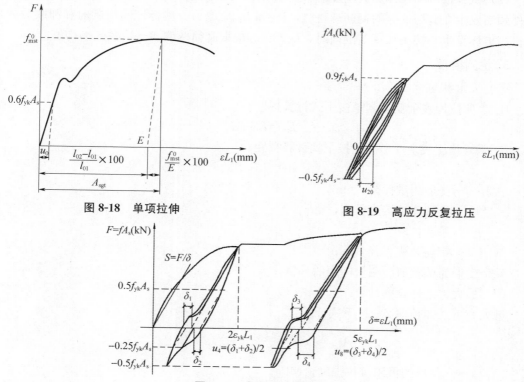

图 8-18　单项拉伸

图 8-19　高应力反复拉压

图 8-20　大变形反复拉压

注：1. $S$ 线表示钢筋的拉、压刚度；$F$ 为钢筋所受的力，等于钢筋应力 $f$ 与钢筋理论横截面面积 $A_s$ 的乘积；$\delta$ 为力作用下的钢筋变形，等于钢筋应变 $\varepsilon$ 与变形测量标距 $L_1$ 的乘积；$A_s$ 为钢筋理论横截面面积（$mm^2$）；$L_1$ 为变形测量标距（$mm$）；

2. $\delta_1$ 为 $2\varepsilon_{yk}L_1$ 反复加载 4 次后，在加载力为 $0.5f_{yk}A_s$ 及反向卸载力为 $-0.25f_{yk}A_s$ 处作 $S$ 的平行线与横坐标交点之间的距离所代表的变形值；

3. $\delta_2$ 为 $2\varepsilon_{yk}L_1$ 反复加载 4 次后，在卸载力为 $0.5f_{yk}A_s$ 及反向加载力为 $-0.25f_{yk}A_s$ 处作 $S$ 的平行线与横坐标交点之间的距离所代表的变形值；

4. $\delta_3$、$\delta_4$ 为在 $5\varepsilon_{yk}L_1$ 反复加载 4 次后，按与 $\delta_1$、$\delta_2$ 相同方法所得的变形值；

5. $u_0$ 为接头试件加载至 $0.6f_{yk}$ 并卸载后在规定标距内的残余变形；

6. $u_{20}$ 为接头试件经高应力反复拉压 20 次后的残余变形；

7. $u_4$、$u_8$ 为接头试件经大变形反复拉压 4 次、8 次后的残余变形。

最大力下总伸长率：

（1）试件加载前，在其套筒两侧的钢筋表面分别用细化线 $A$、$B$ 和 $C$、$D$ 标出测量标距 $L_{01}$（长度不应小于 100mm，精度不大于 0.1mm）的标记线，如图 8-21 所示。

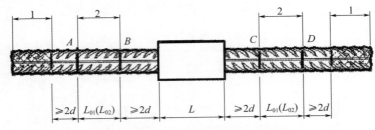

**图 8-21　最大力下总伸长率测点布置**
1—加持区；2—测量区

（2）试件按单项拉伸加载制度加载并拉断，再次测量 $A$、$B$ 和 $C$、$D$ 间标距 $L_{02}$。当试件颈缩发生在套筒一侧的钢筋母材时，$L_{01}$ 和 $L_{02}$ 应取另一侧标记间加载前和卸载后的长度。当破坏发生在接头长度范围内时，$L_{01}$ 和 $L_{02}$ 应取套筒两侧各自读数的平均值。

**3. 检测结果**

（1）变形测量标距 $L_1$

① 单项拉伸残余变形测量按下式计算标距：

$$L_1 = L + \beta d$$

② 反复拉压残余变形测量按下式计算标距：

$$L_1 = L + 4d$$

式中　$L_1$——变形测量标距，mm；

　　　$L$——机械连接接头长度，mm；

　　　$\beta$——系数，取 1～6；

　　　$d$——钢筋公称直径，mm。

残余变形为试验前后测量标距的差值。

（2）最大力总伸长率计算

最大力下总伸长率 $A_{sgt}$ 按下式计算：

$$A_{sgt} = \left( \frac{L_{02} - L_{01}}{L_{01}} + \frac{f_{mst}^0}{E} \right) \times 100$$

式中　$f_{mst}^0$——试件的极限抗拉强度，MPa；

　　　$E$——钢筋理论弹性模量，MPa；

　　　$L_{01}$——加载前 $A$、$B$ 和 $C$、$D$ 间的实测长度，mm；

　　　$L_{02}$——卸载后 $A$、$B$ 和 $C$、$D$ 间的实测长度，mm。

（3）接头评定

型式检验：

① 强度检验：试件不应少于 3 个，每个接头试件的强度实测值均应符合《钢筋机械连接技术规程》（JGJ 107—2016）规定的相应接头等级的强度要求。

② 变形检验：3 个试件残余变形和最大力下总伸长率实测值的平均值应符合《钢筋机

械连接技术规程》(JGJ 107—2016) 的规定。

现场检查:

工程中随机抽 3 个接头做极限抗拉强度。3 个接头试件极限抗拉强度实测值均符合《钢筋机械连接技术规程》(JGJ 107—2016) 规定的相应接头等级的强度要求, 则该验收批合格。当有一个试件的极限抗拉强度不符合要求, 应取 6 个试件进行复检, 复检中仍有一个试件的极限抗拉强度不符合要求, 则该验收批不合格。

(4) 数据修约

检测结果的数据修约与判定按《数值修约规则与极限数值的表示》(GB/T 8170—2008)。

## 三、钢板超声检测

检测主要依据标准:

《承压设备无损检测 第 3 部分: 超声检测》(NB/T 47013.3—2015)。

### 1. 主要仪器及性能

(1) 超声检测仪: A 型脉冲式超声波检测仪, 其工作频率按－3dB 测量, 至少包括0.5～10MHz 范围。

(2) 探头: 一般用直探头。探头圆形晶片直径一般不应大于 40mm, 方形晶片任一边长一般不应大于 40mm。直探头选用, 见表 8-16。

表 8-16　直探头选用

| 板厚/mm | 探头类别 | 频率/MHz | 推荐晶片/mm |
|---|---|---|---|
| 6～20 | 双晶直探头 | 4～5 | 圆形晶片直径 $\phi10$～$\phi30$<br>方形晶片边长 10～30 |
| ＞20～60 | 双晶直探头或单晶直探头 | 2～5 | |
| ＞60 | 单晶直探头 | 2～5 | |

(3) 仪器—探头组合性能: 在达到所探工件的最大检测声程时, 其有效灵敏度量应不小于 10dB。

① 仪器—直探头组合性能还应满足: 灵敏度余量应不小于 32dB; 在基准灵敏度下, 对于标称频率为 5MHz 的探头, 盲区不大于 10mm; 对于标称频率为 2.5MHz 的探头, 盲区不大于 15mm; 直探头远场分辨力不小于 20dB。

② 仪器—斜探头组合性能还应满足: 灵敏度余量应不小于 42dB; 斜探头远场分辨力不小于 12dB。

(4) 标准试块: 具有规定的化学成分、表面粗糙度、热处理及几何形状的材料块, 用于仪器探头系统性能校准的试块。如 20 号优质碳素结构钢制 CSK-ⅠA、DZ-Ⅰ和 DB-PZ20-2 等。

(5) 对比试块: 应采用与被检材料声学性能相同或相似的材料制成, 当采用直探头检测时, 不得有大于或等于 $\phi2$ 平底孔当量直径的缺陷。用双晶直探头检测厚度不大于20mm 的板材时, 可以采用如图 8-22 所示的阶梯平底试块。

检测厚度大于 20mm 的板材时, 对比试块形状和尺寸应符合表 8-17 和图 8-23 的规定。对比试块人工反射体为 $\phi5$ 平底孔, 反射体个数至少 3 个。

(6) 耦合剂: 透声性应较好且不损伤检测表面, 如机油、化学浆糊、甘油和水等。

表 8-17　检测厚度大于 20mm 板材对比试块尺寸

| 试块编号 | 板材厚度 | 检测面到平底孔的距离 $s$/mm | 试块厚度 $T$/mm | 试块宽度 $b$/mm |
|---|---|---|---|---|
| 1 | >20~40 | 10、20、30 | 40 | 30 |
| 2 | >40~60 | 15、30、45 | 60 | 40 |
| 3 | >60~100 | 15、30、45、60、80 | 100 | 40 |
| 4 | >100~150 | 15、30、45、60、80、110、140 | 150 | 60 |
| 5 | >150~200 | 15、30、45、60、80、110、140、180 | 200 | 60 |
| 6 | >200~250 | 15、30、45、60、80、110、140、180、230 | 250 | 60 |

注：板材厚度大于 40mm 时，试块也可用厚代薄；声学性能相同或相似的试块上的平底孔可加工在不同厚度的试块上。

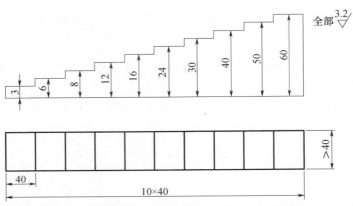

图 8-22　双晶直探头检测厚度不大于 20mm 的板材的阶梯平底试块

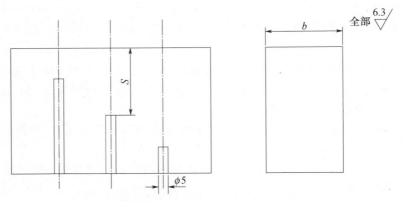

图 8-23　检测厚度大于 20mm 板材对比试块形状和尺寸

## 2. 检测步骤

原则上，板材一般采用直探头检测。在检测过程中对缺陷有疑问或合同双方技术协议中有规定时，可采用斜探头进行检测。可选板材的任一轧制表面进行检测。若检测人员认为需要或技术条件有要求时，也可选板材的上、下两轧制表面分别进行检测。

（1）探头扫查覆盖：为确保检测时超声声束能扫到整个被检测区域，探头的每次扫查覆盖应大于探头直径或宽度的 15%。

（2）探头的移动速度：速度一般不应超 150mm/s。当采用自动报警装置时，扫查速度应通过对比试验进行确定。

（3）灵敏度的确定：板厚小于等于 20mm 时，用如图 8-22 所示阶梯平底试块调节，也可用被检板材无缺陷完好部位调节，此时用与工件等厚部位试块或被检板材的第一次底波调整到满刻度的 50%，再提高 10dB 作为基准灵敏度。板厚大于 20mm 时，按所用探头和仪器在 $\phi$5 平底孔试块上绘制距离一波幅曲线，并以此曲线作为基准灵敏度。如能确定板材底面回波与不同深度 $\phi$5 平底孔反射波幅度之间的关系，则可采用板材无缺陷完好部位第一次底波来调节基准灵敏度。扫查灵敏度一般应比基准灵敏度高 6dB。

（4）灵敏度补偿：根据实际情况进行耦合补偿和衰减补偿。

（5）探头扫查：

① 在板材边缘或剖口预定线两侧范围内应作 100% 扫查，扫查区域宽度见表 8-18；

② 在板材中部区域，探头沿垂直于板材压延方向，间距不大于 50mm 的平行线进行扫查，或探头沿垂直和平行板材压延方向且间距不大于 100mm 格子线进行扫查。扫查示意如图 8-24 所示；

③ 根据合同、技术协议书或图样的要求，也可采用其他形式的扫查；

④ 双晶直探头扫查时，探头的移动方向应与探头的隔声层相垂直。

表 8-18　板材边缘或剖口预定线两区域宽度

| 板厚/mm | 区域宽度/mm |
|---|---|
| <60 | 50 |
| ≥60～100 | 75 |
| ≥100 | 100 |

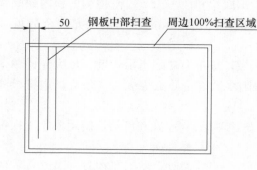
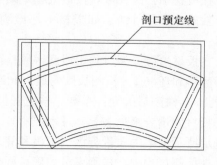
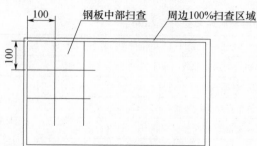
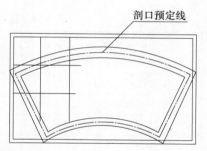

图 8-24　探头扫查示意

**3. 检测结果**

（1）缺陷的判定和定量

① 在检测基准灵敏度条件下，发现下列两种情况之一即判定为缺陷：

a. 缺陷第一次反射波（F1）波幅高于距离-波幅曲线；或用双晶探头检测板厚小于20mm 板材时，缺陷第一次反射波（F1）波幅大于或等于显示屏满刻度的 50%。

b. 底面第一次反射波（B1）波幅低于显示屏满刻度的 50%，即 B1＜50%。

② 缺陷的定量：

双晶直探头检测时缺陷的定量：a. 探头的移动方向应与探头的隔声层相垂直；b. 板材厚度小于等于 20mm 时，移动探头使缺陷波下降到基准灵敏度条件下显示屏满刻度的 50%，探头中心点即为缺陷的边界点；c. 板材厚度大于 20～60mm 时，移动探头使缺陷波下降到距离-波幅曲线，探头中心点即为缺陷的边界点；d. 确定［底面第一次反射波（B1）波幅低于显示屏满刻度的 50%］缺陷的边界范围时，移动探头使底面第一次反射波上升到基准灵敏度条件下显示屏满刻度的 50% 或上升到距离-波幅曲线，此时探头中心点即为缺陷的边界点；e. 缺陷边界范围确定后，用一边平行于板材压延方向矩形框包围缺陷，其长边作为缺陷的长度，矩形面积为缺陷的指示面积。

单晶直探头检测时缺陷的定量：

除"缺陷的长度，缺陷的指示面积"确定外，还应记录缺陷的反射波幅或当量平底孔直径。

（2）缺陷尺寸的评定方法

一个缺陷按其指示的矩形面积为该缺陷的单个指示面积；多个缺陷其相邻间距小于相邻较小缺陷的指示长度时，按单个缺陷处理，缺陷指示面积为各缺陷面积之和。

（3）板材质量分级

在板材中检测区域，按最大单个缺陷指示面积和任一 1m×1m 检测面积内缺陷最大允许个数确定质量等级。如板材中部检测面积小于 1m×1m，缺陷最大允许个数可按比例折算。

在板材边缘或剖口预定线两区域检测区域，按单个缺陷指示长度、最大允许单个缺陷指示面积和任一 1m 检测长度内最大允许缺陷个数确定质量等级。整张板板材边缘检测长度小于 1m，缺陷最大允许个数可按比例折算。

板材质量分级见表 8-19 和表 8-20，表 8-19 和表 8-20 独立使用，使用单晶直探头检测并确定所示缺陷的质量分级（Ⅰ级和Ⅱ级）时，与双晶直探头要求相同。

在检测过程中，检测人员如确认板材中有白点、裂纹等缺陷存在时，即评为Ⅴ级。

**表 8-19  板材中部检测区域质量分级/mm**

| 等级 | 最大允许单个缺陷指示面积 S 或当量平底孔直径 D | 在任一 1m×1m 检测面积内缺陷最大允许个数 | |
|---|---|---|---|
| | | 单个缺陷指示面积或当量平底孔直径评定范围 | 最大允许个数 |
| Ⅰ | 双晶直探头检测时：S≤50 | 双晶直探头检测时：20＜S≤50 | 10 |
| | 单晶直探头检测时：D≤φ5+8dB | 单晶直探头检测时：φ5＜D≤φ5+8dB | |
| Ⅱ | 双晶直探头检测时：S≤100 | 双晶直探头检测时：50＜S≤100 | 10 |
| | 单晶直探头检测时：D≤φ5+14dB | 单晶直探头检测时：φ5+8dB＜D≤φ5+14dB | |

续表

| 等级 | 最大允许单个缺陷指示面积 S 或当量平底孔直径 D | 在任一 1m×1m 检测面积内缺陷最大允许个数 | |
|---|---|---|---|
| | | 单个缺陷指示面积或当量平底孔直径评定范围 | 最大允许个数 |
| Ⅲ | S≤1000 | 100<S≤1000 | 15 |
| Ⅵ | S≤5000 | 1000<S≤5000 | 20 |
| Ⅴ | 超过Ⅵ级者 | | |

**表 8-20　板材边缘或剖口预定线两区域检测区域质量分级/mm**

| 等级 | 最大允许单个缺陷指示长度 $L_{max}$ | 最大允许单个缺陷指示面积 S 或当量平底孔直径 D | 在任一 1m 检测长度内缺陷最大允许个数 | |
|---|---|---|---|---|
| | | | 单个缺陷指示长度 L 或当量平底孔直径评定范围 | 最大允许个数 |
| Ⅰ | ≤20 | 双晶直探头检测时：S≤50 | 双晶直探头检测时：10<L≤20 | 2 |
| | | 单晶直探头检测时：$D≤\phi5+8dB$ | 单晶直探头检测时：$\phi5<D≤\phi5+8dB$ | |
| Ⅱ | ≤30 | 双晶直探头检测时：S≤100 | 双晶直探头检测时：15<L≤30 | 3 |
| | | 单晶直探头检测时：$D≤\phi5+14dB$ | 单晶直探头检测时：$\phi5+8dB<D≤\phi5+14dB$ | |
| Ⅲ | ≤50 | S≤1000 | 25<L≤50 | 5 |
| Ⅵ | ≤100 | S≤2000 | 50<L≤100 | 6 |
| Ⅴ | 超过Ⅵ级者 | | | |

## 四、网架球节点熔透焊接无损检测

检测主要依据标准

《钢结构超声波探伤及质量分级法》（JG/T 203—2007）。

### 1. 主要仪器

（1）超声探伤仪：A 型显示脉冲反射式超声波探伤仪，水平线性误差不应大于 1%，垂直线性误差不应大于 5%。数字式超声波探伤仪应至少能存储四幅 DAC 曲线。模拟式探伤仪工作频率不应小于 0.5~10MHz。数字式超声波探伤仪频率为 0.5~10MHz，且实时采样频率不应小于 40MHz。

（2）探头：宜选择横波斜探头。在满足探伤灵敏度的前提下，宜使用频率 5MHz、短前沿、小晶片的斜探头为主。常用斜探头的规格，见表 8-21。

"扫扫看"
金属超声波探伤仪和测厚仪

**表 8-21　管-球节探伤斜探头的规格**

| 频率/MHz | 晶片尺寸/mm² | 钢中折射角/° | 前沿尺寸/mm |
|---|---|---|---|
| 5 | 6×6 | 70~73 | <6 |
| 2.5 或 5 | 8×8 | 63~70 | <10 |
| 2.5 或 5 | 10×10 | 45~60 | <20 |

（3）耦合剂：透声性较好和适当流动性的液体或糊状，且不损伤检测表面和人体，如机油、化学浆糊、甘油和水等，还可加入适当的表面活性剂，提高其润湿性能。

（4）标准试块：采用 CSK-ⅠB 试块，用于测定探伤仪、接触面未经研磨的新探头和系统性能。如图 8-25 所示。

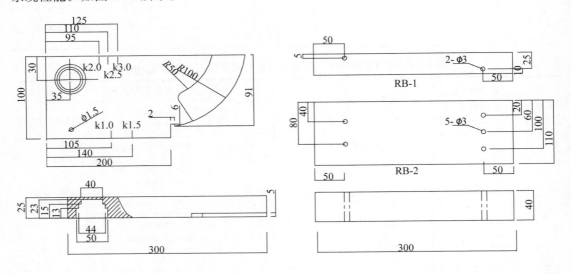

CSK-ⅠB试块　　　　　　　　　　　　　RB-1、RB-2试块

**图 8-25　CSK-ⅠB 和 RB-1、RB-2 试块**

（5）对比试块：CSK-ⅠCj 型（三块），用于现场标定和校核探测灵敏度与时基线，绘制距离-波幅曲线，测定系统性能，形状和尺寸如图 8-26 所示。RBJ-1 型试块，用于评定根部未焊透。对于壁厚小于 5mm 的杆件焊缝探伤，RBJ-1 型试块的柱孔部分用于时基线调节、标定和校核灵敏度，形状和尺寸如图 8-27 所示。现场检测，如有必要或中厚板探伤，也可采用 RB 型试块，如图 8-25 所示。

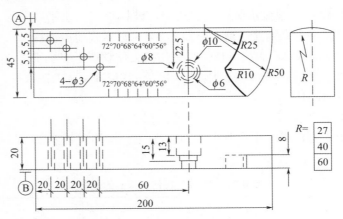

**图 8-26　CSK-ⅠCj 型试块形状和尺寸**

*R*—曲率半径，mm；*ϕ*—通孔直径，mm

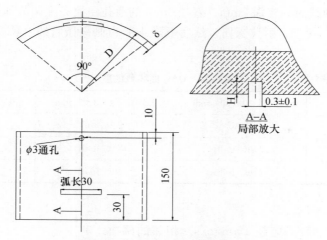

**图 8-27　RBJ-1 型试块形状和尺寸**

$D$—被检钢管外径，mm；$H$—弧深，mm；$\delta$—钢管厚度，mm；$\phi$—通孔直径，mm

### 2. 检测步骤

（1）受检区宽度和探头扫查区宽度

受检区宽度和探头扫查区宽度按表 8-22 确定。探头移动区域应除去影响探伤检测的杂质及涂层，表面粗糙度不小于 6.3μm。

**表 8-22　受检区宽度和探头扫查区宽度**

| 检测部位 | 受检区宽度 | 扫查区宽度 |
| --- | --- | --- |
| 球管焊缝 | 焊缝自身宽度再加上管材一侧相当于管壁厚度30%的一段区域，最大为10mm | 管材一侧，大于 0.57P（直射法）或大于 1.25P（一次反射法） |

注：$P=2\delta\tan\beta$；$P$—斜探头跨距，mm；$\delta$—扫查测钢管的壁厚，mm；$\beta$—横波在钢中的折射角度。

（2）探头选择

探头选择应根据焊接接头材质、曲率、壁厚、球径、焊接工艺、坡口型式、余高和背面衬垫等。探伤面及探头折射角度按表 8-23 选用，如有必要，探头楔块磨成与探伤面相吻合的曲面，再测定前沿和折射角度。

**表 8-23　探伤面及探头折射角度**

| 板厚/mm | 探伤面 | | | 探伤法 | 探头折射角/° |
| --- | --- | --- | --- | --- | --- |
| | A | B | C | | |
| 4～25 | 单面单侧 | 单面双侧双面单侧 | 单面双侧和焊缝表面或双面单侧 | 直射法及多次反射法 | 70 或 63 |
| >25～50 | | | | | 70 或 56 |
| >50～100 | | 双面双侧 | | 直射法及一次反射法 | 45 或 60；45 和 60；45 和 70 并用 |
| >100～300 | | | | | 45 和 60；45 和 70 并用 |

（3）绘制距离—波幅（DAC）曲线

采用CSK-ⅠCj试块上的直径 3mm 的横孔反射波幅数据及表面补偿和曲面探测灵敏度修正数据，按表 8-24 灵敏度要求绘制 DAC 曲线，如图 8-28 所示。若被检管件壁厚小于

8mm，绘制 DAC 曲线时，将深 5mm、直径 3mm 的通孔回波高度调节到垂直刻度的 80%，画一条直线（RL），用于直射波探伤，然后下降 4dB 再画一条直线（RL），用于一次反射波探伤。

表 8-24　DAC 曲线灵敏度

| 曲线名称 | A 级，（4~50）mm | B 级，（4~300）mm | C 级，（4~300）mm |
|---|---|---|---|
| 判废线（RL） | DAC | DAC-4dB | DAC-2dB |
| 定量线（SL） | DAC-10dB | DAC-10dB | DAC-8dB |
| 评定线（EL） | DAC-16dB | DAC-16dB | DAC-14dB |

（4）探伤扫查

探头扫查速度一般不应超 150mm/s。相邻的两次扫查之间至少应有探头晶片宽度 10% 的重叠，探头行走方式应呈 "W" 形，并有 10°~15° 的摆动，还可进行前后、左右、转角、环绕等方式扫查。

（5）灵敏度

初始检测的探测灵敏度不低于评定线（EL）。

（6）缺陷定量

初始检测的过程中，根据波幅超过评定线的各个回波的特征值判断焊缝中有无缺陷及缺陷性质。非体

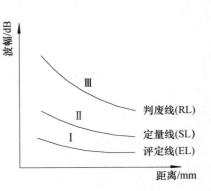

图 8-28　DAC 曲线示意图

积性缺陷，如裂纹、未熔合；体积性缺陷，如气孔、夹渣等。初始检测判断有缺陷的部位，应在表面作标记，在进一步做规定检测，确定缺陷的实际位置（根部和中上部）和当量，测定指示长度。

指示长度测定时，当回波只有一个波高时，采用 6dB 测长法；当缺陷回波有多个波高时，采用端点波高法。对于根部未焊透缺陷还要测定缺陷回波幅度与 RBJ-1 型试块人工槽回波幅度（UF）之间的分贝差（UF±dB）。

**3. 检测结果**

（1）基本规定

① 最大反射波幅在 DAC 曲线 Ⅱ 区的缺陷，其指示长度小于 10mm，按 5mm 计。

② 在测定范围内相邻两个缺陷间距小于 8mm，两个缺陷指示长度之和作为单个缺陷的指示长度；间距大于 8mm，分别计算。

（2）管-球节点缺陷评定

① 不允许存在裂纹、未熔合以及单个缺陷回波幅度大于或等于 DAC 者。最大回波幅度位于 Ⅱ、Ⅲ 区焊缝中上部体积性缺陷，根据指示长度按表 8-25 的规定评定，其中 δ 为壁厚。

② 根据 RBJ-1 型试块人工槽调节探测灵敏度，最大回波幅度小于人工槽孔回波幅度，按指示长度评级。根据 RBJ-1 型试块柱孔调节探测灵敏度，最大回波幅度位于判废线灵敏度直径 3mm 柱孔的反射波高与定量线灵敏度直径 3mm 柱孔的反射波高减 10dB 之间的缺陷，按指示长度评级。

③ 球节点根部未焊透,不超过表 8-26 的规定,当最大回波幅度不小于 RBJ-1 型试块人工槽的回波幅度时,以缺陷回波幅度评定;当最大回波幅度小于 RBJ-1 型试块人工槽的回波幅度时,以缺陷指示长度评定;超过表 8-26 中Ⅲ规定时,评为Ⅳ级。

表 8-25 球节点焊缝中上部体积性缺陷评定

| 级别 | 允许存在的缺陷程度 |
|---|---|
| Ⅰ | 1. 回波幅度低于评定线;<br>2. 位于 DAC 曲线Ⅰ区危害性小的体积性缺陷;<br>3. 回波幅度位于 DAC 曲线Ⅱ区内,指示长度不大于(1/3)δ,最小为 10mm 的危害性小的缺陷 |
| Ⅱ | 回波幅度位于 DAC 曲线Ⅱ区内,指示长度不大于(2/3)δ,最小为 15mm 的危害性小的缺陷 |
| Ⅲ | 回波幅度位于 DAC 曲线Ⅱ区内,指示长度不大于δ,最小为 20mm 的危害性小的缺陷 |
| Ⅳ | 1. 指示长度超过Ⅲ级者;<br>2. 回波幅度位于 DAC 曲线Ⅲ区内;<br>3. 回波幅度位于评定线以上,危害性大的缺陷 |

表 8-26 球节点根部未焊透的评定

| 级别 | 允许存在的缺陷程度 |
|---|---|
| Ⅰ | 1. 回波幅度位于 DAC 曲线Ⅰ区的根部未焊透;<br>2 回波幅度位于 DAC 曲线Ⅱ区内,且低于 UF,指示长度符合表 8-25 中Ⅰ级规定;<br>3. 未发现有未焊透的缺陷 |
| Ⅱ | 回波幅度位于 DAC 曲线Ⅱ区内,且低于 UF,指示长度符合表 8-25 中Ⅱ级规定,总和不大于 10％焊缝周长 |
| Ⅲ | 1. 壁厚小于 8mm,回波幅度位于 DAC 曲线Ⅱ区内,且低于 UF,指示长度符合表 8-25 中Ⅲ级规定,总和不大于 15％焊缝周长;<br>2. 壁厚大于等于 8mm,回波幅度位于 DAC 曲线Ⅱ区内,且低于 UF,指示长度符合表 8-25 中Ⅲ级规定,总和不大于 20％焊缝周长 |
| Ⅳ | 1. 回波幅度大于等于 UF,或位于 DAC 曲线Ⅲ区内;<br>2. 指示长度超过表 8-25 中Ⅲ级者;<br>3. 指示长度总和超过Ⅲ级规定 |

## 五、焊缝探伤的几点注意事项

### 1. 斜探头焊缝超声探伤的回波信号分析

斜探头焊缝探伤中,伪缺陷回波较多,探伤时首先应去伪存真。

(1)钢焊缝中常见的伪缺陷回波

钢焊缝表面较为粗糙,探伤时一般选用横波斜探头。常见的伪缺陷回波信号有如下几种:

① 焊缝上下错位引起的反射波;② 焊缝两边钢板不等厚引起的反射波;③ 角焊缝、偏焊边角引起的反射波;④ 焊缝表面沟槽引起的反射波;⑤ 自动焊中的Ⅲ字反射波;⑥ 建筑焊接球网架内球皮底波;⑦ 管节点主管底波;⑧ 衬板反射波;⑨ 焊缝根部焊瘤反射波;⑩ 仪器、探头杂波;⑪ 耦合剂反射波;⑫ 大折射角度斜探头产生的表面波。

"扫扫看"
错边焊缝

（2）伪缺陷回波信号分析

仪器杂波在荧光屏上固定不变，降低灵敏度后消失。探头杂波位置固定，不随探头移动而改变。对于耦合剂反射波，用手擦掉耦合剂即消失。较大折射角探头产生的表面波可在探头前用橡皮泥吸收。焊缝表面沟槽、自动焊中的Ⅲ字反射波可用手指蘸耦合剂触摸轮廓界面判别。以上几种伪缺陷回波比较容易判别。其他伪缺陷回波因钢结构特殊的焊缝构造原因，人工较难判别，但可用 AutoCAD 技术图解法分析超声波回波信号进行判别。

# 第九章　化学外加剂检测

## 第一节　理论知识

### 一、外加剂的分类及用途

#### 1. 外加剂的分类

混凝土外加剂种类繁多，按国家标准《混凝土外加剂定义、分类、命名与术语》（GB/T 8075—2005）的规定，混凝土外加剂按其主要功能分为四类：

（1）改善混凝土拌合物流变性能的外加剂，如各种减水剂、引气剂及泵送剂等。

（2）调节混凝土凝结硬化性能的外加剂，如缓凝剂、早强剂及速凝剂等。

（3）改善混凝土耐久性的外加剂，如引气剂、防水剂，阻锈剂、抗冻剂等。

（4）改善混凝土其他特殊性能的外加剂，如加气剂、膨胀剂、防冻剂、着色剂等。

此外，混凝土外加剂按其按化学成分可分为以下三类：

（1）无机化合物，多为电解质盐类。

（2）有机化合物，多为表面活性剂。

（3）有机和无机的复合物。

#### 2. 常用外加剂的用途

（1）减水剂的应用

减水剂：在混凝土坍落度基本相同的条件下，能减少拌合用水量。

普通减水剂应用：

① 普通减水剂宜用于日最低气温5℃以上、强度等级为C40以下的混凝土。普通减水剂不宜单独用于蒸养混凝土。

② 早强型普通减水剂宜用于常温、低温和最低温度不低于−5℃环境中施工的有早强要求的混凝土工程，炎热环境条件下不宜使用早强型普通减水剂。

③ 缓凝型普通减水剂可用于大体积混凝土、碾压混凝土、炎热气候条件下施工的混凝土、大面积浇筑的混凝土、避免冷缝产生的混凝土、需长时间停放或长距离运输的混凝土、滑模施工或拉模施工的混凝土及其他需要延缓凝结时间的混凝土，不宜用于有早强要求的混凝土。

④ 使用含糖类或木质素磺酸盐类物质的缓凝型普通减水剂时，还需要进行相容性试验，并应满足施工要求后再使用。

高效减水剂应用：

① 高效减水剂可用于素混凝土、钢筋混凝土、预应力混凝土，并可用于制备高强混

凝土。

② 缓凝型高效减水剂可用于大体积混凝土、碾压混凝土、炎热气候条件下施工的混凝土、大面积浇筑的混凝土、避免冷缝产生的混凝土、需较长时间停放或长距离运输的混凝土、自密实混凝土、滑模施工或拉模施工的混凝土及其他需要延缓凝结时间且有较高减水率要求的混凝土。

③ 标准型高效减水剂宜用于日最低气温 0℃ 以上施工的混凝土，也可用于蒸养混凝土。

④ 缓凝型高效减水剂宜用于日最低气温 5℃ 以上施工的混凝土。

高性能减水剂应用：

① 聚羧酸系高性能减水剂可用于素混凝土、钢筋混凝土和预应力混凝土。

② 聚羧酸系高性能减水剂宜用于高强混凝土、自密实混凝土、泵送混凝土、清水混凝土、预制构件混凝土和钢管混凝土。

③ 聚羧酸系高性能减水剂宜用于具有高体积稳定性、高耐久性或高工作性要求的混凝土。

④ 缓凝型聚羧酸系高性能减水剂宜用于大体积混凝土，不宜用于日最低气温 5℃ 以下施工的混凝土。

⑤ 早强型聚羧酸系高性能减水剂宜用于有早强要求或低温季节施工的混凝土，但不宜用于日最低气温 −5℃ 以下施工的混凝土，且不宜用于大体积混凝土。

⑥ 具有引气性的聚羧酸系高性能减水剂用于蒸养混凝土时，应经试验验证。

（2）引气剂的应用

引气剂：在混凝土搅拌过程中能引入大量均匀分布、稳定而封闭的微小气泡且能保留在硬化混凝土中。

① 引气剂及引气减水剂宜用于有抗冻融要求的混凝土、泵送混凝土和易产生泌水的混凝土。

② 引气剂及引气减水剂可用于抗渗混凝土、抗硫酸盐混凝土、贫混凝土、轻骨料混凝土、人工砂混凝土和有饰面要求的混凝土。

③ 引气剂及引气减水剂不宜用于蒸养混凝土及预应力混凝土。必要时，应经试验确定。

（3）早强剂的应用

早强剂：加速混凝土早期强度发展。

① 早强剂宜用于蒸养、常温、低温和最低温度不低于 −5℃ 环境中施工的有早强要求的混凝土工程。炎热条件以及环境温度低于 −5℃ 时不宜使用早强剂。

② 早强剂不宜用于大体积混凝土；三乙醇胺等有机胺类早强剂不宜用于蒸养混凝土。

③ 无机盐类早强剂不宜用于下列情况：a. 处于水位变化的结构；b. 露天结构及经常受水淋、受水流冲刷的结构；c. 相对湿度大于 80% 环境中使用的结构；d. 直接接触酸、碱或其他侵蚀性介质的结构；e. 有装饰要求的混凝土，特别是要求色彩一致或表面有金属装饰的混凝土。

（4）缓凝剂的应用

缓凝剂：延长混凝土凝结时间。

① 缓凝剂宜用于延缓凝结时间的混凝土。

② 缓凝剂宜用于对坍落度保持能力有要求的混凝土、静停时间较长或长距离运输的混凝土、自密实混凝土。

③ 缓凝剂可用于大体积混凝土。

④ 缓凝剂宜用于日最低气温 5℃以上施工的混凝土。

⑤ 柠檬酸（钠）及酒石酸（钾钠）等缓凝剂不宜单独用于贫混凝土。

⑥ 含有糖类组分的缓凝剂与减水剂复合使用时，要进行相容性试验。

（5）泵送剂的应用

泵送剂：能改善混凝土拌合物泵送性能。

① 泵送剂宜用于泵送施工的混凝土。

② 泵送剂可用于工业与民用建筑结构工程混凝土、桥梁混凝土、水下灌注桩混凝土、大坝混凝土、清水混凝土、防辐射混凝土和纤维增强混凝土等。

③ 泵送剂宜用于日平均气温 5℃以上的施工环境。

④ 泵送剂不宜用于蒸汽养护混凝土和蒸压养护的预制混凝土。

⑤ 使用含糖类或木质素磺酸盐的泵送剂时，要进行相容性试验，并应满足施工要求后再使用。

（6）防冻剂的应用

防冻剂：能使混凝土在负温下硬化，并在规定养护条件下达到预期性能。

① 防冻剂可用于冬期施工的混凝土。

② 亚硝酸钠防冻剂或亚硝酸钠与碳酸锂复合防冻剂，可用于冬期施工的硫铝酸盐水泥混凝土。

（7）膨胀剂的应用

膨胀剂：在混凝土硬化过程中因化学作用使混凝土产生一定的体积膨胀。

① 用膨胀剂配制的补偿收缩混凝土宜用于混凝土结构自防水、工程接缝、填充灌浆，采取连续施工的超长混凝土结构，大体积混凝土工程等；用膨胀剂配制的自应力混凝土宜用于自应力混凝土输水管、灌注桩等。

② 含硫铝酸钙类、硫铝酸钙—氧化钙类膨胀剂配制的混凝土（砂浆）不得用于长期环境温度为 80℃以上的工程。

③ 膨胀剂应用于钢筋混凝土工程和填充性混凝土工程。

## 二、化学外加剂检测原材料的要求

### 1. 水泥

基准水泥是统一检验混凝土外加剂性能的材料，由符合下列品质指标的硅酸盐水泥熟料与二水石膏共同粉磨而成的 42.5 强度等级 P·Ⅰ型的硅酸盐水泥。基准水泥必须由经中国水泥质量监督中心确认具备生产条件的工厂供给。其品质指标，除满足 42.5 强度等级硅酸盐水泥技术要求外，还应符合：

（1）熟料中铝酸三钙（$C_3A$）含量 6%～8%。

（2）熟料中硅酸三钙（$C_3S$）含量 55%～60%。

（3）熟料中游离氧化钙（$f\text{-}CaO$）含量不得超过 1.2%。

（4）水泥中碱（$Na_2O+0.658K_2O$）含量不得超过 1.0％。

（5）水泥比表面积（350±10）$m^2/kg$。

**2. 砂**

符合《建设用砂》（GB/T 14684—2011）中Ⅱ区要求的中砂，但细度模数为 2.6～2.9，含泥量小于 1％。

**3. 石子**

符合《建设用卵石、碎石》（GB/T 14685—2011）要求的粒径为 5～20mm 的卵石或碎石，采用二级配，其中 5～10mm 占 40％，10～20mm 占 60％，满足连续级配要求，针片状物质含量小于 10％，紧密堆积空隙率小于 47％，含泥量小于 0.5％。如有争议，以碎石结果为准。

**4. 水**

《混凝土用水标准》（JGJ 63—2006）中，不同品种混凝土拌合用水水质要求见表 9-1。

**表 9-1　不同品种混凝土拌合用水水质要求**

| 项　目 | 预应力混凝土 | 钢筋混凝土 | 素混凝土 |
|---|---|---|---|
| pH 值 | ≥5.0 | ≥4.5 | ≥4.5 |
| 不溶物/(mg/L) | ≤2000 | ≤2000 | ≤5000 |
| 可溶物/(mg/L) | ≤2000 | ≤5000 | ≤10000 |
| $Cl^-$/(mg/L) | ≤500 | ≤1000 | ≤3500 |
| $SO_4^{2-}$/(mg/L) | ≤600 | ≤2000 | ≤2700 |
| 碱含量/(rag/L) | ≤1500 | ≤1500 | ≤1500 |

注：碱含量按 $Na_2O+0.658K_2O$ 计算值来表示；采用非碱活性骨料时，可不检验碱含量。

对于设计使用年限为 100 年的结构混凝土，氯离子含量不得超过 500mg/L；对使用钢丝或经热处理钢筋的预应力混凝土，氯离子含量不得超过 350mg/L。

## 三、常用外加剂的主要技术指标

减水剂、引气减水剂、泵送剂、早强剂、缓凝剂、引气剂的性能指标见表 9-2；膨胀剂的性能指标见表 9-3；补偿收缩混凝土的限制膨胀率见表 9-4。

表9-2　常用外加剂受检混凝土技术指标

| 项目 | | 高性能减水剂 HPWR 早强型 HPWR-A | 标准型 HPWR-S | 缓凝性 HPWR-R | 高效减水剂 HWR 标准型 HPWR-S | 缓凝性 HPWR-R | 普通减水剂 WR 早强型 WR-A | 标准型 WR-S | 缓凝性 WR-R | 引气减水剂 AEWR | 泵送剂 PA | 早强剂 Ac | 缓凝剂 Re | 引气剂 AE |
|---|---|---|---|---|---|---|---|---|---|---|---|---|---|---|
| 减水率/%≥ | | 25 | 25 | 25 | 14 | 14 | 8 | 8 | 8 | 10 | 12 | — | — | 6 |
| 泌水率比/%≤ | | 50 | 60 | 70 | 90 | 100 | 95 | 100 | 100 | 70 | 70 | 100 | 100 | 70 |
| 含气量/% | | ≤6.0 | ≤6.0 | ≤6.0 | ≤3.0 | ≤4.5 | ≤4.0 | ≤4.0 | ≤5.5 | ≤3.0 | ≤5.5 | — | — | ≥3.0 |
| 凝结时间之差/min | 初凝 | −90～+90 | −90～+120 | >+90 | −90～+120 | >+90 | −90～+90 | −90～+120 | >+90 | −90～+120 | — | −90～+90 | >+90 | −90～+120 |
| | 终凝 | | | | | | | | | | | | | |
| 1h经时变化量/min | 坍落度/min | — | ≤80 | ≤60 | — | — | — | — | — | — | ≤80 | — | — | — |
| | 含气量/% | — | — | — | — | — | — | — | — | −1.5～+1.5 | — | — | — | −1.5～+1.5 |
| 抗压强度比/%≥ | 1d | 180 | 170 | — | 140 | — | 135 | — | — | — | — | 135 | — | — |
| | 3d | 170 | 160 | — | 130 | — | 130 | 115 | — | 115 | — | 130 | — | 95 |
| | 7d | 145 | 150 | 140 | 125 | 125 | 110 | 115 | 110 | 110 | 115 | 110 | 100 | 95 |
| | 28d | 130 | 140 | 130 | 120 | 120 | 100 | 110 | 110 | 100 | 110 | 100 | 100 | 90 |
| 收缩率比/%≤ | 28d | 110 | 110 | 110 | 135 | 135 | 135 | 135 | 135 | 135 | 135 | 135 | 135 | 135 |
| 相对耐久性(200次)动弹性模量保留值/%≥ | | — | — | — | — | — | — | — | — | 80 | — | — | — | 80 |

注：1. 凝结时间之差性能指标中"—"表示提前，"+"表示延缓；
2. 1h经时变化量中"—"表示含气量增加，"+"表示含气量减少。

表 9-3　混凝土膨胀剂的技术性能指标

| 项　　目 | | | 技术指标 | |
|---|---|---|---|---|
| | | | Ⅰ型 | Ⅱ型 |
| 细度 | 比表面/(m²/kg) | ≥ | 200 | |
| | 1.18mm 筛筛余/% | ≤ | 0.5 | |
| 凝结时间 | 初凝/min | ≥ | 45 | |
| | 终凝/min | ≤ | 600 | |
| 限制膨胀率/% | 水中 7d | ≥ | 0.035 | 0.050 |
| | 空气中 21d | ≥ | −0.015 | −0.010 |
| 抗压强度/MPa | 7d≥ | | 22.5 | |
| | 28d≥ | | 42.5 | |

注：限制膨胀率为强制性，其余为推荐性的。

表 9-4　补偿收缩混凝土的限制膨胀率

| 用途 | 限制膨胀率/% | |
|---|---|---|
| | 水中 14d | 水中 14d 转空气中 28d |
| 用于补偿混凝土收缩 | ≥0.015 | ≥−0.030 |
| 用于后浇带、膨胀加强带和工程接缝填充 | ≥0.025 | ≥−0.020 |

# 第二节　试　　验

检测主要依据标准：

《混凝土外加剂》（GB 8076—2008）；

《普通混凝土长期性能和耐久性能试验方法标准》（GB/T 50082—2009）；

《混凝土膨胀剂》（GB/T 23439—2017）。

## 一、掺外加剂混凝土拌合物性能检测

### 1. 主要仪器

（1）搅拌机：公称容量为 60L 的单卧轴式强制搅拌机。搅拌机的拌合量应不少于 20L，不宜大于 45L。性能符合《混凝土试验用搅拌机》（JG 244—2009）。

（2）其他仪器和工具，如磅称、天平、拌铲、拌板、容器、捣棒、坍落度筒等，按《普通混凝土拌合物性能试验方法标准》（GB/T 50080—2016）配备。

### 2. 配合比要求

基准混凝土配合比按《普通混凝土配合比设计规程》（JGJ 55—2011）进行设计。掺非引气型外加剂的受检混凝土和其对应的基准混凝土的水泥、砂、石的比例相同。配合比设计应符合以下规定：

（1）水泥用量：掺高性能减水剂或泵送剂的基准混凝土和受检混凝土的单位水泥用量为360kg/m³；掺其他外加剂的基准混凝土和受检混凝土单位水泥用量为330kg/m³。

（2）砂率：掺高性能减水剂或泵送剂的基准混凝土和受检混凝土的砂率均为43%～47%；掺其他外加剂的基准混凝土和受检混凝土的砂率为36%～40%；但掺引气减水剂或引气剂的受检混凝土的砂率应比基准混凝土的砂率低1%～3%。

（3）外加剂掺量：按生产厂家指定掺量。

（4）用水量：掺高性能减水剂或泵送剂的基准混凝土和受检混凝土的坍落度控制在（210±10)mm，用水量为坍落度在（210±10)mm时的最小用水量；掺其他外加剂的基准混凝土和受检混凝土的坍落度控制在（80±10)mm。用水量包括液体外加剂、砂、石材料中所含的水量。

**3. 搅拌程序**

外加剂为粉状时，将水泥、砂、石、外加剂一次投入搅拌机，干拌均匀，再加入拌合水，一起搅拌2min。外加剂为液体时，将水泥、砂、石一次投入搅拌机，干拌均匀，再加入掺有外加剂的拌合水一起搅拌2min。出料后，在铁板上用人工翻拌至均匀，再行试验。各种混凝土试验材料及环境温度均应保持在（20±3)℃

**4. 试件制作及试验所需试件数量**

（1）试件制作

混凝土试件制作及养护按《普通混凝土拌合物性能试验方法标准》（GB/T 50080—2016）进行，但混凝土预养温度为（20±3)℃。

（2）试验项目及试件数量

试验项目及试件数量见表9-5。

表9-5　试验项目及试件数量

| 试验项目 | 外加剂类别 | 试验类别 | 试验所需数量 | | | |
|---|---|---|---|---|---|---|
| | | | 混凝土拌和批数 | 每批取样数目 | 基准混凝土总取样数目 | 受检混凝土总取样数目 |
| 减水率 | 除早强剂、缓凝剂外的各种外加剂 | 混凝土拌合物 | 3 | 1次 | 3次 | 3次 |
| 泌水率比 | 各种外加剂 | 混凝土拌合物 | 3 | 1个 | 3个 | 3个 |
| 含气量 | | | 3 | 1个 | 3个 | 3个 |
| 凝结时间差 | | | 3 | 1个 | 3个 | 3个 |
| 1h经时变化量 | 坍落度 | | 3 | 1个 | 3个 | 3个 |
| | 含气量 | | 3 | 1个 | 3个 | 3个 |
| 抗压强度比 | 各种外加剂 | 硬化混凝土 | 3 | 6、9或12块 | 18、27或36块 | 18、27或36块 |
| 收缩率比 | | | 3 | 1条 | 3条 | 3条 |
| 相对耐久性 | 引气减水剂、引气剂 | 硬化混凝土 | 3 | 1条 | 3条 | 3条 |

注：1. 实验时，检验同一种外加剂的三批混凝土的制作宜在开始试验一周内的不同日期完成；对比的基准混凝土和受检混凝土应同时完成；

2. 试验前后应仔细观察试样，对有明显缺陷的试样和试验结果都应舍除。

**5. 混凝土拌合物性能检测**

（1）坍落度和坍落度 1h 经时变化量检测

① 坍落度测定

混凝土坍落度按照《普通混凝土拌合物性能试验方法标准》（GB 50080—2016）测定；但坍落度为（210±10）mm 的混凝土，分两层装料，每层装入的高度为筒高的一半，每层用插捣棒插捣 15 次。

② 坍落度 1h 经时变化量测定

将搅拌的混凝土留下足够一次混凝土坍落度的试验数量，并装入用湿布擦过的试样筒内，容器加盖，静置至 1h（从加水搅拌时开始计算），然后倒出，在铁板上用铁锹翻拌至均匀后，再按照坍落度测定方法测定坍落度。

③ 检测结果

计算出机时和 1h 之后的坍落度之差值，即得到坍落度的经时变化量。

坍落度 1h 经时变化量按式下式计算：

$$\Delta sl = sl_0 - sl_{1h}$$

式中　$\Delta sl$——坍落度经时变化量，mm；

　　　$sl_0$——出机时测得的坍落度，mm；

　　　$sl_{1h}$——1h 后测得的坍落度，mm。

每批混凝土取一个试样。坍落度和坍落度 1h 经时变化量均以三次试验结果的平均值表示。三次试验的最大值和最小值与中间值之差有一个超过 10mm 时，将最大值和最小值一并舍去，取中间值作为该批的试验结果；最大值和最小值与中间值之差均超过 10mm 时，则应重做。

坍落度及坍落度 1h 经时变化量测定值以 mm 表示，结果表达修约到 5mm。

（2）减水率测定

减水率为坍落度基本相同时，基准混凝土和受检混凝土单位用水量之差与基准混凝土单位用水量之比。坍落度按《普通混凝土拌合物性能试验方法标准》（GB 50080—2016）测定。减水率按下式计算：

$$W_R = \frac{W_0 - W_1}{W_0} \times 100$$

式中　$W_R$——减水率，%；

　　　$W_0$——基准混凝土单位用水量，kg/m³；

　　　$W_1$——受检混凝土单位用水量，kg/m³。

$W_R$ 以三批试验的算术平均值计，精确到小数点后一位数。若三批试验的最大值或最小值中有一个与中间值之差超过中间值的 15% 时，则把最大值与最小值一并舍去，取中间值作为该组试验的减水率。若有两个测值与中间值之差均超过 15% 时，则该批试验结果无效，应该重做。

（3）泌水率和泌水率比

泌水率测试方法与第六章中"混凝土泌水率"测试方法相同。

① 泌水率按下式计算：

$$B = \frac{V_W}{(W/G)\, G_W} \times 100$$

$$G_W = G_1 - G_0$$

式中   $B$——泌水率,%;

     $V_W$——泌水总质量,g;

     $W$——混凝土拌合物的用水量,g;

     $G$——混凝土拌合物的总质量,g;

    $G_W$——试样质量,g;

    $G_1$——筒及试样质量,g;

    $G_0$——筒质量,g。

    试验时,从每批混凝土拌合物中取一个试样,泌水率取三个试样的算术平均值。若三个试样的最大值或最小值中有一个与中间值之差大于中间值的 15%,则把最大值与最小值一并舍去,取中间值作为该组试验的泌水率。如果最大值与最小值和中间值之差均大于中间值的 15% 时,则应重做。

    ② 泌水率比按下式计算:

$$R_B = \frac{B_t}{B_c} \times 100$$

式中   $R_B$——泌水率比,%;

    $B_t$——受检混凝土泌水率,%;

    $B_c$——基准混凝土泌水率,%。

    (4) 含气量和含气量 1h 经时变化量的检测

    ① 含气量测定

    按《普通混凝土拌合物性能试验方法标准》(GB 50080—2016)用气水混合式含气量测定仪,并按仪器说明进行操作,但混凝土拌合物应一次装满并稍高于容器,用振动台振实 15～20s。

    ② 含气量 1h 经时变化量检测

    将搅拌的混凝土留下足够一次含气量试验的数量,并装入用湿布擦过的试样筒内,容器加盖,静置至 1h(从加水搅拌时开始计算),然后倒出,在铁板上用铁锹翻拌均匀后,再按照含气量测定方法测定含气量。计算出机时和 1h 之后的含气量之差值,即得到含气量的经时变化量。

    含气量 1h 经时变化量按下式计算:

$$\Delta A = A_0 - A_{1h}$$

式中   $\Delta A$——含气量经时变化量,%;

    $A_0$——出机后测得的含气量,%;

    $A_{1h}$——1h 后测得的含气量,%。

    试验时,从每批混凝土拌合物中取一个试样,含气量以三个试样测值的算术平均值来表示。若三个试样中的最大值或最小值中有一个与中间值之差超过 0.5% 时,将最大值与最小值一并舍去,取中间值作为该批的试验结果;如果最大值与最小值和中间值之差均超过 0.5%,则应重做。含气量和含气量 1h 经时变化量测定值精确到 0.1%。

    (5) 凝结时间差检测

    ① 凝结时间测定

    将搅拌好的受检混凝土和基准混凝土拌合物,按《普通混凝土拌合物性能试验方法标

准》(GB 50080—2016),采用贯入阻力仪测定凝结时间,仪器精度为 10N,测定主要步骤如下:

将混凝土拌合物用 5mm(圆孔筛)振动筛筛出砂浆,拌匀后装入上口内径为 160mm、下口内径为 150mm、净高 150mm 的刚性不渗水的金属圆筒,试样表面应略低于筒口约 10mm,用振动台振实,约 3~5s,置于(20±2)℃的环境中,容器加盖。

一般基准混凝土在成型后 3~4h,掺早强剂的在成型后 1~2h,掺缓凝剂的在成型后 4~6h 开始测定,以后 0.5h 或 1h 测定一次,但在临近初、终凝时,可以缩短测定间隔时间。每次测点应避开前一次测孔,其净距为试针直径的 2 倍,但至少不小于 15mm,试针与容器边缘之距离不小于 25mm。测定初凝时间用截面积为 100mm² 的试针,测定终凝时间用 20mm² 的试针。测试时,将砂浆试样筒置于贯入阻力仪上,测针端部与砂浆表面接触,然后在(10±2)s 内均匀地使测针贯入砂浆(25±2)mm 深度。记录贯入阻力,精确至 10N,记录测量时间,精确至 1min。

贯入阻力按下式计算,精确到 0.1MPa:

$$f_{PR}=P/A$$

式中  $f_{PR}$——单位面积贯入阻力,MPa;

$P$——贯入深度达 25mm 时所需的净压力,N;

$A$——贯入阻力仪试针的截面积,mm²。

根据计算结果,以贯入阻力值为纵坐标,测试时间为横坐标,绘制单位面积贯入阻力值与时间关系曲线,贯入阻力值达 3.5MPa 时,对应的时间作为初凝时间;贯入阻力值达 28MPa 时,对应的时间作为终凝时间。从水泥与水接触时开始计算凝结时间。试验时,每批混凝土拌合物取一个试样,凝结时间取三个试样的平均值。若三批试验的最大值或最小值之中有一个与中间值之差超过 30min,把最大值与最小值一并舍去,取中间值作为该组试验的凝结时间。若两测值与中间值之差均超过 30min,则试验结果无效,应重做。凝结时间以 min 表示,并修约到 5min。

② 检测结果

凝结时间差按下式计算:

$$\Delta T=T_t-T_c$$

式中  $\Delta T$——凝结时间之差,min;

$T_t$——受检混凝土的初凝或终凝时间,min;

$T_c$——基准混凝土的初凝或终凝时间,min。

## 二、掺外加剂硬化混凝土性能检测

### 1. 抗压强度比检测

受检混凝土与基准混凝土的抗压强度按《普通混凝土力学性能试验方法标准》(GB/T 50081—2002)进行试验和计算。试件成型用振动台振动 15~20s。试件预养温度为(20±3)℃。抗压强度比用掺外加剂混凝土与基准混凝土同龄期抗压强度之比表示,按式下计算:

$$R_f=\frac{f_t}{f_c}\times100$$

式中  $R_f$——抗压强度比,%;

$f_t$——掺外加剂混凝土的抗压强度,MPa;

$f_c$——基准混凝土的抗压强度，MPa。

试验结果以三批试验测值的平均值表示，若三批试验中有一批的最大值或最小值与中间值的差值超过中间值的 $15\%$，则把最大值及最小值一并舍去，取中间值作为该批的试验结果，如有两批测值与中间值的差均超过中间值的 $15\%$，则试验结果无效，应该重做。

**2. 收缩率比检测**

（1）混凝土收缩测定（接触法）

① 主要仪器

标准杆：硬钢或石英玻璃制作，在测量前及测量过程中及时校核仪表的读数。

混凝土收缩仪：可采卧式或立式混凝土收缩仪，测量标距应为 540mm，并应装有精度为 $\pm0.001mm$ 的千分表或测微器。其他形式的变形测量仪表的测量标距不应小于 100mm 及骨料最大粒径的 3 倍，并至少能达到 $\pm0.001mm$ 的测量精度。

② 检测准备

试件和测头应符合下列规定：

本方法应采用尺寸为 $100mm \times 100mm \times 515mm$ 的棱柱体试件。每组应为 3 个试件。

采用卧式混凝土收缩仪时，试件两端应预埋测头或留有埋设测头的凹槽。卧式收缩试验用测头，应由不锈钢或其他不锈的材料制成，如图 9-1 所示。

采用立式混凝土收缩仪时，试件一端中心应预埋测头，如图 9-2 所示。立式收缩试验用测头的另外一端宜采用 M20mm×35mm 的螺栓（螺纹通长），并应与立式混凝土收缩仪底座固定。螺栓和测头都应预埋进去。

采用接触法引伸仪时，所用试件的长度应至少比仪器的测量标距长出一个截面边长。测头应粘贴在试件两侧面的轴线上。

使用混凝土收缩仪时，制作试件的试模应具有能固定测头或预留凹槽的端板。使用接触法引伸仪时，可用一般棱柱体试模制作试件。

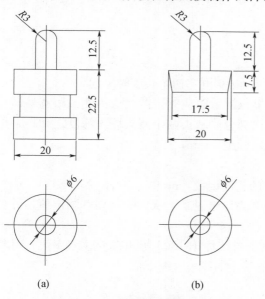

图 9-1　卧式收缩试验用测头

（a）预埋测头；（b）后埋测头

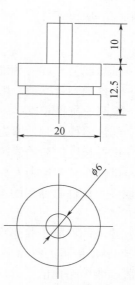

图 9-2　立式收缩试验用测头

收缩试件成型时不得使用机油等憎水性脱模剂。试件成型后应带模养护 1～2d，并保证拆模时不损伤试件。对于事先没有埋设测头的试件，拆模后应立即粘贴或埋设测头。试件拆模后，应立即送至温度为（20±2）℃、相对湿度为 95％以上的标准养护室养护。

③ 检测步骤

收缩试验应在恒温恒湿环境中进行，室温应保持在（20±2）℃，相对湿度应保持在（60±5）％。试件应放置在不吸水的搁架上，底面应架空，每个试件之间的间隙应大于 30mm。

测定代表某一混凝土收缩性能的特征值时，试件应在 3d 龄期时（从混凝土搅拌加水时算起）从标准养护室取出，并应立即移入恒温恒湿室测定其初始长度，此后应至少按下列规定的时间间隔测量其变形读数：1d、3d、7d、14d、28d、45d、60d、90d、120d、150d、180d、360d（从移入恒温恒湿室内计时）。

测定混凝土在某一具体条件下的相对收缩值时（包括在徐变试验时的混凝土收缩变形测定）应按要求的条件进行试验。对非标准养护试件，当需要移入恒温恒湿室进行试验时，应先在室内预置 4h，再测其初始值。测量时应记下试件的初始干湿状态。

收缩测量前应先用标准杆校正仪表的零点，并应在测量过程中至少再复核 1～2 次，其中一次应在全部试件测读完后进行。当复核时发现零点与原值的偏差超过±0.001mm 时，应调零后重新测量。

试件每次在卧式收缩仪上放置的位置和方向均应保持一致。试件上应标明相应的方向记号。试件在放置及取出时应轻稳仔细，不得碰撞表架及表杆。当发生碰撞时，应取下试件，并应重新以标准杆复核零点。

采用立式混凝土收缩仪时，整套测试装置应放在不易受外部振动影响的地方。读数时宜轻敲仪表或者上下轻轻滑动测头。安装立式混凝土收缩仪的测试台应有减振装置。

用接触法引伸仪测量时，应使每次测量时试件与仪表保持相对固定的位置和方向。每次读数应重复 3 次。

④ 检测结果

混凝土收缩率应下式计算：

$$\varepsilon_{st} = \frac{L_0 - L_t}{L_b}$$

式中　$\varepsilon_{st}$——试验期为 $t$（d）的混凝土收缩率，$t$ 从测定初始长度时算起；

　　　$L_b$——试件的测量标距，用混凝土收缩仪测量时应等于两测头内侧的距离，即等于混凝土试件长度（不计测头凸出部分）减去两个测头埋入深度之和；采用接触法引伸仪时，即为仪器的测量标距，mm；

　　　$L_0$——试件长度的初始读数，mm；

　　　$L_t$——试件在试验期为 $t$（d）时测得的长度读数，mm。

每组应取 3 个试件收缩率的算术平均值作为该组混凝土试件的收缩率测定值，计算精确至 $1.0×10^{-6}$。

作为相互比较的混凝土收缩率值应为不密封试件于 180d 所测得的收缩率值。可将不密封试件于 360d 所测得的收缩率值作为该混凝土的终极收缩率值。

（2）混凝土收缩率比值

受检混凝土及基准混凝土的收缩率的试件用振动台成型，振动 15～20s。掺外加剂混凝土收缩率比以 28d 龄期时受检混凝土与基准混凝土的收缩率的比值表示，按下式计算：

$$R_\varepsilon = \frac{\varepsilon_t}{\varepsilon_c} \times 100\%$$

式中　$R_\varepsilon$——收缩率比,%;

　　　$\varepsilon_t$——受检混凝土的收缩率,%;

　　　$\varepsilon_c$——基准混凝土的收缩率,%。

每批混凝土拌合物取一个试样,以三个试样收缩率比的算术平均值表示掺外加剂混凝土收缩率比,计算精确至1%。

**3. 相对耐久性检测**

(1) 混凝土 (快冻法) 冻融循环后弹性模量测试

① 主要仪器

试件盒:宜采用具有弹性的橡胶材料制作,其内表面底部应有半径为3mm橡胶凸起部分;盒内加水后水面应至少高出试件顶面5mm;试件盒横截面尺寸宜为115mm×115mm,试件盒长度宜为500mm,如图9-3所示。

快速冻融装置:应符合现行标准《混凝土抗冻试验设备》(JG/T 243—2009) 的规定。除应在测温试件中埋设温度传感器外,尚应在冻融箱内防冻液中心、中心与任何一个对角线的两端分别设有温度传感器。运转时冻融箱内防冻液各点温度的极差不得超过2℃。

称量设备:最大量程应为20kg,感量不应超过5g。

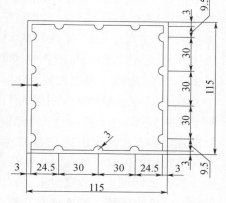

**图9-3　橡胶试验盒横截面示意图**

动弹性模量测定仪:共振法混凝土动弹性模量测定仪(又称共振仪) 的输出频率可调范围应为100~20000Hz,输出功率应能使试件产生受迫振动。

试件支承体:应采用厚度约为20mm的泡沫塑料垫,宜采用表观密度为16~18kg/m³的聚苯板。

温度传感器:包括热电偶、电位差计等,应在−20~+20℃范围内测定试件中心温度,且测量精度应为±0.5℃。

② 测试准备

快冻法抗冻试验应采用尺寸为100mm×100mm×400mm的棱柱体试件,每组试件应为三个。成型试件时,不得采用憎水性脱模剂。除制作冻融试验的试件外,尚应制作同样形状、尺寸,且中心埋有温度传感器的测温试件,测温试件应采用防冻液作为冻融介质。测温试件所用混凝土的抗冻性能应高于冻融试件。测温试件的温度传感器应埋设在试件中心。温度传感器不应采用钻孔后插入的方式埋设。

③ 快冻检测步骤

在标准养护室内或同条件养护的试件应在养护龄期为24d时提前将冻融试验的试件从养护地点取出,随后应将冻融试件放在(20±2)℃水中浸泡,浸泡时水面应高出试件顶面20~30mm。在水中浸泡时间应为4d,试件应在28d龄期时开始进行冻融试验。始终在水中养护的试件,当试件养护龄期达到28d时,可直接进行后续试验。对此种情况,应在试验报告中予以说明。

当试件养护龄期达到 28d 时应及时取出试件，用湿布擦除表面水分后对外观尺寸进行测量，试件的外观尺寸应符合相关标准要求，并应编号、称量试件初始质量 $W_{0i}$，然后应按《普通混凝土长期性能和耐久性能试验方法》（GB/T 50082—2009）第 5 章规定测定其横向基频的初始值 $f_{0i}$。

将试件放入试件盒内，试件应位于试件盒中心，然后将试件盒放入冻融箱内的试件架中，并向试件盒中注入清水。在整个试验过程中，盒内水位高度应始终保持至少高出试件顶面 5mm。

测温试件盒应放在冻融箱的中心位置。

冻融循环过程应符合下列规定：a. 每次冻融循环应在 2~4h 内完成，且用于融化的时间不得少于整个冻融循环时间的 1/4；b. 在冷冻和融化过程中，试件中心最低和最高温度应分别控制在（−18±2）℃和（5±2）℃内，在任意时刻，试件中心温度不得高于 7℃，且不得低于−20℃；c. 每块试件从 3℃降至−16℃所用的时间不得少于冷冻时间的 1/2；每块试件从−16℃升至 3℃所用时间不得少于整个融化时间的 1/2，试件内外的温差不宜超过 28℃；d. 冷冻和融化之间的转换时间不宜超过 10min。

每隔 25 次冻融循环宜测量试件的横向基频 $f_{ni}$。测量前应先将试件表面浮渣清洗干净并擦干表面水分，然后应检查其外部损伤并称量试件的质量 $W_{ni}$。随后应按 GB/T 50082—2009 标准规定的方法测量横向基频。测完后，应迅速将试件调头重新装入试件盒内并加入清水，继续试验。试件的测量、称量及外观检查应迅速，待测试件应用湿布覆盖。

当有试件停止试验被取出时，应另用其他试件填充空位。当试件在冷冻状态下因故中断时，试件应保持在冷冻状态，直至恢复冻融试验为止，并应将故障原因及暂停时间在试验结果中注明。试件在非冷冻状态下发生故障的时间不宜超过两个冻融循环的时间。在整个试验过程中，超过两个冻融循环时间的中断故障次数不得超过两次。

当冻融循环出现下列情况之一时，可停止试验：a. 达到规定的冻融循环次数；b. 试件的相对动弹性模量下降到 60%；c. 试件的质量损失率达 5%。

④ 动弹性模量检测步骤

首先应测定试件的质量和尺寸。试件质量应精确至 0.01kg，尺寸的测量应精确至 1mm。

测完试件的质量和尺寸后，应将试件放置在支撑体中心位置，成型面应向上，并应将激振换能器的测杆轻轻地压在试件长边侧面中线的 1/2 处，接收换能器的测杆轻轻地压在试件长边侧面中线距端面 5mm 处。在测杆接触试件前，宜在测杆与试件接触面涂一薄层黄油或凡士林作为耦合介质，测杆压力的大小应以不出现噪声为准。采用的动弹性模量测定仪各部件连接和相对位置，如图 9-4 所示。

放置好测杆后，应先调整共振仪的激振功率和接收增益旋钮至适当位置，然后变换激振频率，并应注意观察指示电表的指针偏转。当指针偏转为最大时，表示试件达到共振状态，应以这时所显示的共振频率作为试件的基频振动频率。每一测量应重复测读两次以上，当两次连续测值之差不超过两个测值的算术平均值的 0.5% 时，应取这两个测值的算术平均值作为该试件的基频振动频率。

当用示波器作显示的仪器时，示波器的图形调成一个正圆时的频率应为共振频率。在测试过程中，当发现两个以上峰值时，应将接收换能器移至距试件端部 0.224 倍试件长处，当指示电表示值为零时，应将其作为真实的共振峰值。

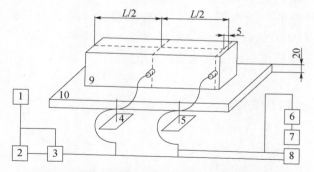

**图 9-4　动弹性模量测定仪各部件连接和相对位置**

1—振荡器；2—频率计；3—放大器；4—激振换能器；5—接收换能器；
6—放大器；7—电表；8—示波器；9—试件；10—试件支承体

⑤ 检测结果

动弹性模量按下式计算：

$$E_d = 13.244 \times 10^{-4} \times WL^3 f^2 / a^4$$

式中　$E_d$——混凝土动弹性模量，MPa；

　　$a$——正方形截面试件的边长，mm；

　　$L$——试件的长度，mm；

　　$W$——试件的质量（精确到 0.01kg），kg；

　　$f$——试件横向振动时的基频振动频率，Hz。

每组应以三个试件动弹性模量的试验结果的算术平均值作为测定值，计算应精确至 100MPa。

相对动弹性模量单值按下式计算，精确至 0.1：

$$P_i = \frac{f_{ni}^2}{f_{0i}^2} \times 100\%$$

式中　$P_i$——经 $n$ 次冻融循环后第 $i$ 个混凝土试件的相对动弹性模量，%；

　　$f_{ni}$——经 $n$ 次冻融循环后第 $i$ 个混凝土试件的横向基频，Hz；

　　$f_{0i}$——冻融循环试验前第 $i$ 个混凝土试件横向基频初始值，Hz。

$n$ 次冻融循环后一组混凝土试件的相对动弹性模量 $P$，应以三个试件试验结果的算术平均值作为测定值，精确至 0.1。

当最大值或最小值与中间值之差超过中间值的 15% 时，应剔除此值，并应取其余两值的算术平均值作为测定值；当最大值和最小值与中间值之差均超过中间值的 15% 时，应取中间值作为测定值。

（2）掺外加剂混凝土相对耐久性评定

试件采用振动台成型，振动 15～20s，标准养护 28d 后进行冻融循环试验（快冻法）。相对耐久性指标是以掺外加剂混凝土冻融 200 次后的动弹性模量是否不小于 80% 来评定外加剂的质量。每批混凝土拌合物取一个试件，相对动弹性模量以三个试件测定值的算术平均值表示。

## 三、混凝土膨胀剂限制膨胀率检测（A法）

试验室温度、湿度，养护箱养护水的温度、湿度应符合《水泥胶砂强度检验方法（ISO法）》（GB/T 17671—1999）的规定。恒温恒湿（箱）室温度为（20±2）℃，湿度为（60±5）%。每日应检查、记录温度、湿度变化情况。

### 1. 主要仪器

（1）搅拌机、振动台、试模及下料漏斗按《水泥胶砂强度检验方法（ISO法）》（GB/T 17671—1999）的规定。

（2）测量仪：由千分表、支架和标准杆组成，千分表分辨率为0.001mm，装置如图9-5所示。

（3）纵向限制器：纵向钢丝采用《冷拉碳素弹簧钢丝》（GB/T 4357—2009）规定的D级弹簧钢丝与钢板焊接而成，如图9-6所示。铜焊处拉脱强度不低于785MPa。纵

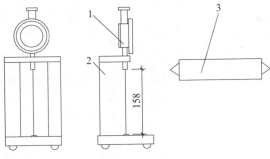

**图9-5 测量仪**
1—电子千分表；2—支架；3—标准杆

向限制器不应变形，出厂检验使用次数不应超过5次，第三方检测机构检验使用次数不应超过1次。

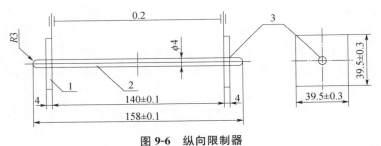

**图9-6 纵向限制器**
1—钢板；2—钢丝；3—铜焊处

### 2. 检测步骤

（1）试体制备：水泥胶砂配合比每成型三条试体需称量的材料和用量，见表9-6。

**表9-6 水泥胶砂成型三条试体需称量的材料和用量**

| 材料品种 | 代号 | 材料质量/g |
|---|---|---|
| 水泥 | C | 607.5±2.0 |
| 膨胀剂 | E | 67.6±0.2 |
| 标准砂 | S | 1350.0±5.0 |
| 拌合水 | W | 270.0±1.0 |

注：1. E/(C+E)=0.10，S/(C+E)=2.00，W/(C+E)=0.40；
2. 水泥为基准水泥或由熟料与二水石膏共同粉磨而成的强度等级42.5的硅酸盐水泥，其熟料中$C_3A$为6%~8%，$C_3S$为55%~60%，f-CaO≤1.2%，碱（$Na_2O+0.638K_2O$）含量不超过97%，比表面积为（350±10）$m^2$/kg。

（2）水泥胶砂搅拌、试体成型按《水泥胶砂强度检验方法（ISO 法）》（GB/T 17671—1999）的规定进行。同一条件有三条试体供测长用，试体全长 158mm，其中胶砂部分尺寸为 40mm×40mm×140mm。

（3）试体脱模时间以试体的抗压强度达到（10±2)MPa 的时间确定。

（4）试体长度测量前 3h，将测量仪、标准杆放在标准试验室内，用标准杆校正测量仪并调整千分表零点。测量前，将试体及测量仪测头擦净。每次测量时，试体记有标志的一面与测量仪的相对位置必须一致，纵向限制器测头与测量仪测头应正确接触，读数应精确至 0.001mm。不同龄期的试体应在规定时间±1h 内测量。试体脱模后在 1h 内测量试体的初始长度。测量完初始长度的试体立即放入水中养护，测量放入水中第 7d 的长度。然后放入恒温恒湿（箱）室养护，测量放入空气中第 21d 的长度。也可以根据需要测量不同龄期的长度，观察膨胀收缩变化趋势。养护时，应注意不损伤试体测头。试体之间应保持 15mm 以上间隔，试体支点距限制钢板两端约 30mm。

**3. 检测结果**

各龄期限制膨胀率按下式计算：

$$\varepsilon = \frac{L_1 - L}{L_0} \times 100\%$$

式中　$\varepsilon$——所测龄期的限制膨胀率，%；

$L_1$——所测龄期的试体长度测量值，mm；

$L$——试体的初始长度测量值，mm；

$L_0$——试体的基准长度，140mm。

取相近的二个试体测定值的平均值作为限制膨胀率的测量结果，计算值精确至 0.001%。

# 第十章　墙体块状材料检测

## 第一节　理论知识

### 一、常用墙体块状材料分类用途

常用墙体块状材料主要有：砌墙砖和建筑砌块。

由黏土、工业废料或其他地方资源为主要原料，采用不同工艺制成的，建筑中用于砌筑承重或非承重墙体的人造小型块材统称砌墙砖。砌墙砖高度一般小于180mm。

砌墙砖可分为普通砖、多孔砖和空心砖。普通砖是没有孔洞或孔洞率（砖面上孔洞总面积占砖面积的百分率）小于28%的砖；而孔洞率等于或大于28%，称多孔砖；孔洞率等于或大于40%，称为空心砖，常用于非承重部位。

按生产工艺不同，砌墙砖又分为烧结砖和非烧结砖。经焙烧制成的砖为烧结砖，如烧结普通砖、烧结空心砖和空心砌块等，非烧结砖有碳化砖、蒸汽养护（常压或高压蒸汽养护）硬化而成的蒸养（压）砖（如粉煤灰砖、炉渣砖、灰砂砖等）。

"扫扫看"
常用墙体块状材料

砌块是利用地方资源和工业废渣制造的形体大于砌墙砖的直角六面体块体砌筑材料。按产品规格的尺寸分为：手工砌筑的小型砌块，机械施工的中型和大型砌块。砌块可以节省土地资源和改善环境，具有生产工艺简单、原料来源广、适应性强、制作及使用方便、可改善墙体功能等特点。

砌块产品种类多样，主要有：烧结多孔砌块、烧结空心砌块、蒸压加气混凝土砌块、石膏砌块、轻集料混凝土小型空心砌块、普通混凝土小型砌块、粉煤灰混凝土小型空心砌块等。

墙体块状材料主要用于建筑的承重结构或围护结构。

**1. 常见烧结墙体块状材料主要技术要求**

（1）烧结普通砖（GB/T 5101—2017）

烧结普通砖类别：按主要原料分为黏土砖（N）、页岩砖（Y）、煤矸石砖（M）和粉煤灰砖（F）、建筑渣土砖（Z）、淤泥砖（U）、污泥砖（W）、固体废弃物砖（G）。

砖的外形为直角六面体，其公称尺寸为：长240mm、宽115m、高53mm。配砖等其他规格由供需双方协定。

烧结普通砖强度等级划分：根据抗压强度分为MU30、MU25、MU20、MU15、MU10五个强度等级。

烧结普通砖的技术要求：尺寸偏差、外观质量、强度等级、抗风化性能、泛霜、石灰爆裂、放射性核素限量等。

① 烧结普通砖尺寸偏差

烧结普通砖尺寸偏差见表10-1。

表 10-1    烧结普通砖尺寸偏差

| 公称尺寸 /mm | 指　标 | |
|---|---|---|
| | 样本平均偏差 /mm | 样本级差/mm ≤ |
| 240 | ±2.0 | 6.0 |
| 115 | ±1.5 | 5.0 |
| 53 | ±1.5 | 4.0 |

② 烧结普通砖外观质量

烧结普通砖的外观质量见表10-2。

表 10-2    烧结普通砖的外观质量

| 项　目 | | 指　标 |
|---|---|---|
| 两条面高度差/mm ≤ | | 2 |
| 弯曲/mm ≤ | | 2 |
| 杂质凸出高度/mm ≤ | | 2 |
| 缺棱掉角的三个破坏尺寸/mm | 不得同时大于 | 5 |
| 裂纹长度 /mm≤ | 大面上宽度方向及其延伸到条面的长度 | 30 |
| | 大面上长度方向及其延伸到顶面的长度或条顶面上水平裂纹的长度 | 50 |
| 完整面[a] | 不得少于 | 一条面和一顶面 |

注：为砌筑挂浆而施加凹凸纹、槽、压花等不算作缺陷。

a 凡有下列缺陷之一者不得称为完整面：

（1）缺损在条面或顶面上造成的破坏面尺寸同时大于 10mm×10mm；

（2）条面或顶面裂纹宽度大于 1mm，其长度超过 30mm；

（3）压陷、粘底、焦花在条面或顶面上的凹陷或凸出超过 2mm，区域尺寸同时大于 10mm×10mm。

③ 烧结普通砖强度等级

烧结普通砖强度等级见表10-3。

表 10-3    烧结普通砖强度等级

| 强度等级 | 抗压强度平均值/MPa $\bar{f} \geqslant$ | 强度标准值/MPa $f_k \geqslant$ |
|---|---|---|
| MU30 | 30.0 | 22.0 |
| MU25 | 25.0 | 18.0 |

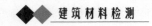建筑材料检测

| 强度等级 | 抗压强度平均值/MPa $\bar{f}\geqslant$ | 强度标准值/MPa $f_k\geqslant$ |
|---|---|---|
| MU20 | 20.0 | 14.0 |
| MU15 | 15.0 | 10.0 |
| MU10 | 10.0 | 6.5 |

④ 烧结普通砖抗风化性能

烧结普通砖抗风化性能见表10-4。

表 10-4　烧结普通砖抗风化性能

| 砖种类 | 严重风化区 | | | | 非严重风化区 | | | |
|---|---|---|---|---|---|---|---|---|
| | 5h沸煮吸水率/%≤ | | 饱和系数≤ | | 5h沸煮吸水率/%≤ | | 饱和系数≤ | |
| | 平均值 | 单块最大值 | 平均值 | 单块最大值 | 平均值 | 单块最大值 | 平均值 | 单块最大值 |
| 黏土砖、建筑渣土砖 | 18 | 20 | 0.85 | 0.87 | 19 | 20 | 0.88 | 0.90 |
| 粉煤灰砖 | 21 | 23 | | | 23 | 25 | | |
| 页岩砖 | 16 | 18 | 0.74 | 0.77 | 18 | 20 | 0.78 | 0.80 |
| 煤矸石砖 | | | | | | | | |

⑤ 烧结普通砖冻融性能

15 次冻融试验后，每块砖样不允许出现分层、掉皮、缺棱、掉角等冻坏现象；冻后裂纹长度不得大于表 10-2 中"外观质量"规定的裂纹长度。

(2) 烧结空心砖和空心砌块 (GB/T 13545—2014)

烧结空心砖和空心砌块类别：按主要原料分为黏土空心砖和空心砌块（N）、页岩空心砖和空心砌块（Y）、煤矸石空心砖和空心砌块（M）、粉煤灰空心砖和空心砌块（F）、淤泥空心砖和空心砌块（U）、建筑渣土空心砖和空心砌块（Z）、其他固体废弃物空心砖和空心砌块（G）。

① 烧结空心砖和空心砌块规格

空心砖和空心砌块的外型为直角六面体，如图 10-1 所示。混水墙用空心砖和空心砌块，应在大面和条面上设有均匀分布的粉刷槽或类似结构，深度不小于 2mm。空心砖和空心砌块的长度、宽度、高度尺寸应符合：长度规格尺寸（mm）：390、290、240、190、180（175）、140；宽度规格尺寸（mm）：190、180（175）、140、115；高度规格尺寸（mm）：180（175）、140、115、90。其他规格尺寸由供需双方协商确定。

② 烧结空心砖和空心砌块强度等级

按抗压强度分为：MU10、MU7.5、MU5.0、MU3.5 这 4 个强度等级。

③ 烧结空心砖和空心砌块密度等级

按体积密度分为：800 级、900 级、1000 级、1100 级。

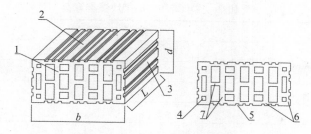

**图 10-1 空心砖和空心砌块的外型**

L—长度；b—宽度；d—高度；1—顶面；2—大面；

3—条面，4—壁孔；5—粉刷槽；6—外壁；7—肋

④ 尺寸允许偏差

空心砖和空心砌块的尺寸允许偏差，见表 10-5。

**表 10-5 空心砖和空心砌块尺寸允许偏差**

| 尺寸/mm | 样本平均偏差/mm | 样本极差/mm≤ |
|---|---|---|
| >300 | ±3.0 | 7.0 |
| 200~300 | ±2.5 | 6.0 |
| 100~200 | ±2.0 | 5.0 |
| <100 | ±1.7 | 4.0 |

⑤ 空心砖和空心砌块外观质量

空心砖和空心砌块的外观质量，见表 10-6。

**表 10-6 空心砖和空心砌块外观质量**

| 项 目 | | 指 标 |
|---|---|---|
| 1. 弯曲 | 不大于 | 4mm |
| 2. 缺棱掉角的三个破坏尺寸 | 不得同时大于 | 30mm |
| 3. 垂直度差 | 不大于 | 4mm |
| 4. 未贯穿裂纹长度 | | |
| ① 大面上宽度方向及其延伸到条面的长度 | 不大于 | 100mm |
| ② 大面上长度方向或条面上水平面方向的长度 | 不大于 | 120mm |
| 5. 贯穿裂纹长度 | | |
| ① 大面上宽度方向及其延伸到条面的长度 | 不大于 | 40mm |
| ② 壁、肋沿长度方向、宽度方向及其水平方向的长度 | 不大于 | 40mm |
| 6. 肋、壁内残缺长度 | 不大于 | 40mm |
| 7. 完整面[a] | 不少于 | 一条面或一大面 |

a 凡有下列缺陷之一者，不能称为完整面：

(1) 缺损在大面、条面上造成的破坏面尺寸同时大于 20mm×30mm；

(2) 大面、条面上裂纹宽度大于 1mm，其长度超过 70mm；

(3) 压陷、粘底、焦花在大面、条面上的凹陷或凸出超过 2mm，区域尺寸同时大于 20mm×30mm。

⑥ 空心砖和空心砌块强度等级

空心砖和空心砌块强度等级，见表 10-7。

表 10-7　空心砖和空心砌块强度等级

| 强度等级 | 抗压强度/MPa | | |
|---|---|---|---|
| | 抗压强度平均值 $\bar{f}\geqslant$ | 变异系数 $\delta\leqslant0.21$ | 变异系数 $\delta>0.21$ |
| | | 强度标准值 $f_k\geqslant$ | 单块最小抗压强度值 $f_{min}\geqslant$ |
| MU10.0 | 10.0 | 7.0 | 8.0 |
| MU7.5 | 7.5 | 5.0 | 5.8 |
| MU5.0 | 5.0 | 3.5 | 4.0 |
| MU3.5 | 3.5 | 2.5 | 2.8 |

⑦ 空心砖和空心砌块密度等级

空心砖和空心砌块密度等级，见表 10-8。

表 10-8　空心砖和空心砌块密度等级

| 密度等级 | 五块体积密度平均值/（kg/m³） |
|---|---|
| 800 | ≤800 |
| 900 | 801～900 |
| 1000 | 901～1000 |
| 1100 | 1001～1100 |

⑧ 空心砖和空心砌块孔洞排列及其结构

空心砖和空心砌块孔洞排列及其结构，见表 10-9。

表 10-9　空心砖和空心砌块孔洞排列及其结构

| 孔洞排列 | 孔洞排列/排 | | 空洞率/% | 孔型 |
|---|---|---|---|---|
| | 宽度方向 | 高度方向 | | |
| 有序或交错排列 | $b\geqslant200$　≥4 | ≥2 | ≥40 | 矩形孔 |
| | $b<200$　≥3 | | | |

⑨ 空心砖和空心砌块抗风化性能

空心砖和空心砌块抗风化性能，见表 10-10。

表 10-10　空心砖和空心砌块抗风化性能

| 种类 | 严重风化区 | | | | 非严重风化区 | | | |
|---|---|---|---|---|---|---|---|---|
| | 5h沸煮吸水率/%≤ | | 饱和系数≤ | | 5h沸煮吸水率/%≤ | | 饱和系数≤ | |
| | 平均值 | 单块最大值 | 平均值 | 单块最大值 | 平均值 | 单块最大值 | 平均值 | 单块最大值 |
| 黏土砖和砌块 | 21 | 23 | 0.85 | 0.87 | 23 | 25 | 0.88 | 0.90 |
| 粉煤灰砖和砌块 | 23 | 25 | | | 30 | 32 | | |
| 页岩砖和砌块 | 16 | 18 | 0.74 | 0.77 | 18 | 20 | 0.78 | 0.80 |
| 煤矸石砖和砌块 | 19 | 21 | | | 21 | 23 | | |

注：1. 粉煤灰掺入量（质量分数）小于30%时，按黏土空心砖和空心砌块规定判定；

　　2. 淤泥、建筑渣土及其他固体废弃物掺入量（质量分数）小于30%时按相关产品类别规定判定。

⑩ 冻融循环

空心砖和空心砌块冻融循环 15 次后，每块砖样不允许出现分层、掉皮、缺棱掉角等冻坏现象；冻后裂纹长度不得大于"外观质量"所规定的裂纹长度。

（3）烧结多孔砖和多孔砌块（GB 13544—2011）

烧结多孔砖和多孔砌块经焙烧而成。多孔砖的孔洞率大于或等于 28%。多孔砌块孔洞率大于或等于 33%，孔的尺寸小而数量多，主要用于承重部位。

烧结多孔砖和多孔砌块产品按主要原料分为：黏土砖和黏土砌块（N）、页岩砖和页岩砌块（Y）、煤矸石砖和煤矸石砌块（M）、粉煤灰砖和粉煤灰砌块（F）、淤泥砖和淤泥砌块（U）、固体废弃物砖和固体废弃物砌块（G）。

砖和砌块的外型一般为直角六面体，在与砂浆的接合面上应设有增加结合力的粉刷槽和砌筑砂浆槽，如图 10-2 所示。

粉刷槽和砌筑砂浆槽要求如下：

粉刷槽：混水墙用砖和砌块，应在条面和顶面上设有均匀分布的粉刷槽或类似结构，深度不小于 2mm。

砌筑砂浆槽：砌块至少应在一个条面或顶面上设立砌筑砂浆槽。两个条面或顶面都有砌筑砂浆槽时，砌筑砂浆槽深应大于 15mm 且小于 25mm；只有一个条面或顶面有砌筑砂浆槽时，砌筑砂浆槽深应大于 30mm 且小于 40mm。砌筑砂浆槽宽应超过砂浆槽所在砌块面宽度的 50%。

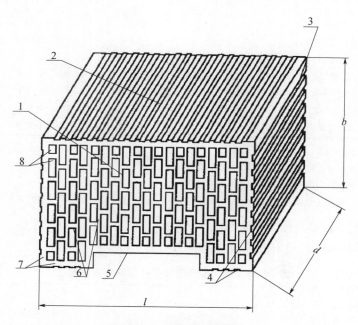

**图 10-2　砌块各部位名称**

1—大面（坐浆面）；2—条面；3—顶面；4—粉刷沟槽；
5—砂浆槽；6—肋；7—外壁；8—孔洞；$l$—长度；$b$—宽度；$d$—高度

砖规格尺寸主要有：290mm、240mm、190mm、180mm、140mm、115mm、90mm；砌块规格尺寸主要有：490mm、440mm、390mm、340mm、290mm、240mm、190mm、180mm、140mm、115mm、90mm。

强度等级根据抗压强度分为 MU30、MU25、MU20、MU15、MU10 五个强度等级。

砖密度等级分为 1000、1100、1200、1300 四个；砌块的密度等级分为 900、1000、1100、1200 四个。

① 烧结多孔砖和多孔砌块尺寸允许偏差

烧结多孔砖和多孔砌块尺寸允许偏差，见表 10-11。

表 10-11　烧结多孔砖和多孔砌块尺寸允许偏差

| 尺寸/mm | 样本平均偏差/mm | 样本极差/mm≤ |
|---|---|---|
| >400 | ±3.0 | 10.0 |
| 300~400 | ±2.5 | 9.0 |
| 200~300 | ±2.5 | 8.0 |
| 100~200 | ±2.0 | 7.0 |
| <100 | ±1.5 | 6.0 |

② 烧结多孔砖和多孔砌块外观质量

烧结多孔砖和多孔砌块的外观质量，见表 10-12。

表 10-12　烧结多孔砖和多孔砌块的外观质量

| 项目 | | 指标 |
|---|---|---|
| 1. 完整面 | 不得少于 | 一条面和一顶面 |
| 2. 缺棱掉角的三个破坏尺寸/mm | 不得同时大于 | 30 |
| 3. 裂纹长度/mm | | |
| (a) 大面（有孔面）上深入孔壁 15mm 以上宽度方向及其延伸到条面的长度/mm | 不大于 | 80 |
| (b) 大面（有孔面）上深入孔壁 15mm 以上长度方向及其延伸到顶面的长度/mm | 不大于 | 100 |
| (c) 条顶面上的水平裂纹/mm | 不大于 | 100 |
| 4. 杂质在砖或砌块面上造成的凸出高度/mm | 不大于 | 5 |

注：凡有下列缺陷之一者，不能称为完整面：

(1) 缺损在大面或顶面上造成的破坏面尺寸同时大于 20mm×30mm；

(2) 条面或顶面上裂纹宽度大于 1mm，其长度超过 70mm；

(3) 压陷、粘底、焦花在条面或顶面上的凹陷或凸出超过 2mm，区域最大投影尺寸同时大于 20mm×30mm。

③ 烧结多孔砖和多孔砌块密度等级

烧结多孔砖和多孔砌块密度等级，见表 10-13。

表 10-13　烧结多孔砖和多孔砌块密度等级

| 密度等级 | | 3块砖或砌块干燥表观密度平均值/(kg/m³) |
|---|---|---|
| 砖 | 砌块 | |
| — | 900 | ≤900 |
| 1000 | 1000 | 900~1000 |
| 1100 | 1100 | 1000~1100 |
| 1200 | 1200 | 1100~1200 |
| 1300 | — | 1200~1300 |

④ 烧结多孔砖和多孔砌块强度等级

烧结多孔砖和多孔砌块强度等级，见表 10-14。

表 10-14  烧结多孔砖和多孔砌块强度等级

| 强度等级 | 抗压强度平均值/MPa $f\geqslant$ | 强度标准值/MPa $f_k\geqslant$ |
|---|---|---|
| MU30 | 30.0 | 22.0 |
| MU25 | 25.0 | 18.0 |
| MU20 | 20.0 | 14.0 |
| MU15 | 15.0 | 10.0 |
| MU10 | 10.0 | 6.5 |

⑤ 烧结多孔砖和多孔砌块孔型、孔结构及孔洞率

烧结多孔砖和多孔砌块孔型、孔结构及孔洞率，见表 10-15。

表 10-15  烧结多孔砖和多孔砌块孔型、孔结构及孔洞率

| 孔型 | 孔洞尺寸/mm | | 最小外壁厚/mm | 最小肋厚/mm | 孔洞率/% | | 孔洞排列 |
|---|---|---|---|---|---|---|---|
| | 孔宽 | 孔长 | | | 砖 | 砌块 | |
| 矩型条孔或矩型孔 | $\leqslant13$ | $\leqslant40$ | $\geqslant12$ | $\geqslant5$ | $\geqslant28$ | $\geqslant33$ | 1. 所有孔宽应相等，孔采用单向或双向交错排列；<br>2. 孔洞排列上下、左右应对称，分布均匀，手抓孔的长度方向尺寸必须平行于砖的条面 |

⑥ 烧结多孔砖和多孔砌块抗风化性能

烧结多孔砖和多孔砌块抗风化性能，见表 10-16。

表 10-16  烧结多孔砖和多孔砌块抗风化性能

| 种类 | 严重风化区 | | | | 非严重风化区 | | | |
|---|---|---|---|---|---|---|---|---|
| | 5h 沸煮吸水率/%≤ | | 饱和系数≤ | | 5h 沸煮吸水率/%≤ | | 饱和系数≤ | |
| | 平均值 | 单块最大值 | 平均值 | 单块最大值 | 平均值 | 单块最大值 | 平均值 | 单块最大值 |
| 黏土砖和砌块 | 21 | 23 | 0.85 | 0.87 | 23 | 25 | 0.88 | 0.90 |
| 粉煤灰砖和砌块 | 23 | 25 | | | 30 | 32 | | |
| 页岩砖和砌块 | 16 | 18 | 0.74 | 0.77 | 18 | 20 | 0.78 | 0.80 |
| 煤矸石砖和砌块 | 19 | 21 | | | 21 | 23 | | |

注：粉煤灰掺入量（质量分数）小于 30% 时，按黏土砖和砌块规定判定。

⑦ 冻融循环

烧结多孔砖和多孔砌块 15 次冻融循环试验后，每块砖和砌块不允许出现裂纹、分层、掉皮、缺棱掉角等冻坏现象。

**2. 常见非烧结墙体块状材料主要技术要求**

（1）蒸压粉煤灰砖（JC/T 239—2014）

以粉煤灰、生石灰为主要原料，可掺加适量石膏等外加剂和其他集料，经坯料制备、压制成型、高压蒸汽养护而制成的砖称为蒸压粉煤灰砖，产品代号为 AFB。蒸压粉煤灰

砖各部位名称如图 10-3 所示。

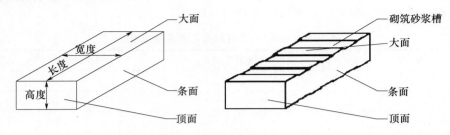

**图 10-3 蒸压粉煤灰砖各部位名称**

蒸压粉煤灰砖的外型为直角六面体，砖的公称尺寸为：长度 240mm、宽度 115mm、高度 53mm，其他规格尺寸由供需双方协商后确定。强度等级分为 MU10、MU15、MU20、MU25、MU30 五个等级。

① 蒸压粉煤灰砖外观质量和尺寸偏差

蒸压粉煤灰砖外观质量和尺寸偏差见表 10-17。

**表 10-17 蒸压粉煤灰砖外观质量和尺寸偏差**

| 项目名称 | | | 技术指标 |
|---|---|---|---|
| 外观质量 | 缺棱掉角 | 个数/个 | ≤2 |
| | | 三个方向投影尺寸的最大值/mm | ≤15 |
| | 裂纹 | 裂纹延伸的投影尺寸累计/mm | ≤20 |
| | | 层裂 | 不允许 |
| 尺寸偏差 | | 长度/mm | +2 −1 |
| | | 宽度/mm | ±2 |
| | | 高度/mm | +2 −1 |

② 蒸压粉煤灰砖强度等级

蒸压粉煤灰砖强度等级见表 10-18。

**表 10-18 蒸压粉煤灰砖强度等级**

| 强度等级 | 抗压强度/MPa | | 抗折强度/MPa | |
|---|---|---|---|---|
| | 平均值 | 单块最小值 | 平均值 | 单块最小值 |
| MU10 | ≥10.0 | ≥8.0 | ≥2.5 | ≥2.0 |
| MU15 | ≥15.0 | ≥12.0 | ≥3.7 | ≥3.0 |
| MU20 | ≥20.0 | ≥16.0 | ≥4.0 | ≥3.2 |
| MU25 | ≥25.0 | ≥20.0 | ≥4.5 | ≥3.6 |
| MU30 | ≥30.0 | ≥24.0 | ≥4.8 | ≥3.8 |

③ 蒸压粉煤灰砖抗冻性

蒸压粉煤灰砖抗冻性，见表 10-19。

**表 10-19 蒸压粉煤灰砖抗冻性**

| 使用地区 | 抗冻指标 | 质量损失率 | 抗压强度损失率 |
|---|---|---|---|
| 夏热冬暖地区 | D15 | | |
| 夏热冬冷地区 | D25 | ≤5% | ≤25% |
| 寒冷地区 | D35 | | |
| 严寒地区 | D50 | | |

（2）蒸压加气混凝土砌块（GB 11968—2006）

蒸压加气混凝土砌块的规格，见表 10-20。

**表 10-20 蒸压加气混凝土砌块的规格**

| 长度 $L$/mm | 宽度 $B$/mm | 高度 $H$/mm |
|---|---|---|
| 600 | 100 120 125<br>150 180 200<br>240 250 300 | 200 240 250 300 |

注：如需要其他规格可由供需双方协商解决。

① 蒸压加气混凝土砌块的立方体抗压强度

用水泥、生石灰、砂、粉煤灰（工业废渣）、石膏、外加剂等配料中加入铝粉，经加水搅拌、浇筑成型、发气膨胀、预养切割，再经高压蒸汽养护而成的多孔硅酸盐砌块，称蒸压加气混凝土砌块。

蒸压加气混凝土砌块的立方体抗压强度，见表 10-21。

**表 10-21 蒸压加气混凝土砌块的立方体抗压强度**

| 强度级别 | 立方体抗压强度/MPa | |
|---|---|---|
| | 平均值不小于 | 单组最小值不小于 |
| A1.0 | 1.0 | 0.8 |
| A2.0 | 2.0 | 1.6 |
| A2.5 | 2.5 | 2.0 |
| A3.5 | 3.5 | 2.8 |
| A5.0 | 5.0 | 4.0 |
| A7.5 | 7.5 | 6.0 |
| A10.0 | 10.0 | 8.0 |

② 蒸压加气混凝土砌块的干密度

蒸压加气混凝土砌块的干密度，见表 10-22。

**表 10-22 蒸压加气混凝土砌块的干密度**

| 干密度级别 | | B03 | B04 | B05 | B06 | B07 | B08 |
|---|---|---|---|---|---|---|---|
| 干密度/<br>（kg/m³） | 优等品（A）≤ | 300 | 400 | 500 | 600 | 700 | 800 |
| | 合格品（B）≤ | 325 | 425 | 525 | 625 | 725 | 825 |

③ 蒸压加气混凝土砌块的立方体强度级别

蒸压加气混凝土砌块的立方体强度级别，见表 10-23。

表 10-23　蒸压加气混凝土砌块的立方体强度级别

| 干密度级别 | | B03 | B04 | B05 | B06 | B07 | B08 |
|---|---|---|---|---|---|---|---|
| 强度级别 | 优等品（A） | A1.0 | A2.0 | A3.5 | A5.0 | A7.5 | A10.0 |
| | 合格品（B） | | | A2.5 | A3.5 | A5.0 | A7.5 |

（3）普通混凝土小型砌块（GB/T 8239—2014）

普通混凝土小型砌块是以水泥、矿物掺合料、砂、石、水等为原材料，经搅拌、振动成型、养护等工艺制成的小型砌块，包括空心砌块和实心砌块。主块型砌块的外形为直角六面体，长度尺寸为 400mm 减砌筑时竖灰缝厚度，砌块高度尺寸为 200mm 减砌筑时水平灰缝厚度，条面是封闭完好的砌块。辅助砌块是与主块型砌块配套使用的、特殊形状与尺寸的砌块，分为空心和实心两种，包括各种异形砌块，如圈梁砌块、一端开口的砌块、七分头块、半块等。免浆砌块，无需使用砌筑砂浆，块与块之间主要靠榫槽结构相连。主砌块的各部分名称如图 10-4 所示。砌块的常用规格见表 10-24。

表 10-24　砌块的规格

| 长度/mm | 宽度/mm | 高度/mm |
|---|---|---|
| 390 | 90、120、140、190、240、290 | 90、140、190 |

注：其他规格尺寸可由供需双方协商解决，采用薄灰缝砌筑的块型，相关尺寸可作相应调整。

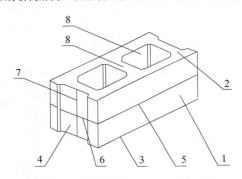

图 10-4　主块型砌块的各部分名称

1—条面；2—坐浆面（肋厚较小的面）；3—铺浆面（肋厚较大的面）；
4—顶面；5—长度；6—宽度；7—高度；8—壁；9—肋

砌块按空心率分为空心砌块（空心率不小于 25%，代号：H）和实心砌块（空心率小于 25%，代号：S）。

砌块按使用时砌筑墙体的结构和受力情况，分为承重结构用砌块（代号：L，简称承重砌块）、非承重结构用砌块（代号：N，简称非承重砌块）。常用的辅助砌块分别为：半块—50，七分头块—70，圈梁块—U，清扫孔块—W。

砌块强度等级按砌块的抗压强度分级，见表 10-25。

表 10-25　砌块强度等级分级

| 砌块种类 | 承重砌块（L） | 非承重砌块（N） |
|---|---|---|
| 空心砌块（H） | 7.5、10.0、15.0、20.0、25.0 | 5.0、7.5、10.0 |
| 实心砌块（S） | 15.0、20.0、25.0、30.0、35.0、40.0 | 10.0、15.0、20.0 |

① 普通混凝土小型砌块尺寸偏差

普通混凝土小型砌块的尺寸允许偏差，见表 10-26。对于薄灰缝砌块，其高度允许偏差应控制在 +1mm、-2mm。

**表 10-26　普通混凝土小型砌块的尺寸允许偏差**

| 项目名称 | 技术指标/mm |
|---|---|
| 长度 | ±2 |
| 宽度 | ±2 |
| 高度 | +3、-2 |

注：免浆砌块的尺寸允许偏差，应由企业根据块型特点自行给出；尺寸偏差不应影响垒砌和墙片性能。

② 普通混凝土小型砌块外观质量

普通混凝土小型砌块的外观质量，见表 10-27。

**表 10-27　普通混凝土小型砌块的外观质量**

| 项目名称 | | | 技术指标 |
|---|---|---|---|
| 弯曲 | | 不大于 | 2mm |
| 缺棱掉角 | 个数 | 不超过 | 1 个 |
| | 三个方向投影尺寸的最大值 | 不大于 | 20mm |
| 裂纹延伸的投影尺寸累计 | | 不大于 | 30mm |

③ 普通混凝土小型砌块强度等级

普通混凝土小型砌块的强度等级，见表 10-28。

**表 10-28　普通混凝土小型砌块强度等级**

| 强度等级 | 抗压强度/MPa | |
|---|---|---|
| | 平均值≥ | 单块最小值≥ |
| MU5.0 | 5.0 | 4.0 |
| MU7.5 | 7.5 | 6.0 |
| MU10 | 10.0 | 8.0 |
| MU15 | 15.0 | 12.0 |
| MU20 | 20.0 | 16.0 |
| MU25 | 25.0 | 20.0 |
| MU30 | 30.0 | 24.0 |
| MU35 | 35.0 | 28.0 |
| MU40 | 40.0 | 32.0 |

④ 普通混凝土小型砌块抗冻性

普通混凝土小型砌块的抗冻性，见表 10-29。

表 10-29　普通混凝土小型砌块的抗冻性

| 使用地区 | 抗冻指标 | 质量损失率 | 抗压强度损失率 |
|---|---|---|---|
| 夏热冬暖地区 | D15 | | |
| 夏热冬冷地区 | D25 | 平均值≤5%<br>单块最大值≤10% | 平均值≤20%<br>单块最大值≤30% |
| 寒冷地区 | D35 | | |
| 严寒地区 | D50 | | |

## 二、烧结砖、蒸压块状墙体材料工艺

### 1. 黏土砖的烧结工艺

铝硅酸盐类岩石（含长石的岩石），经长期风化而成黏土。主要成分为高岭土，其次有少量氧化铁、氧化钛、氧化钾等成分。这些成分赋予了黏土各种性能，其中对于烧结砖和烧结砌块最为重要的技术性质为可塑性和烧结性：在外力作用下，加水拌合后的黏土能获得任意形状而不发生裂纹和破裂的可塑性，外力作用停止后黏土体仍能保持已获得形状的性能；煅烧后，黏土能获得一定的密度和强度。

黏土没有固定的熔点，而是在相当大的温度范围内逐渐软化。在 110℃ 左右脱去自由水；至 450～850℃ 时，结晶水脱去，此时孔隙率最大；继续升温，黏土中的杂质与黏土形成易熔物质，开始熔化，体积收缩，孔隙率明显减小，部分液相熔融物逐渐填塞于未熔颗粒之间，使未熔颗粒粘结，制品强度增加。黏土砖的烧结温度为 950～1050℃，如果温度继续升高，则液相熔融物增多，制品将产生显著变形。黏土从开始产生部分液相熔融物到坯体不能自持而显著变形的温度范围称为焙烧间隔。在焙烧间隔范围内生产的砖称为正火砖，未达到烧结温度的砖为欠火砖，超过焙烧间隔温度范围的砖为过火砖。改变烧结气氛，则可改变黏土砖的颜色：焙烧过程中若使窑内氧气充足而使坯体在氧化气氛中焙烧，黏土中的铁被氧化成高价的 $Fe_2O_3$，制得红砖；焙烧的最后阶段浇水闷窑，使窑内燃烧气氛呈还原性，砖中的氧化铁（$Fe_2O_3$）被还原为青灰色的氧化亚铁（$FeO$），可制得青砖。

### 2. 蒸压砖和蒸压砌块的工艺

（1）蒸压砖的蒸压养护工艺

含硅质的材料（如石英砂等）和含钙质的材料（如水泥、石灰等），在养护温度高于 100℃ 的饱和蒸汽介质中进行水热合成反应时，能生成结晶度较好、强度较高的水化硅酸钙（也即托勃莫来石），该水热合成反应在常温下速度极慢，在蒸压养护条件下反应速度大大加快，可使混合料在很短的时间内形成很高的强度。

蒸压反应在蒸压釜内进行，整个过程分为静停、升温升压、恒温恒压、降温降压四个工序。蒸压养护的蒸汽压最低要达到 0.8MPa，最高不超过 1.5MPa，在 0.8～1.5MPa 压力范围内，相应的饱和蒸汽温度为 170.43～198.28℃。静停过程中可使石灰充分消化；升温升压速度不宜过快，以免坯体由于内外温差、压差过大而开裂；恒温恒压时间视水热合成反应进程而决定。

（2）蒸压加气混凝土砌块的工艺

蒸压加气混凝土砌块的原材料经磨细、计量、配料、搅拌、浇注、发气膨胀、静停切割、蒸压养护、成品加工、包装等工序制造

"扫扫看"
加气混凝土砌块试件

而成。蒸压加气混凝土的原材料为钙质材料（水泥＋石灰或水泥＋矿渣）、硅质材料（石英或粉煤灰）、石膏、铝粉等。其中钙质材料和硅质材料为主要原材料；石膏作为掺合料可改变料浆的流动性与制品的物理性能；铝粉是加气剂，蒸压加气混凝土砌块在坯体制备过程中使用铝粉，浆体内引入大量均匀分布的小气泡，砌块具有较小的表观密度和较好的保温隔热效果。常用的加气剂为脱脂铝粉，铝粉在碱性条件下可产生化学反应：

$$2Al + 2OH^- + 2H_2O \longrightarrow 2AlO_2^- + 3H_2$$

# 第二节　试　验

检测主要依据标准：

《砌墙砖试验方法》（GB/T 2542—2012）。

《回弹仪评定烧结普通砖强度等级的方法》（JC/T 796—2013）。

## 一、砌墙砖强度检测

### 1. 抗折强度检测

（1）主要仪器

① 材料试验机：试验机的示值相对误差不大于±1%，其下加压板应为球铰支座，预期最大破坏荷载应在量程的 20%～80% 之间。

② 抗折夹具：抗折试验的加荷形式为三点加荷，其上压辊和下支辊的曲率半径为 15mm，下支辊应有一个为铰接固定。

③ 钢直尺：分度值不应大于 1mm。

（2）检测步骤

① 随机抽取试样数量 10 块。

② 处理试样应放在温度为（20±5）℃的水中浸泡 24h 后取出，用湿布拭去其表面水分进行抗折强度试验。

③ 测量几何尺寸。

长度在砖的两个大面的中间处分别测量两个尺寸；宽度在砖的两个大面的中间处分别测量两个尺寸；高度在两个条面的中间处分别测量两个尺寸。当被测处有缺损或凸出时，可在其旁边测量，但应选择不利的一侧。分别取算术平均值，精确至 1mm。

④ 调整抗折夹具下支辊的跨距为砖规格长度减去 40mm。但规格长度为 190mm 的砖，其跨距为 160mm。

⑤ 将试样大面平放在下支辊上，试样两端面与下支辊的距离应相同，当试样有裂缝或凹陷时，应使有裂缝或凹陷的大面朝下，以 50～150N/s 的速度均匀加荷，直至试样断裂，记录最大破坏荷载 $P$。

（3）检测结果

按下式计算每块试样的抗折强度 $R_c$：

$$R_c = \frac{3PL}{2BH^2}$$

式中　$R_c$——抗折强度，MPa；

$P$——最大破坏荷载，N；

$L$——跨距，mm；

$B$——试样宽度，mm；

$H$——试样高度，mm。

试验结果以试样抗折强度的算术平均值和单块最小值表示。

**2. 抗压强度检测**

（1）主要仪器

① 材料试验机：试验机的示值相对误差不超过±1%，其上下加压板至少应有一个球铰支座，预期最大破坏荷载应在量程的20%～80%之间。

② 钢直尺：分度值不应大于1mm。

③ 振动台、制样模具、搅拌机应符合《砌墙砖抗压强度试样制备设备通用要求》（GB/T 25044—2010）的要求。

"扫扫看" 制样搅拌机　　"扫扫看" 振动台、制样模具

④ 切割设备及符合《砌墙砖抗压强度试验用净浆材料》（GB/T 25183—2010）要求的净浆材料。

（2）检测步骤

① 随机抽取试样数量10块。

② 试样制备

一次成型制样：

一次成型制样适用于采用样品中间部位切割（如烧结普通砖），

"扫扫看" 烧结多孔砖抗压试件

交错叠加灌浆制成强度试验试样的方式。将试样锯成两个半截砖，两个半截砖用于叠合部分的长度不得小于100mm，如图10-5所示。不足100mm，应另取备用试样补足。

a. 将已切割开的半截砖放入室温的净水中浸20～30min后取出，在铁丝网架上滴水20～30min，以断口相反方向装入制样模具中。用插板控制两个半砖间距不应大于5mm，砖大面与模具间距不应大于3mm，砖断面、顶面与模具间垫以橡胶垫或其他密封材料，模具内表面涂油或脱膜剂。制样模具及插板如图10-6所示。

b. 将净浆材料按照配制要求，置于搅拌机中搅拌均匀。

c. 将装好试样的模具置于振动台上，加入适量搅拌均匀的净浆材料，振动时间为0.5～1min，停止振动，静置至净浆材料达到初凝时间（约15～19min）后拆模。

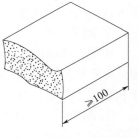

图 10-5 半截砖长度示意图

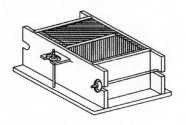 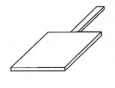

图 10-6 一次成型制样模具及插板

二次成型制样：

二次成型制样适用于采用整块样品上下表面灌浆制成强度试验试样的方式（如烧结多孔砖）。

a. 将整块试样放入室温的净水中浸 20～30min 后取出，在铁丝网架上滴水 20～30min。

b. 按照净浆材料配制要求，在搅拌机中搅拌均匀所需净浆材料。

c. 模具内表面涂油或脱膜剂，加入适量搅拌均匀的净浆材料，将整块试样的一个承压面与净浆接触，装入制样模具中，承压面找平层厚度不应大于 3mm。接通振动台电源，振动 0.5～1min，停止振动，静置至净浆材料初凝（约 15～19min）后拆模。按同样方法完成整块试样另一承压面的找平。二次成型制样模具，如图 10-7 所示。

非成型制样：

非成型制样适用于试样无需进行表面找平处理制样的方式（如一些免烧砖）。

a. 将试样锯成两个半截砖，两个半截砖用于叠合部分的长度不得小于 100mm。如果不足 100mm，应另取备用试样补足。

b. 两半截砖切断口相反叠放，叠合部分不得小于 100mm，如图 10-8 所示，即为抗压强度试样。

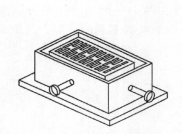

图 10-7　二次成型制样模具

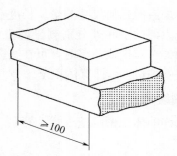

图 10-8　非成型制样示意图

（3）试样养护

一次成型制样、二次成型制样在不低于 10℃的不通风室内养护 4h。

非成型制样不需养护，试样气干状态直接进行试验。

（4）检测步骤

① 测量每个试样连接面或受压面的长、宽尺寸各两个，分别取其平均值，精确至 1mm。

② 将试样平放在加压板的中央，垂直于受压面加荷，应均匀平稳，不得发生冲击或振动。加荷速度以 2～6kN/s 为宜，直至试样破坏为止，记录最大破坏荷载 $P$。

（5）检测结果

按下式计算每块试样的抗压强度 $R_P$：

$$R_P = \frac{P}{L \times B}$$

式中　$R_P$——抗压强度，MPa；

　　　$P$——最大破坏荷载，N；

　　　$L$——受压面（连接面）的长度，mm；

　　　$B$——受压面（连接面）的宽度，mm。

根据不同品种砌墙砖标准的要求，试验结果以试样抗压强度的算术平均值和标准值或单块最小值表示。

## 二、体积密度检测

### 1. 主要仪器

（1）鼓风干燥箱：最高温度 200℃。

（2）台秤：分度值不应大于 5g。

（3）钢直尺：分度不应大于 1mm。

（4）砖用卡尺：分度值为 0.5mm。

### 2. 检测步骤

（1）抽取外观完整的试样 5 块。

（2）清理试样表面，然后将试样置于（105±5）℃鼓风干燥箱中干燥至恒质（在干燥过程中，前后两次称量相差不超过 0.2%，前后两次称量时间间隔为 2h），称其质量 $m$，并检查外观情况，不得有缺棱、掉角等破损。如有破损，须重新换取备用试样。

（3）干燥后的几何尺寸测量。长度在砖的两个大面的中间处分别测量两个尺寸；宽度在砖的两个大面的中间处分别测量两个尺寸；高度在两个条面的中间处分别测量两个尺寸。当被测处有缺损或凸出时，可在其旁边测量，但应选择不利的一侧。分别取算术平均值（精确至 0.5mm），计算体积 $V$。

### 3. 检测结果

每块试样的体积密度按下式计算：

$$\rho = \frac{m}{V} \times 10^9$$

式中　$\rho$——体积密度，$kg/m^3$；

　　　$m$——试样干质量，$kg$；

　　　$V$——试样体积，$mm^3$。

结果以试样体积密度的算术平均值表示。

## 三、冻融性检测

### 1. 主要仪器

（1）低温箱或冷冻室：试样放入箱（室）内，温度可调至 -20℃ 或 -20℃ 以下。

（2）水槽：保持槽中水温 10～20℃。

（3）台秤：分度值不大于 5g。

（4）电热鼓风干燥箱：最高温度 200℃。

（5）抗压强度试验设备：试验机的示值相对误差不超过 ±1%，其上、下加压板至少应有一个球铰支座，预期最大破坏荷载应在量程的 20%～80% 之间。

### 2. 检测步骤

（1）用毛刷清理试样表面，将试样放入鼓风干燥箱中在（105±5）℃下干燥至恒质

（在干燥过程中前后两次称量相差不超过 0.2％，前后两次称量时间间隔为 2h），称其质量 $m_0$，并检查外观，将缺棱掉角和裂纹作标记。

（2）将试样浸在 10～20℃的水中，24h 后取出，用湿布拭去表面水分，以大于 20mm 的间距大面侧向立放于预先降温至 -15℃以下的冷冻箱中。

（3）当箱内温度再降至 -15℃时开始计时，在 -15～-20℃下冰冻：烧结砖冻 3h；非烧结砖冻 5h。然后取出放入 10～20℃的水中融化：烧结砖为 2h；非烧结砖为 3h。如此为一次冻融循环。

（4）每五次冻融循环，检查一次冻融过程中出现的破坏情况，如冻裂、缺棱、掉角、剥落等。

（5）冻融循环后，检查并记录试样在冻融过程中的冻裂长度，以及缺棱掉角和剥落等破坏情况。

（6）经冻融循环后的试样，放入鼓风干燥箱中，在（105±5）℃下干燥至恒质（在干燥过程中前后两次称量相差不超过 0.2％，前后两次称量时间间隔为 2h），称其质量 $m_1$。

（7）若在冻融过程中发现试件呈明显破坏，应停止本组样品的冻融试验，并记录冻融次数，判定本组样品冻融试验不合格。

（8）冻融循环干燥后的试样进行抗压强度试验，与未经冻融的试样强度对比。

**3. 检测结果**

（1）评定外观结果：冻融循环结束后，检查并记录试样在冻融过程中的冻裂长度、缺棱掉角和剥落等破坏情况。

（2）强度损失率（$P_m$）按下式计算：

$$P_m = \frac{P_0 - P_1}{P_0} \times 100$$

式中　$P_m$——强度损失率，％；

　　　$P_0$——试样冻融前强度，MPa；

　　　$P_1$——试样冻融后强度，MPa。

（3）质量损失率（$G_m$）按下式计算：

$$G_m = \frac{m_0 - m_1}{m_0} \times 100$$

式中　$G_m$——质量损失率，％；

　　　$m_0$——试样冻融前干质量，kg；

　　　$m_1$——试样冻融后干质量，kg。

检测结果以试样冻融后抗压强度或抗压强度损失率、冻融后外观质量或质量损失率表示与评定。

## 四、烧结普通砖的无损检测

**1. 主要仪器和装置**

回弹仪：评定砖强度等级的仪器，示值系统为直读式，冲击能量为 0.735J。弹击锤与弹击杠碰撞的瞬间，弹击拉簧应处于不受拉或不受压状态，此时弹击锤应在相应刻度尺零的位置上起跳；指针滑块与指针导杆之间的摩擦力应为（0.5±0.1）N；弹击杆前端球面的曲率半径应为 25mm；在洛氏硬度 HRC＞53 的钢砧上，回弹仪的率定值应为 74±2。

### 2. 测试装置

测试装置如图 10-9 所示。

砖墩应紧靠墙角砌筑，保证搁置砖样的凹角部位尺寸准确，三个面相互垂直和平整。杠杆加压机构应使重锤施加在砖样上的压力为 500$^{+50}$N，保证在测试时不引起砖样移动或跳动。

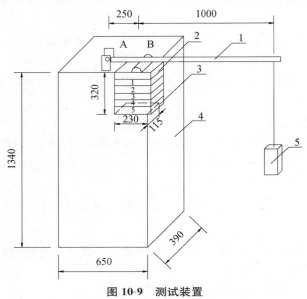

图 10-9 测试装置

1—杠杆；2—木垫板；3—砖样；4—砖墩；5—重锤（100N）

### 3. 试样要求

按《烧结普通砖》（GB 5101—2003）规定抽取 10 块。

所抽砖样有下列情况之一应抽与其相邻的下一块砖样替补：（1）欠火砖、酥砖和螺旋纹砖；（2）外观质量不合格的砖；（3）因焦花而无法测够 10 个回弹值的砖。

遇到下列情况应在试验前予以处理：（1）遇雨淋或水泡，应进行烘干处理；（2）砖样的表面应平整，否则应用砂轮磨平，用毛刷刷去粉尘。

### 4. 回弹值测点位置和数量

（1）测点位置宜均匀分布于砖样条面的中间部位，使各测点的水平间距为 30mm，如图 10-10 所示，每块砖样在两个条面上各测 5 点回弹值。

（2）当砖样测点位置出现下列情况之一时应避开，在其旁边另选择测点位置：焦花；裂纹；粘底；凹坑及石灰爆裂点等。

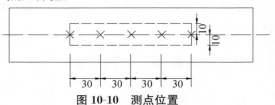

图 10-10 测点位置

### 5. 检测步骤

（1）将 10 块砖样按顺序编号，将其中 1～5 号砖样先放置于砖墩凹角处，放置时应使每块砖样的条面和顶面紧贴砖墩，放上木垫板和杠杆，挂上重锤。

（2）在测试过程中，回弹仪的轴线应始终垂直于砖样条面。

将回弹仪的弹击杆顶住砖样表面，轻压仪器，使按钮松开，弹击杆徐徐伸出，使仪器处于使用状态。

测试时，应使回弹仪垂直对准砖样条面，缓慢均匀施压。弹击后，在刻度尺上读取回弹值，取整数，不足 1 分度格者按 1 分度格计，并记录，每一测点只允许弹击一次。

（3）当五块砖样外露的条面测试完毕后，再测试另一条面。

（4）测试完毕 1～5 号后取下砖样，将其中 6～10 号砖样先放置于砖墩凹角处，放置时应使每块砖样的条面和顶面紧贴砖墩，放上木垫板和杠杆，挂上重锤再测试 6～10 号砖样。

**6. 检测结果**

（1）回弹值的计算

单块砖样的平均回弹值按下式计算，精确至 0.1：

$$\bar{N}_j = \frac{1}{10} \sum_{i=1}^{10} N_i$$

式中 $\bar{N}_j$——单块砖样的平均回弹值，$j=1$，$2$，…，$10$；

$N_i$——第 $i$ 个测点的回弹值。

10 块砖样的平均回弹值按下式计算，精确至 0.1：

$$\bar{N} = \frac{1}{10} \sum_{j=1}^{10} \bar{N}_j$$

式中 $\bar{N}$——10 块砖样的平均回弹值；

$\bar{N}_j$——第 $j$ 块砖样的平均回弹值。

（2）10 块砖样的回弹标准值按下式计算，精确至 0.1：

$$N_f = \bar{N} - 1.8 S_f$$

$$S_f = \sqrt{\frac{1}{9} \sum_{j=1}^{10} (\bar{N}_j - \bar{N})^2}$$

式中 $N_f$——10 块砖样的回弹标准值；

$S_f$——10 块砖样平均回弹值的标准差，精确至 0.01。

（3）计算结果

$S_f \leqslant 3.00$ 时，计算结果以 10 块砖样的平均回弹值和回弹标准值结果表示。

$S_f > 3.00$ 时，计算结果以 10 块砖样的平均回弹值和单块最小平均回弹值表示。

（4）强度等级的评定

回弹法评定砖的强度等级按表 10-30 确定。

表 10-30 回弹法评定烧结普通砖的强度等级标准

| 强度等级 | 10 块砖样平均回弹值 $\bar{N} \geqslant$ | $S_f \leqslant 3.00$ | | $S_f > 3.00$ |
|---|---|---|---|---|
| | | 10 块砖样回弹标准值 $\bar{N}_f \geqslant$ | | 单块最小平均回弹值 $N_{jmin} \geqslant$ |
| MU30 | 47.5 | 42.5 | | 43.5 |
| MU25 | 43.5 | 38.5 | | 39.5 |
| MU20 | 39.0 | 34.0 | | 35.0 |
| MU15 | 34.0 | 29.5 | | 30.5 |
| MU10 | 28.0 | 23.5 | | 24.5 |

# 第十一章　简易土工检测

## 第一节　理论知识

### 一、土的压实

#### 1. 最优含水率及最大干密度

建筑物建在填土上，为了提高填土的强度，增加土的密实度，降低透水性和压缩性，通常用分层压实处理地基。过湿的土进行夯实或碾压时就会出现软弹现象（俗称"橡皮土"），此时土的密实度是不会增大的。对很干的土进行夯实或碾压，也不能把土充分压实。所以，要使土的压实效果最好，其含水率一定要适当。在一定的压实能量下使土最容易压实，并能达到最大密实度时的含水量，称为土的最优含水率（或称最佳含水率），用 $\omega_{op}$ 表示。相对应的干密度叫做最大干密度，以 $\rho_{dmax}$ 表示。

#### 2. 土的压实机理

当土含水率较小时，土中水主要是强结合水，土粒周围的结合水膜很薄，使颗粒间具有很大的分子引力，阻止颗粒移动，压实就比较困难，当含水率适当增大时，土中结合水膜变厚，土粒之间的联结力减弱而使土粒易于移动，压实效果就变好，但当含水率继续增大，导致土中出现了自由水，压实时孔隙中过多的水分不易立即排出，阻止土粒的靠拢，压实效果反而下降。所以，具有最优含水率的土压实效果最好。填土中所含的黏土颗粒越多，最优含水率越大。

填土压实的最优含水率还与压实能量有关。对同一种土，人工夯实时，因能量小，要求土粒之间有较多的水分使其更为润滑，因此，最优含水率较大而得到的最大干密度却较小，如图 11-1 所示的曲线 3。当用机械夯实时，压实能量较大，得出的曲线如图 11-1 中的曲线 1 和曲线 2。所以当填土压实程度不足时，可以改用大的压实能量补夯，以达到所要求的密度。在同类土中，土的颗粒级配对土的压实效果影响很大，颗粒级配不均匀的土容易压实，均匀的则不易压实。

在图 11-1 中给出了理论饱和曲线，它表示当土处在饱和状态下的干密度与含水率的关系。在实际施工中，土不可能被压实到完全饱和的程度。黏性土在最优含水率时，压实到最大干密度，饱和度一般为 80％左右。此时，因为土孔隙中的气体越来越难以和大气相通，压实不能将气体完全排出去。因此压实曲线趋于理论饱和曲线的左下方，而不与它相交。

#### 3. 最优含水率及最大干密度确定

土的击实最优含水率可在试验室内进行击实试验测得。试验时将同一种土，配制成若

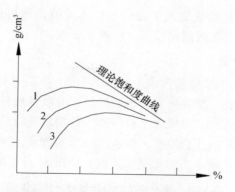

**图 11-1  压实能量对压实效果的影响**

干份不同含水率的试样，用同样的击实能量分别对每一份试样进行击实，然后测定各试样击实后的含水率和干密度 $\rho_d$。从而绘制含水率与干密度关系曲线（图 11-2），称为击实曲线。从图 11-2 中看，当含水率较低时，随着含水率的增大，土的干密度也逐渐增大，表明击实效果逐步提高；当含水率超过某一限值后，干密度则随着含水量增大而减小，即击实效果下降。这说明土的击实效果随含水率的变化而变化，并在击实曲线上出现一个干密度峰值，即最大干密度，相应于这个峰值的含水率就是最优含水率。

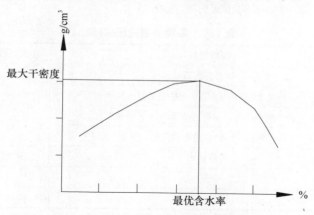

**图 11-2  干密度与含水率的相关性**

特别需要说明，实验室击实试验与现场夯实或碾压的最优含水率是不同概念。现场夯实或碾压的最优含水率是针对某一种土在一定的压实机械、压实能量和填土分层厚度等条件下测得，如果改变这些条件，就会得到不同的最优含水率。因此，指导现场施工时，应该进行现场试验。

## 二、土的压实系数概念及用途

### 1. 压实系数

压实系数 $\lambda_c$ 为土的控制干密度 $\rho_d$ 与最大干密度 $\rho_{dmax}$ 的比值。压实系数是控制填土现场压实质量的重要技术指标，当每层填土的含水率达到最优含水率时，填土层经过一定次数的压实后，用环刀取样，检测环刀中土样的含水率、湿密度、干密度，再计算压实系数

$\lambda_c$，如果所有环刀土样压实系数均大于设计（标准）值，则可以填铺下一层进行压实施工，否则继续施压直到压实系数满足设计（标准）要求。

**2. 填土的压实质量控制**

《建筑地基基础工程施工质量验收规范》（GB 50202—2002）中规定，土方回填前应清除基底的垃圾、树根等杂物，抽除坑穴积水、淤泥，验收基底标高。如在耕植土或松土上填方，应在基底压实后再进行。对填方土料应按设计要求验收后方可填入。填方施工过程中应检查排水措施，每层填筑控制厚度、含水率、压实程度。填筑厚度及压实遍数应根据土质、压实系数及所用机具确定。如无试验依据，应按表 11-1 的规定施工。

表 11-1　填土施工的分层厚度及压实遍数

| 压实机具 | 分层厚度/mm | 每层压实遍数 |
|---|---|---|
| 平碾 | 250～300 | 6～8 |
| 振动压实机 | 250～350 | 3～4 |
| 柴油打夯机 | 200～250 | 3～4 |
| 人工打夯 | <200 | 3～4 |

《建筑地基处理技术规范》（JGJ 79—2012）中对于各种垫层采用击实确定最大干密度，计算压实系数，各种垫层的压实标准见表 11-2。

表 11-2　各种垫层的压实标准

| 施工方法 | 换填材料 | 压实系数 | 最大干密度 |
|---|---|---|---|
| 碾压振密或夯实 | 碎石、卵石 | ≥0.97 | 2.1～2.2t/m³ |
| | 砂夹石（其中碎石、卵石占全重的 30%～50%） | | |
| | 土夹石（其中碎石、卵石占全重的 30%～50%） | | |
| | 中砂、粗砂、砾砂、角砾、圆砾、石屑 | | |
| | 粉质黏土 | ≥0.97 | 轻型击实仪击实确定 |
| | 灰土 | ≥0.95 | |
| | 粉煤灰 | ≥0.95 | |

注：采用重型击实仪击实时，粉质黏土、灰土、粉煤灰及其他材料的压实系数不小于 0.94。

# 第二节　试　　验

检测主要依据标准：

《土工试验方法标准（2007 版）》（GB/T 50123—1999）。

## 一、土的含水率

**1. 主要仪器**

（1）电热烘箱：控制温度为 105～110℃。

（2）天平：称量 200g，最小分度值 0.01g；称量最 1000g，小分度值 0.1g。

**2. 检测步骤**

（1）粗粒土、细粒土、有机质土和冻土

① 取具有代表性试样或用环刀中的试样 10～30g，有机质土、砂类土和整体状构造冻土为 50g，放入称量盒内盖上盒盖，称盒加湿土质量准确至 0.01g。

② 打开盒盖将盒置于烘箱内在 105～110℃的恒温下烘至恒重，烘干时间对黏土、粉土不得少于 8h，对砂土不得少于 6h。含有机质超过干土质量 5％的土应将温度控制在 65～70℃的恒温下烘至恒量。

③ 称量盒从烘箱中取出，盖上盒盖放入干燥容器内冷却至室温，称盒加干土质量准确至 0.01g。

（2）层状和网状构造的冻土

① 用四分法切取 200～500g 试样（视冻土结构均匀程度而定，结构均匀少取反之多取）放入搪瓷盘中称盘和试样质量准确至 0.1g。

② 待冻土试样融化后调成均匀糊状土（太湿时多余的水分让其自然蒸发或用吸球吸出，但不得将土粒带出土，太干时可适当加水），称土糊和盘质量准确至 0.1g。

③ 从糊状土中取样测定含水率，其试验步骤和计算按"粗粒土、细粒土、有机质土和冻土"进行操作。

**3. 检测结果**

（1）粗粒土、细粒土、有机质土和冻土试样的含水率按下式计算，准确至 0.1％：

$$\omega_0 = \left(\frac{m_0}{m_d} - 1\right) \times 100$$

式中 $\omega_0$——试样含水率，％；

$m_d$——干土质量，g；

$m_0$——湿土质量，g。

（2）层状和网状冻土的含水率按下式计算，准确至 0.1％：

$$\omega = \left[\frac{m_1(1+0.01\omega_h)}{m_2} - 1\right] \times 100$$

式中 $\omega$——含水率，％；

$m_1$——冻土试样质量，g；

$m_2$——糊状试样质量，g；

$\omega_h$——糊状试样的含水率，％。

必须对两个试样进行平行测定，测定其差值：当含水率小于 40％时为 1％，当含水率等于大于 40％时，对层状和网状构造的冻土不大于 3％。

取两个测值的平均值以百分数表示。

## 二、土的密度检测

**1. 细粒土（环刀法）**

（1）主要仪器设备

① 环刀：内径 61.8mm 和 79.8mm，高度 20mm。

② 天平：称量 500g，最小分度值 0.01g；称量 200g，最小分度值 0.01g。

（2）检测步骤

① 用环刀切取试样时，在环刀内壁涂一薄层凡士林，刃口向下放在土样上，将环刀垂直下压并用切土刀沿环刀外侧切削土样，边压边削至土样高出环刀，根据试样的软硬采用钢丝锯或切土刀整平环刀两端土样。擦净环刀外壁称环刀和土的总质量。

② 测试样的含水率。

（3）检测结果

① 细粒土湿密度按下式计算，精确至 $0.01 \text{g/cm}^3$：

$$\rho_0 = \frac{m_0}{V}$$

式中　$\rho_0$——试样湿密度，$\text{g/cm}^3$；

　　　$m_0$——环刀试样质量，$\text{g}$；

　　　$V$——环刀体积，$\text{cm}^3$。

② 细粒土的干密度按下式计算：

$$\rho_d = \frac{\rho_0}{1 + 0.01 \omega_0}$$

式中　$\rho_d$——试样干密度，$\text{g/cm}^3$；

　　　$\rho_0$——试样湿密度，$\text{g/cm}^3$；

　　　$\omega_0$——试样含水率，$\%$。

应进行两次平行测定，两次测定的差值不得大于 $0.03 \text{g/cm}^3$，取两次测值的平均值。

**2. 易破裂土和形状不规则的坚硬土密度检测（蜡封法）**

（1）主要仪器

① 蜡封设备：应附熔蜡加热器。

② 天平：称量 200g，最小分度值 0.01g；称量 1000g，最小分度值 0.1g。

（2）检测步骤

① 从原状土样中，切取体积不小于 $30 \text{cm}^3$ 的代表性试样，清除表面浮土及尖锐棱角，系上细线称试样质量，准确至 0.01g。

② 持线将试样缓缓浸入刚过溶点的蜡液中，浸没后立即提出检查试样周围的蜡膜，当有气泡时应用针刺破再用蜡液补平冷却后称蜡封试样质量。

③ 将蜡封试样挂在天平的一端浸没于盛有纯水的烧杯中，称蜡封试样在纯水中的质量并测定纯水的温度。

④ 取出试样擦干蜡面上的水分，再称蜡封试样质量。当浸水后试样质量增加时应另取试样重做试验。

（3）检测结果

① 试样的（湿）密度按下式计算：

$$\rho_0 = \frac{m_0}{\dfrac{m_n - m_{nw}}{\rho_{wT}} - \dfrac{m_n - m_0}{\rho_n}}$$

式中　$\rho_0$——试样的（湿）密度，$\text{g/cm}^3$；

　　　$m_0$——土样质量，$\text{g}$；

　　　$m_n$——蜡封试样质量，$\text{g}$；

$m_{nw}$——蜡封试样在纯水中的质量，g；

$\rho_{wT}$——纯水在 T℃时的密度，g/cm³；

$\rho_n$——蜡的密度，g/cm³。

② 试样的干密度计算同环刀法。

进行两次平行测定，两次测定的差值不得大于 0.03g/cm³，取两次测值的平均值。

### 三、液、塑限联合检测土界限含水率

试验方法适用于粒径小于 0.5mm 以及有机质含量不大于试样总质量 5％的土。

**1. 主要仪器**

（1）液、塑限联合测定仪：如图 11-3 所示，包括带标尺的圆锥仪、电磁铁、显示屏、控制开关和试样杯。圆锥质量为 76g，锥角为 30°；读数显示宜采用光电式、游标式和百分表式；试样杯内径为 40mm，高度为 30mm。

（2）天平：称量 200g，最小分度值 0.01g。

**2. 检测步骤**

（1）宜采用天然含水率试样，当土样不均匀时，采用风干试样，当试样中含有粒径大于 0.5mm 的土粒和杂物时，应过 0.5mm 筛。

（2）当采用天然含水率土样时，取代表性土样 250g，采用风干试样时，取 0.5mm 筛下的代表性土样 200g，将试样放在橡皮板上，用纯水将土样调成均匀膏状，放入调土皿浸润过夜。

（3）将制备的试样充分调拌均匀，填入试样杯中，填样时不应留有空隙，对较干的试样应充分搓揉密实地填入试样杯中，填满后刮平表面。

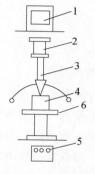

**图 11-3　液、塑限联合测定仪**

1—显示屏；2—电磁铁；
3—带标尺的圆锥仪；4—试样杯；
5—控制开关；6—升降座

（4）将试样杯放在联合测定仪的升降座上，在圆锥上抹一薄层凡士林，接通电源使电磁铁吸住圆锥。

（5）调节零点，将屏幕上的标尺调在零位，调整升降座，使圆锥尖接触试样表面，指示灯亮时圆锥在自重下沉入试样，经 5s 后测读圆锥下沉深度（显示在屏幕上），取出试样杯挖去锥尖入土处的凡士林，取锥体附近的试样不少于 10g，放入称量盒内测定含水率。

（6）将全部试样再加水或吹干并调匀，重复上述（3）至（5）的步骤分别测定第二点、第三点试样的圆锥下沉深度及相应的含水率。液、塑限联合测定应不少于三点（圆锥入土深度宜为 3~4mm，7~9mm，15~17mm）。

（7）以含水率为横坐标，圆锥入土深度为纵坐标，在双对数坐标纸上绘制关系曲线，如图 11-4 所示。三点应在一直线上（图中 A 线），当三点不在一直线上时，通过高含水率的点和其余两点连成二条直线，在下沉为 2mm 处查得相应的两个含水率，当两个含水率的差值小于 2％时，应以两点含水率的平均值与高含水率的点连一直线（图中 B 线），当两个含水率的差值大于等于 2％时，应重做试验。

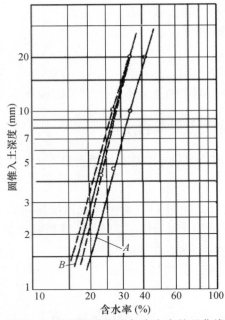

**图 11-4 圆锥下沉深度与含水率关系曲线**

**3. 检测结果**

在含水率与圆锥下沉度的关系图上查得下沉深度为 17mm 所对应的含水率为液限，查得下沉深度为 10mm 所对应的含水率为 10mm 液限，查得下沉深度为 2mm 所对应的含水率为塑限，取值以百分数表示，准确至 0.1%。

（1）塑性指数按下式计算：

$$I_P = \omega_L - \omega_P$$

式中　$I_P$——塑性指数；

　　　$\omega_L$——液限，%；

　　　$\omega_P$——塑限，%。

（2）液性指数按下式计算，精确至 0.01：

$$I_L = \frac{\omega_0 - \omega_P}{I_P}$$

式中　$I_L$——液性指数；

　　　$\omega_0$——试样含水率，%；

　　　$\omega_P$——塑限，%。

## 四、土的击实检测

土工击实试验分轻型击实试验和重型击实试验，轻型击实试验适用于粒径小于 5mm 的黏性土，重型击实试验适用于粒径不大于 20mm 的土。采用三层击实时最大粒径不大于 40mm。

**1. 主要仪器**

（1）击实仪：主要部件规格，见图 11-5 和表 11-3。轻型击实试

验的单位体积击实功约 $592.2kJ/m^3$，重型击实试验的单位体积击实功约 $2684.9kJ/m^3$。

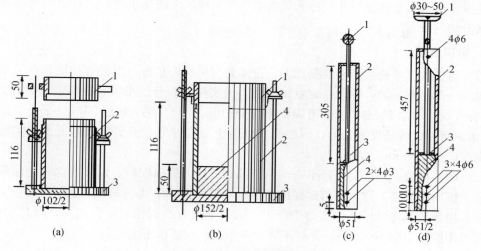

**图 11-5　击实仪构造**

(a) 轻型击实筒；(b) 重型击实筒；(c) 2.5kg 击锤；(d) 4.5kg 击锤

(a) (b)：1—套筒；2—击实筒；3—底板；4—垫块；(c) (d)：1—提手；2—导筒；3—硬橡皮垫；4—击锤

击实仪的击锤应配导筒，击锤与导筒间应有足够的间隙使锤能自由下落；电动操作的击锤必须有控制落距的跟踪装置和锤击点按一定角度（轻型 53.5°，重型 45°）均匀分布的装置（重型击实仪中心点每圈要加一击）。

**表 11-3　击实仪的技术参数**

| 型号 | 锤底直径 /mm | 锤质量 /kg | 落高 /mm | 击实筒 | | | 护筒高度/mm |
| --- | --- | --- | --- | --- | --- | --- | --- |
| | | | | 内径/mm | 筒高/mm | 容积/cm³ | |
| 轻型 | 51 | 2.5 | 305 | 102 | 116 | 947.4 | 50 |
| 重型 | 51 | 4.5 | 457 | 152 | 116 | 2103.9 | 50 |

（2）天平：称量 200g，最小分度值 0.01g。

（3）台秤：称量 10kg，最小分度值 5g。

（4）标准筛：孔径为 20mm、40mm 和 5mm。

（5）试样推出器：螺旋式千斤顶或液压式千斤顶，如无此类装置亦可用刮刀和修土刀从击实筒中取出试样。

**2. 试样制备**

分为干法和湿法两种。

（1）干法制备试样应按下列步骤进行：

用四分法取代表性土样 20kg（重型为 50kg），风干碾碎过 5mm（重型过 20mm 或 40mm）筛，将筛下土样拌匀并测定土样的风干含水率，根据土的塑限预估最优含水率，制备 5 个不同含水率的一组试样，相邻各含水率的差值宜为 2%（轻型击实中 5 个含水率中应有 2 个大于塑限、2 个小于塑限、1 个接近塑限）。

（2）湿法制备试样应按下列步骤进行：

取天然含水率的代表性土样 20kg（重型为 50kg），碾碎，过 5mm（重型过 20mm 或

40mm）筛，将筛下土样拌匀并测定土样的天然含水率，根据土样的塑限预估最优含水率，选择至少 5 个含水率的土样分别将天然含水率的土样风干或加水进行制备，应使制备好的土样水分均匀分布。

**3. 击实步骤**

（1）将击实仪平稳置于刚性基础上，击实筒与底座连接好，安装好护筒，在击实筒内壁均匀涂一薄层润滑油，称取一定量试样倒入击实筒内，分层击实，轻型击实试样为 2～5kg，分 3 层，每层 25 击；重型击实试样为 4～10kg，分 5 层，每层 56 击，若分 3 层，每层 94 击。每层试样高度宜相等，两层交界处的土面应刨毛，击实完成时超出击实筒顶的试样高度应小于 6mm。

（2）卸下护筒，用直刮刀修平击实筒顶部的试样，拆除底板。试样底部若超出筒外也应修平，擦净筒外壁，称量筒与试样的总质量，精确至 1g，并计算试样的湿密度。

（3）用推土器将试样从击实筒中推出，取两个代表性试样测定含水率，取其平均值，两个含水率的差值应不大于 1%，对不同含水率的试样依次击实。

**4. 击实结果**

（1）试样的干密度应按下式计算，精确至 0.01：

$$\rho_d = \frac{\rho_0}{1 + 0.01\omega_i}$$

式中　$\rho_d$——干密度，g/cm³；

　　　$\omega_i$——$i$ 点的含水率，%。

（2）干密度和含水率的关系曲线在直角坐标纸上绘制，如图 11-6 所示，取曲线峰值点相应的纵坐标为击实试样的最大干密度，相应的横坐标为击实试样的最优含水率，当关系曲线不能绘出峰值点时，应进行补点，土样不宜重复使用。

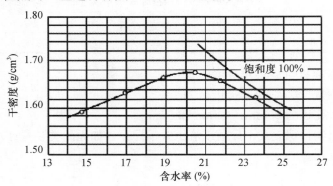

图 11-6　干密度和含水率关系曲线

（3）气体体积等于零（即饱和度 100%）的等值线应按下式计算，并应将计算值绘于图 11-6 的关系曲线上。

$$\omega_{set} = \left(\frac{\rho_w}{\rho_d} - \frac{1}{G_s}\right) \times 100$$

式中　$\omega_{set}$——试样的饱和含水率，%；

　　　$\rho_w$——温度 4℃时水的密度，g/cm³；

$\rho_d$——试样的干密度，$g/cm^3$；

$G_s$——土颗粒比重。

（4）轻型击实试验中，当试样中粒径大于 5mm 的土质量小于或等于试样总质量的 30％时，应对最大干密度和最优含水率进行校正。

① 最大干密度按下式进行校正：

$$\rho'_{dmax}=\cfrac{1}{\cfrac{1-P_5}{\rho_{dmax}}+\cfrac{P_5}{\rho_w \cdot G_{s2}}}$$

式中　$\rho'_{dmax}$——校正后试样的最大干密度，$g/cm^3$；

　　　$\rho_{dmax}$——击实试样的最大干密度，$g/cm^3$；

　　　$P_5$——粒径大于 5mm 土的质量百分数，％；

　　　$\rho_w$——温度 4℃时水的密度，$g/cm^3$；

　　　$G_{s2}$——粒径大于 5mm 土粒的饱和面干比重。

注：饱和面干比重指当土粒呈饱和面干状态时的土粒总质量与相当于土粒总体积的纯水 4℃时质量的比值。

② 最优含水率按下式进行校正（计算至 0.1％）：

$$\omega'_{opt}=\omega_{opt}（1-P_5）+P_5 \cdot \omega_{ab}$$

式中　$\omega'_{opt}$——校正后试样的最优含水率，％；

　　　$\omega_{opt}$——击实试样的最优含水率，％；

　　　$P_5$——粒径大于 5mm 土的质量百分数，％；

　　　$\omega_{ab}$——粒径大于 5mm 土粒的吸着含水率，％。

# 第十二章　预应力钢绞线及锚夹具检测

## 第一节　理论知识

### 一、钢绞线及锚具、夹具和连接器的分类

#### 1. 钢绞线分类

按《预应力混凝土用钢绞线》（GB/T 5224—2014）中的规定，钢绞线有：标准型、刻痕钢丝型、模拔型 3 类。

标准型钢绞线是由冷拔光圆钢丝捻制而成。刻痕钢丝型钢绞线是由刻痕钢丝捻制而成。模拔型钢绞线是钢丝捻制后再经冷拔而成。

钢绞线按结构分还为 8 类，见表 12-1；外形示意图，如图 12-1 所示。

表 12-1　钢绞线分类及代号

| 钢绞线种类 | 结构代号 |
| --- | --- |
| 两根钢丝捻制 | 1×2 |
| 三根钢丝捻制 | 1×3 |
| 三根刻痕钢丝捻制 | 1×3I |
| 七根钢丝捻制（标准型） | 1×7 |
| 六根刻痕钢丝和一根光圆中心钢丝捻制 | 1×7I |
| 七根钢丝捻制又经模拔 | (1×7)C |
| 十九根钢丝捻制的1+9+9（西鲁式） | 1×19S |
| 十九根钢丝捻制的1+6+6/6（瓦林吞式） | 1×19W |

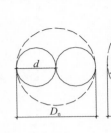 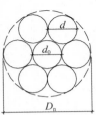 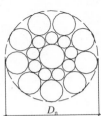 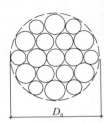

1×2结构　　　　1×3结构　　　　1×7结构　　1×19结构西鲁式　　1×19结构瓦林吞式

图 12-1　钢绞线外形示意图

钢绞线的产品标记包括预应力钢绞线、结构代号、公称直径、强度级别、标准号。例如：公称直径为 15.20mm、强度级别为 1860MPa、七根钢丝捻制的标准型钢绞线，标记为：预应力钢绞线 1×7-15.20-1860-GB/T 5224—2014。

### 2. 锚具、夹具和连接器分类

锚具是用于保持预应力筋的拉力并将其传递到结构上所用的永久性锚固装置。

夹具是建立或保持预应力筋预应力的临时性锚固装置，也称工具锚。

连接器是用于连接预应力筋的装置。

在《预应力筋用锚具、夹具和连接器》（GB/T 14370—2015）中，根据对预应力筋的锚固方式，锚具、夹具和连接器产品可分为夹片式、支承式、握裹式和组合式 4 种基本类型，见表 12-2。

"扫扫看"
钢绞线、单孔
锚具和夹片

"扫扫看"
锚具

表 12-2　锚具、夹具和连接器产品类型及代号

| 分类 | | 锚具 | 夹具 | 连接器 |
|---|---|---|---|---|
| 夹片式 | 圆形 | YJM | YJJ | YJL |
| | 扁形 | BJM | BJJ | BJL |
| 支承式 | 墩头 | DTM | DTJ | DTL |
| | 螺母 | LMM | LMJ | LML |
| 握裹式 | 挤压 | JYM | — | — |
| | 压花 | YHM | — | — |
| 组合式 | 冷铸 | LZM | — | — |
| | 热铸 | RZM | — | — |

锚具、夹具和连接器的标记由产品代号、预应力筋类型（纤维增强复合材料筋为 F，预应力钢材不标注）、预应力筋直径和预应力筋根数 4 部分组成（需要时末尾也可加注生产企业体系代号）。

例如：锚固十二根直径 15.2mm 钢绞线的圆形夹片式群锚锚具表示为：YJM15-12；

锚固一根直径 10mm 碳纤维预应力筋的圆形夹片式群锚锚具表示为：YJMF10-1。

## 二、预应力筋用锚具、夹具和连接器硬度

有硬度要求的预应力筋用锚具、夹具和连接器等零件，出厂检验抽检数量不应少于热处理每炉装炉量的 3% 且不应少于 6 件（套）。

预应力筋用锚具、夹具和连接器硬度用洛氏硬度表示。

洛氏硬度原理：将压头（金刚石圆锥、钢球或硬质合金球）按图 12-2 分两个步骤压入试样表面，经规定保持时间后，卸除主试验力，测量在初试验力下的残余压痕深度 $h$。

根据 $h$ 值及给定标尺的硬度数 $N$ 和给定标尺的单位 $S$，用下式计算洛氏硬度：

$$洛氏硬度 = N - \frac{h}{S}$$

式中　$N$——给定标尺的硬度数；

$h$——卸除主试验力后，在初试验力下压痕残留的深度（残余压痕深度），mm；

$S$——给定标尺的单位，mm。

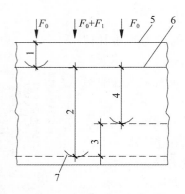

**图 12-2　洛氏硬度试验原理图**

1—在初试验力 $F_0$ 下的压入深度；2—由主试验力 $F_1$ 引起的压入深度；

3—卸除主试验力 $F_1$ 后的弹性回复深度；4—残余压入深度 $h$；5—试样表面；

6—测量基准面；7—压头位置

洛氏硬度标尺及适用范围，见表 12-3。

**表 12-3　洛氏硬度标尺及适用范围**

| 标尺 | 硬度符号[d] | 压头类型 | 初试验力 $F_0$/N | 主试验力 $F_1$/N | 总试验力 $F$/N | 适用范围 |
|---|---|---|---|---|---|---|
| A[a] | HRA | 金刚石圆锥 | 98.07 | 490.3 | 588.4 | （20—88）HRA |
| B[b] | HRB | 直径 1.5875mm 球 | 98.07 | 882.6 | 980.7 | （20—100）HRB |
| C[c] | HRC | 金刚石圆锥 | 98.07 | 1373 | 1471 | （20—70）HRC |
| D | HRD | 金刚石圆锥 | 98.07 | 882.6 | 980.7 | （40—77）HRD |
| E | HRE | 直径 3.175mm 球 | 98.07 | 882.6 | 980.7 | （70—100）HRE |
| F | HRF | 直径 1.5875mm 球 | 98.07 | 490.3 | 588.4 | （60—100）HRF |
| G | HRG | 直径 1.5875mm 球 | 98.07 | 1373 | 1471 | （30—94）HRG |
| H | HRH | 直径 3.175mm 球 | 98.07 | 490.3 | 588.4 | （80—100）HRH |
| K | HRK | 直径 3.175mm 球 | 98.07 | 1373 | 1471 | （40—100）HRK |
| 15N | HR15N | 金刚石圆锥 | 29.42 | 117.7 | 147.1 | （70—94）15N |
| 30N | HR30N | 金刚石圆锥 | 29.42 | 264.8 | 294.2 | （42—86）3ON |
| 45N | HR45N | 金刚石圆锥 | 29.42 | 411.9 | 441.3 | （20—77）45N |
| 15T | HR15T | 直径 1.5875mm 球 | 29.42 | 117.7 | 147.1 | （67—93）15T |
| 30T | HR3OT | 直径 1.5875mm 球 | 29.42 | 264.8 | 294.2 | （29—82）30T |
| 45T | HR45T | 直径 1.5875mm 球 | 29.42 | 411.9 | 441.3 | （10—72）45T |

注：如果在产品标准或协议中有规定时，可以使用直径为 6.35mm 和 12.70mm 的球形压头；

a 试验允许范围可延伸至 94HRA；

b 如果在产品标准或协议中有规定时，试验允许范围可延伸至 10HRBW；

c 如果压痕具有合适的尺寸，试验允许范围可延伸至 10HRC；

d 使用硬质合金球压头的标尺，硬度符号后面加 "W"；使用钢球压头的标尺，硬度符号后面加 "S"。

## 三、现行钢绞线技术标准

1×7 标准型钢绞线尺寸偏差、公称横截面积、每米理论重量，见表 12-4；1×7 结构钢绞线力学性能见表12-5。

**表 12-4　1×7 结构标准型钢绞线尺寸偏差、公称横截面积、每米理论重量**

| 钢绞线结构 | 公称直径 $D_n$/mm | 直径允许偏差/mm | 钢绞线公称横截面积 $S_n$/mm² | 每米理论重量/（g/m） | 中心钢绞线直径 $d_0$ 加大范围/%≥ |
|---|---|---|---|---|---|
| 1×7 | 9.50（9.53） | +0.30<br>−0.15 | 54.8 | 430 | 2.5 |
| | 11.10（11.11） | | 74.2 | 582 | |
| | 12.70 | | 98.7 | 775 | |
| | 15.20（15.24） | | 140 | 1101 | |
| | 15.70 | +0.40<br>−0.15 | 150 | 1178 | |
| | 17.80（17.78） | | 191（189.7） | 1500 | |
| | 18.90 | | 220 | 1727 | |
| | 21.60 | | 285 | 2237 | |

注：可按括号内规格供货。

**表 12-5　1×7 结构钢绞线力学性能**

| 钢绞线结构 | 钢绞线公称直径 $D_n$/mm | 公称抗拉强度 $R_m$/MPa ≥ | 整根钢绞线的最大力 $F_m$/kN ≥ | 整根钢绞线最大力的最大值 $F_{m,max}$/kN≥ | 0.2% 屈服力 $F_{p0.2}$/kN ≥ | 最大总伸长率（$L_0$≥500mm）$A_{gt}$/%≥ | 应力松弛性能 | |
|---|---|---|---|---|---|---|---|---|
| | | | | | | | 初始负荷相当于实际最大力的百分数/% | 1000h 应力松弛率 $r$/%≤ |
| 1×7 | 15.20（15.24） | 1470 | 200 | 234 | 181 | 对所有规格 | 对所有规格 | 对所有规格 |
| | | 1570 | 220 | 248 | 194 | | | |
| | | 1670 | 234 | 262 | 206 | | | |
| | 9.50（9.53） | 1720 | 94.3 | 105 | 83.0 | | 70 | 2.5 |
| | 11.10（11.11） | | 128 | 142 | 113 | | | |
| | 12.70 | | 170 | 190 | 150 | | | |
| | 15.20（15.24） | | 241 | 269 | 212 | | | |
| | 17.80（17.78） | | 327 | 365 | 288 | | | |
| | 18.90 | 1820 | 400 | 444 | 352 | | | |
| | 15.70 | 1770 | 266 | 296 | 234 | | | |
| | 21.60 | | 504 | 561 | 444 | | | |
| | 9.50（9.53） | 1860 | 102 | 113 | 89.8 | | | |
| | 11.10（11.11） | | 138 | 153 | 121 | | | |
| | 12.70 | | 184 | 203 | 162 | | | |

续表

| 钢绞线结构 | 钢绞线公称直径 $D_n$/mm | 公称抗拉强度 $R_m$/MPa ≥ | 整根钢绞线的最大力 $F_m$/kN ≥ | 整根钢绞线最大力的最大值 $F_{m,max}$/kN≥ | 0.2%屈服力 $F_{p0.2}$/kN ≥ | 最大总伸长率 ($L_0$≥500mm) $A_{gt}$/% ≥ | 应力松弛性能 | |
|---|---|---|---|---|---|---|---|---|
| | | | | | | | 初始负荷相当于实际最大力的百分数/% | 1000h应力松弛率 $r$/%≤ |
| 1×7 | 15.20(15.24) | 1860 | 260 | 288 | 229 | 3.5 | 80 | 4.5 |
| | 15.70 | | 279 | 309 | 246 | | | |
| | 17.80(17.78) | | 355 | 391 | 311 | | | |
| | 18.90 | | 409 | 453 | 360 | | | |
| | 21.60 | | 530 | 587 | 466 | | | |
| | 9.50(9.53) | 1960 | 107 | 118 | 94.2 | | | |
| | 11.10(11.11) | | 145 | 160 | 128 | | | |
| | 12.70 | | 193 | 213 | 170 | | | |
| | 15.20(15.24) | | 274 | 302 | 241 | | | |
| 1×7I | 12.70 | 1860 | 184 | 203 | 162 | | | |
| | 15.20(15.24) | | 260 | 288 | 229 | | | |
| (1×7)C | 12.70 | 1860 | 208 | 231 | 183 | | | |
| | 15.20(15.24) | 1820 | 300 | 333 | 264 | | | |
| | 18.00 | 1720 | 384 | 428 | 338 | | | |

## 四、钢绞线的试样要求及不合格品的复检和取样要求

钢绞线检测试样数量见表12-6，力学检测试样长度根据材料品种及测试设备确定，以确保能够正常检测技术指标。

表 12-6　钢绞线检测试样数量

| 序号 | 检测项目 | 取样数量 | 取样部位 |
|---|---|---|---|
| 1 | 表面 | 逐盘卷 | — |
| 2 | 外形尺寸 | 逐盘卷 | — |

续表

| 序号 | 检测项目 | 取样数量 | 取样部位 |
|---|---|---|---|
| 3 | 钢绞线拉伸性能 | 3 根/每批 | |
| 4 | 整根钢绞线最大力 | 3 根/每批 | |
| 5 | 0.2%屈服力 | 3 根/每批 | 在每（任）盘卷中 |
| 6 | 最大力总伸长率 | 3 根/每批 | 任一段取样 |
| 7ᵃ | 弹性模量 | 3 根/每批 | |
| 8ᵇ | 应力松弛性能 | 不小于一根/每合同批 | |

a 当需方要求测定；
b 在特殊情况下，松弛试验可由工厂连续检验提供同一种原料、同一生产工艺的数据所替代。

当某一项检验结果不符合标准相应规定时，则该盘不得交货。并从同一批未经实验的钢绞线盘卷中取双倍数量的试样进行该不合格项目的复验，复验结果即使只有一个试样不合格，则整批钢绞线不得交货，或进行逐盘检验合格者交货。

# 第二节　试　　验

## 一、钢绞线拉伸检测

检测主要依据标准：
《预应力混凝土用钢材试验方法》（GB/T 21839—2008）；
《预应力混凝土用钢绞线》（GB/T 5224—2014）。

### 1. 主要仪器

（1）试验机：符合《静力单轴试验机的检验 第1部分：拉力和（或）压力试验机测力系统的检验与标准》（GB/T 16825.1—2008），至少为Ⅰ级精度。

（2）引伸计：测定测定 $F_{P0.1}$ 或 $F_{P0.2}$ 时，符合《单轴试验用引伸计的标定》（GB/T 12160—2002）中的1级。测定 $A_{gt}$ 符合《单轴试验用引伸计的标定》（GB/T 12160—2002）中的2级。

（3）夹具：合适的夹具避免在夹具内或夹具附近断裂（不推荐使用预制场张拉钢绞线的夹具进行钢绞线拉伸试验）。夹具可按下列内容选择：

① 带齿（注1）标准V型夹具。

② 带齿（注1）标准V型夹具并使用衬垫材料，该方法是将一些材料放置在夹具和试样之间，使齿咬入的影响最小化。可选用过的材料有铅箔、铝箔、金刚砂布等。材料的种类、厚度取决于夹具齿的形状、条件和粗糙程度。

③ 带齿（注1）标准V型夹具，对试样被夹持的部分进行特殊的准备——使用的方法之一是镀锡，这时，夹持的部分被清洁、助熔。多次浸入刚高于熔点的熔化的锡合金中。试样准备的另一种方法就是将夹持部分装入金属或柔韧性的导管，使用环氧树脂粘接，装入部分应近似是钢绞线捻距的两倍。

④ 平滑的特殊夹具，半圆柱状凹槽（注2）——凹槽和试样的被夹持部分应涂磨料浆，使试样固定在平滑凹槽中以防止打滑。磨料浆是由氧化铝以水或甘油为载体的物质组成。

⑤ 用于钢丝绳类型的标准铸头——试样的被夹持部分被锚固在锌合金中，应按照钢丝绳行业中的铸头工艺进行。

⑥ 耐张线夹——这些装置的尺寸设计应适合每一种被试验的钢绞线的尺寸。

注1：齿的数量大约在每厘米5～10个，最小有效夹持长度大约102mm。

注2：凹槽曲率半径应近似相同于被试验钢绞线的半径。圆心应在超出夹具板面0.79mm，防止试样在夹具中间夹持时两夹具表面紧密靠拢。

**2. 检测步骤**

（1）制样：

如果采用镀锡或用金属材料铸头制样，金属融熔温度不宜太高，超过大约370℃，试样可能受到热影响，从而引起强度和延展性的损失。如果使用这些方法制样，应小心控制温度。

（2）试样拉伸：按《金属材料 拉伸试验 第1部分：室温试验方法》（GB/T 228.1—2010）的要求进行。

① 屈服力——为确定屈服力，在试样上加预期最小破断负荷10%的初始负荷，然后挂上引伸计，调整引伸计读数0.1%标距，然后加载直到引伸计达到1%，记录这时的伸长负荷为屈服力。当屈服强度确定后，引伸计可以从试样上摘下。

② 伸长率——为确定伸长率，标距至少500mm，在试样上施加规定最小破断力10%的初始负荷，然后挂上引伸计（注3），调整引伸计读数到0点，当超过最小伸长率，在试样断裂之前可以摘下引伸计。没有必要确定最终的伸长率。

③ 破断力——绞线中一根或多根钢丝断裂时的最大力为破断力（注4）。

注3：屈服力引伸计和伸长率引伸计可能是同样的仪器或两个分开的仪器。两个分开的引伸计是可行的，由于屈服力引伸计更灵敏，当钢绞线断裂时可能会损坏，因此当确定了屈服力后引伸计可以摘下。伸长率引伸计可以使用稍低灵敏度或者试样断裂时不易损坏的引伸计。

注4：试样在引伸计外部断裂或在夹具中断裂，达到最小规定值时，认为产品符合产品标准要求。不论采用什么样的加持方式，试样断在夹具中且未达到最小规定值时，建议进行重新试验。试样断在夹具和引伸计之间未达到最小规定值时，需要按照相关标准规定确定是否进行重新试验。

**3. 检测结果**

（1）最大力及抗拉强度

试样在夹头内或距钳口2倍钢绞线公称直径内断裂，达不到标准性能时，试验无效。计算抗拉强度时取钢绞线的公称横截面积 $S_n$，即：

$$R_m = F_m/S_n$$

式中 $R_m$——钢绞线抗拉强度，MPa；

$F_m$——钢绞线最大力，N；

$S_n$——钢绞线公称横截面积，$mm^2$。

（2）屈服力 $F_{P0.2}$

屈服力采用引伸计标距（不小于一个捻距）的非比例延伸达到引伸计标距0.2%时所受的力 $F_{P0.2}$（kN）。

（3）最大力总伸长率 $A_{gt}$

$A_{gt}$的精确值要用引伸计测定。引伸计不能延伸到试样断裂时，按下述方法计算伸长率 $A_t$，来代替 $A_{gt}$：

① 计算伸长率稍大于 $F_{P0.2}$ 的伸长率（$A$%）时，此时取下引伸计，记录试验机上下工

作台的距离（$L_0$）mm，加荷至试样断裂，记录试验机上下工作台的最终距离（$L_1$）mm。

② 计算两次试验机上下工作台的距离之差（$L_1 - L_0$）mm，将此差值与试验机上下工作台的距离（$L_0$）之比和用引伸计测得的百分数相加即为断裂总伸长率 $A_t$。即：

$$A_t = \frac{L_1 - L_0}{L_0} + A\%$$

式中　$A_t$——最大力总伸长率的代替值，%；

　　　$L_1$——试样断裂，试验机上下工作台的最终距离，mm；

　　　$L_0$——伸长率稍大于 $F_{P0.2}$ 伸长率时，试验机上下工作台的距离，mm；

　　　$A$——伸长率稍大于 $F_{P0.2}$ 的伸长率，%。

（4）弹性模量 $E$

在力-伸长率曲线中，用 $0.2F_m$ 到 $0.7F_m$ 范围内的直线段的斜率 $K$（斜率可以通过对测定数据进行线性回归得出，也可以用最优拟合目测法得出，测定弹性模量力值范围内应力速率保持不变）除以试样的公称面积（$S_n$），即：

$$E = K/S_n$$

式中　$E$——弹性模量，MPa；

　　　$K$——$0.2F_m$ 到 $0.7F_m$ 范围内的直线段的斜率，N；

　　　$S_n$——试样的公称面积，$mm^2$。

## 二、锚具夹具和连接器洛氏硬度检测

检测主要依据标准：

《预应力筋用锚具、夹具和连接器》（GB/T 14370—2015）；

《金属材料 洛氏硬度试验 第1部分：试验方法（A、B、C、D、E、F、G、H、K、N、T标尺）》（GB/T 230.1—2012）。

### 1. 主要仪器

主要仪器和测量系统均要符合《金属材料 洛氏硬度试验 第2部分：硬度计（A、B、C、D、E、F、G、H、K、N、T标尺）的检验与校准》（GB/T 230.2—2012）的要求。

（1）硬度计：硬度计应能按表12-3施加预定的试验力。

（2）压头：金刚石圆锥压头，锥角为120°，顶部曲率半径为0.2mm。硬质合金球压头的直径为1.5875mm或3.175mm。

"扫扫看"
洛氏硬度计

### 2. 试样

（1）除非产品或材料标准另有规定，试样表面应平坦光滑，并且不应有氧化皮及外来污物，尤其不应有油脂，试样的表面应能保证压痕深度的精确测量。建议试样表面粗糙度 $R_a$ 不大于 $1.6\mu m$。在做可能会与压头粘结的活性金属的硬度试验时，例如钛，可以使用某种合适的油性介质（例如煤油）。使用的介质应在试验报告中注明。

"扫扫看"
数显洛氏硬度计

（2）试验后试样背面不应出现可见变形。对于用金刚石圆锥压头进行的试验，试样或试验层厚度应不小于残余压痕深度的10倍；对于用球压头进行的试验，试样或试验层的厚度应不小于残余压痕深度的15倍。除非可以证明使用较薄的试样对试验结果没有影响。

**3. 检测步骤**

试验一般在 10～35℃室温下进行。洛氏硬度试验应选择在较小的温度变化范围内进行，因为温度的变化可能会对试验结果有影响。试样和硬度计的温度也可能会影响试验结果，因此试验人员应确保试验温度不会影响试验结果。

（1）试样应平稳地放在刚性支承物上，并使压头轴线与试样表面垂直，避免试样产生位移。如果使用固定装置，应与《金属材料 洛氏硬度试验 第 2 部分：硬度计（A、B、C、D、E、F、G、H、K、N、T 标尺）的检验与校准》（GB/T 230.2—2012）的规定一致。

（2）在大量试验前或距上次试验超过 24h，以及移动或更换压头或载物台之后，应确定硬度计的压头和载物台安装正确，上述调整后的前两次试验结果应舍弃。

（3）对圆柱形试样作适当支承，例如放置在洛氏硬度值不低于 60HRC 的带有 V 型槽的试台上，尤其应注意使压头、试件、V 型槽与硬度计支座中心对中。

（4）使压头与表面接触，无冲击和振动地施加初始试验力 $F_0$，初始试验力保持时间不应超过 3s。对于电子控制的硬度计，施加初始试验力的时间（$T_a$）和初始试验力保持时间（$T_{pm}$）之和满足公式：

$$T_P = T_a/2 + T_{pm} \leqslant 3s$$

式中　$T_P$——初始试验力施加总时间，s；

　　　$T_a$——初始试验力施加时间，s；

　　　$T_{pm}$——初始试验力保持时间，s。

（5）无冲击和无振动或无摆动地将测量装置调整至基准位置，从初始试验力 $F_0$ 施加至总试验力 $F$ 的时间应不小于 1s 且不大于 8s（一般情况下，对于约 60HRC 的试样从 $F_0$ 至 $F$ 的时间为 2～3s。对于 N 和 T 标尺的硬度，约为 78HR30N 的试样建议加力时间为 1～1.5s）。

（6）总试验力 $F$ 保持时间为（4±2）s，然后卸除主试验力 $F_1$，保持初试验力 $F_0$，经短时间稳定后，进行读数。对于压头持续压入而呈现过度塑性流变（压痕蠕变）的试样，应保持施加全部试验力。当产品标准中另有规定时，施加全部试验力的时间可以超过 6s（此时，实际施加试验力的时间应在试验结果中注明，例如：65HRFW，10s）。

（7）试验过程中，硬度计应避免受到冲击或振动。两相邻压痕中心之间的距离至少应为压痕直径的 4 倍，并且不应小于 2mm。任一压痕中心距试样边缘的距离至少应为压痕直径的 2.5 倍，并且不应小于 1mm。

**4. 检测结果**

检测结果应至少精确至 0.5HR。

洛氏硬度值用表 12-7 中给出的公式由残余压痕深度 $h$（mm）计算出，$h$ 通常从测量装置中直接读数。

表 12-7　洛氏硬度值计算公式

| 符　号 | 计算公式 |
|---|---|
| HRA、HRC、HRD | 洛氏硬度＝$100 - h/0.002$ |
| HRB、HRE、HRF、HRG、HRH、HRK | 洛氏硬度＝$130 - h/0.002$ |
| HRN、HRT | 表面洛氏硬度＝$100 - h/0.001$ |

# 附　　录

## 第一部分　土建原材检测取样

### 一、水泥

依据：《通用硅酸盐水泥》（GB 175—2007）、《混凝土质量控制标准》（GB 50164—2011）、《混凝土结构工程施工质量验收规范》（GB 50204—2015）。

**1. 取样方法**

取样方法按《水泥取样方法》（GB/T 12573—2008）进行（详见第二章第一节 六　水泥抽样方法、仲裁）。可连续取，亦可从 20 个以上不同部位取等量样品，总量至少 12kg。

**2. 取样批量**

出厂抽检：按同品种、同强度等级编号和取样。袋装和散装水泥应分别进行编号和取样。每一编号为一个取样单位。水泥出厂编号按年生产能力规定：

$200 \times 10^4$ t 以上，不超过 4000t 为一编号；

$120 \times 10^4 \sim 200 \times 10^4$ t 以上，不超过 2400t 为一编号；

$60 \times 10^4 \sim 120 \times 10^4$ t 以上，不超过 1000t 为一编号；

$30 \times 10^4 \sim 60 \times 10^4$ t 以上，不超过 600t 为一编号；

$10 \times 10^4 \sim 30 \times 10^4$ t 以上，不超过 400t 为一编号；

$10 \times 10^4$ t 以下，不超过 200t 为一编号。

当散装水泥运输工具超过该厂规定出厂编号吨数时，允许该编号的数量超过取样规定吨数。

进场（厂）（施工）抽样：按同一生产厂家、同一等级、同一品种、同一批号且连续进场（厂）的水泥，袋装不超过 200t 为一批，散装不超过 500t 为一批，每批抽样不少于一次。

### 二、石灰（生石灰和消石灰）

依据：《石灰取样方法》（JC/T 620—2009）、《建筑生石灰》（JC/T 479—2013）、《建筑消石灰》（JC/T 481—2013）。

**1. 取样方法**

（1）袋装取样

采用专用取样管。从每批袋装的生石灰粉或消石灰粉中随机抽取十袋（袋应完整无损），将取样管从袋口斜插到袋内适当深度，取出一管芯石灰。每袋取样不少于 500g。取出的份样立即装入干燥、密闭、防潮的容器中。

（2）散装车取样

采用专用取样管。在整批散装石灰粉的不同部位随机选取 10 个取样点，将取样管插入石灰适当深度，取出一管芯石灰，每份取样不少于 500g。取出的份样立即装入干燥、密闭、防潮的容器中。

（3）输送机口或包装机出料口取样

采用专用取样铲。从一批流动的石灰粉或消石灰粉中有规律地间隔取 10 份样，每份不少于 500g。取出的份样立即装入干燥、密闭、防潮的容器中。

取得混合样，将份样均匀混合好后，采用四分法将其缩分到：生石灰不少于 9kg，生石灰粉或消石灰粉不少于 1kg。将缩分后的混合样均分成试样与封存样。

**2. 取样批量**

以班产量或日产量为一批。

## 三、石膏

依据：《建筑石膏》（GBT 9776—2008）。

**1. 取样方法**

产品袋装，从一批产品中随机抽取 10 袋，每袋抽取约 2kg，总共不少于 20kg；产品散装时，在产品卸料处或输送机具上，每三分钟抽取约 2kg，总共不少于 20kg。

将抽取试样搅拌均匀，一分为二，一份检测，另一份密封保存三个月，以备复验。

**2. 取样批量**

年产量小于 15 万 t 的生产厂，以不超过 60t 为一批；年产量等于或大于 15 万 t 的生产厂，以不超过 120t 为一批。产品不足一批时按一批计。

## 四、粉煤灰

依据：《用于水泥和混凝土中的粉煤灰》（GB/T 1596—2017）、《混凝土结构工程施工质量验收规范》（GB 50204—2015）。

**1. 取样方法**

按《水泥取样方法》（GB/T 12573—2008）进行。取样应有代表性，可连续取，也可从 10 个以上不同部位取等量样品，总量至少 3kg。对于拌制混凝土和砂浆用粉煤灰，买方可对其进行随机抽样。

**2. 取样批量**

粉煤灰出厂前按同种类、同等级编号和取样。散装粉煤灰和袋装粉煤灰应分别进行编号和取样。不超过 500t 为一编号，每一编号为一取样单位。当散装粉煤灰运输工具的容量超过该厂规定出厂编号吨数时，允许该编号的数量超过取样规定吨数。粉煤灰质量按干灰（含水量小于 1%）的质量计算。

粉煤灰作为混凝土矿物掺合料的取样批量规定：按同一生产厂家、同一品种、同一批号且连续进场的粉煤灰，袋装不超过 200t 为一批，散装不超过 500t 为一批，每批抽样数量不应少于一次。

## 五、矿粉

依据：《用于水泥、砂浆和混凝土中的粒化高炉矿渣粉》（GB/T 18046—2017）、《混凝土结构工程施工质量验收规范》（GB 50204—2015）、《高强高性能混凝土用矿物外加剂》（GB/T 18736—2017）。

**1. 取样方法**

取样按《水泥取样方法》（GB/T 12573—2008）规定进行，取样应有代表性，可连续取样，也可以在 20 个以上部位取等量样品，总量至少 20kg。试样应混合均匀，按四分法缩取出比试验所需量大一倍的试样。

**2. 取样批量**

矿渣粉出厂前，按同级别进行组批和取样。每一批号为一个取样单位。矿渣粉出厂批号按矿渣粉单线年生产能力规定为：

$60 \times 10^4$ t 以上，不超过 2000t 为一批号；

$30 \times 10^4$ ~ $60 \times 10^4$ t 以上，不超过 1000t 为一批号；

$10 \times 10^4$ ~ $30 \times 10^4$ t 以上，不超过 600t 为一批号；

$10 \times 10^4$ t 以下，不超过 200t 为一批号。

作为混凝土矿物掺合料的取样批量规定：按同一生产厂家、同一品种、同一批号且连续进场的矿渣粉，袋装不超过 200t 为一批，散装不超过 500t 为一批，每批抽样数量不应少于一次。

出厂作为矿物外加剂，磨细矿渣日产 100t 及以下的，50t 为一个取样单位；日产大于 100t 且不大于 2000t 的，250t 为一个取样单位；日产大于 2000t 的，500t 为一个取样单位。

## 六、硅灰

依据：《砂浆和混凝土用硅灰》（GB/T 27690—2011）、《混凝土结构工程施工质量验收规范》（GB 50204—2015）、《高强高性能混凝土用矿物外加剂》（GB/T 18736—2017）。

**1. 取样方法**

取样按《水泥取样方法》（GB/T 12573—2008）进行，取样应有代表性，可连续取也可以从 10 个以上不同部位取等量样品，总量至少 5kg（作为矿物外加剂总量至少 4kg），硅灰浆至少 15kg，试样应混合均匀。

**2. 取样批量**

以 30t 相同种类的硅灰/硅灰浆为一个检脸批，不足 30t 计一个检验批。生产厂的同一批硅灰试样应分为两等份，一份供产品出厂检测用，另一份密封保存 6 个月，以备复验或仲裁时用。

作为混凝土矿物掺合料的取样批量规定：按同一生产厂家、同一品种、同一批号且连续进场的矿物掺合料，硅灰不超过 50t 为一批，每批抽样数量不应少于一次。

出厂作为矿物外加剂，同类同等级编号和取样，每一编号为一个取样单位。以 30t 为一个取样单位，数量不足者也以一个取样单位计。

## 七、混凝土骨料

### 1. 粗骨料

依据：《建设用卵石、碎石》（GB/T 14685—2011）。

（1）取样方法、数量及试样规格

在料堆上取样时，取样部位应均匀分布。取样前，现将取样部位表层铲除，然后从不同部位随机抽取大致等量的石子 15 份（在料堆的顶部、中部和底部均匀分布的 15 个不同部位取得）组成一组样品。

在皮带运输机上取样时，应用接料器在皮带运输机机头的出料处，用与皮带等宽的容器，全断面定时抽取大致等量的石子 8 份，组成一组样品。

从火车、汽车、货船上取样时，从不同部位和深度随机抽取大致等量的石子 16 份，组成一组样品。

将所取样品置于平板上，在自然状态下拌和均匀，并堆成堆体，然后沿相互垂直的两条直径把堆体分成大致相等的 4 份，取其中对角线的两份重新拌匀，再堆成堆体。重复上述过程，直至把样品缩分到试验所需量为止。

堆积密度试验所用试样可不经缩分，在拌匀后直接进行试验。

石子单项试验的最小取样数量见附表 1。若进行几项试验时，如果能保证试样经一项试验后不至影响另一项试验的结果，可用同一试样进行几项不同的试验。

**附表 1　石子单项试验的最小取样数量**

| 序号 | 检测项目 | 最大粒径/mm | | | | | | | |
| --- | --- | --- | --- | --- | --- | --- | --- | --- | --- |
| | | 9.5 | 16.0 | 19.0 | 26.5 | 31.5 | 37.5 | 63.0 | 75.0 |
| | | 最小取样质量/kg | | | | | | | |
| 1 | 颗粒级配 | 9.5 | 16.0 | 19.0 | 25.0 | 31.5 | 37.5 | 63.0 | 80.0 |
| 2 | 含泥量 | 8.0 | 8.0 | 24.0 | 24.0 | 40.0 | 40.0 | 80.0 | 80.0 |
| 3 | 泥块含量 | 8.0 | 8.0 | 24.0 | 24.0 | 40.0 | 40.0 | 80.0 | 80.0 |
| 4 | 针、片状颗粒含量 | 1.2 | 4.0 | 8.0 | 12.0 | 20.0 | 40.0 | 40.0 | 40.0 |
| 5 | 有机物含量 | 按试验要求的粒级和数量取样 | | | | | | | |
| 6 | 硫酸盐和硫化物含量 | | | | | | | | |
| 7 | 坚固性 | | | | | | | | |
| 8 | 岩石的抗压强度 | 随机选取完整石块锯切或钻取成试样用样品 | | | | | | | |
| 9 | 压碎指标 | 按试验要求的粒级和数量取样 | | | | | | | |
| 10 | 表观密度 | 8.0 | 8.0 | 8.0 | 8.0 | 12.0 | 16.0 | 24.0 | 24.0 |
| 11 | 堆积密度与空隙率 | 40.0 | 40.0 | 40.0 | 40.0 | 80.0 | 80.0 | 120.0 | 120.0 |
| 12 | 吸水率 | 2.0 | 4.0 | 8.0 | 12.0 | 20.0 | 40.0 | 40.0 | 40.0 |
| 13 | 碱骨料反应 | 20.0 | 20.0 | 20.0 | 20.0 | 20.0 | 20.0 | 20.0 | 20.0 |
| 14 | 放射性 | 6.0 | | | | | | | |
| 15 | 含水率 | 按试验要求的粒级和数量取样 | | | | | | | |

（2）取样批量

按同分类、类别、公称粒级及日产量每 600t 为一批，不足 600t 亦为一批，日产量超过 2000t，按 1000t 为一批，不足 1000t 亦为一批。日产量超过 5000t，按 2000t 为一批，不足 2000t 亦为一批。

## 2. 细骨料

依据：《建设用砂》（GB/T 14684—2011）。

（1）取样方法、数量

在料堆上取样时，取样部位应均匀分布。取样前先将取样部位表面铲除，然后从不同部位随机抽取大致等量的砂 8 份，堆成一组样品。

从皮带运输机上取样时，用与皮带等宽的接料器在皮带运输机机头出料处全断面定时随机抽取大致等量的砂 4 份，组成一组样品。

从火车、汽车、货船上取样时，从不同部位和深度随机抽取大致等量的砂 8 份，组成一组样品。

样品取毕，要缩分至试样所需量，可采用分料器法和人工四分法。堆积密度和机制砂坚固性试验所用试样不经缩分，拌匀后直接进行试验。

① 用分料器法：将样品在潮湿状态下拌和均匀，然后通过分料器，取接料斗中的其中一份再次通过分料器。重复上述过程，直至把样品缩分至试验所需的量。

② 人工四分法：将所需样品置于平板上，在潮湿状态下拌和均匀，并堆成厚度约为 20mm 的圆饼，然后沿相互垂直的两条直径把圆饼分成大致相等的四份，取其中对角线的两份重新拌匀，再堆成饼。重复上述过程，直至把样品缩分至试验所需的量。

单项试验的最小取样数量见附表 2。若进行几项试验时，如果能保证试样经一项试验后不至影响另一项试验的结果，可用同一试样进行几项不同的试验。

附表 2　砂单项试验的最小取样质量

| 序号 | 检测项目 | | 最小取样质量/kg |
|---|---|---|---|
| 1 | 颗粒级配 | | 4.4 |
| 2 | 含泥量 | | 4.4 |
| 3 | 泥块含量 | | 20.0 |
| 4 | 石粉含量 | | 6.0 |
| 5 | 云母含量 | | 0.6 |
| 6 | 轻物质含量 | | 3.2 |
| 7 | 有机物含量 | | 2.0 |
| 8 | 硫化物与硫酸盐含量 | | 0.6 |
| 9 | 氯化物含量 | | 4.4 |
| 10 | 贝壳含量 | | 9.6 |
| 11 | 坚固性 | 天然砂 | 8.0 |
| | | 机制砂 | 20.0 |
| 12 | 表观密度 | | 2.6 |
| 13 | 松堆密度与空隙率 | | 5.0 |

| 序号 | 检测项目 | 最小取样质量/kg |
|------|----------|-----------------|
| 14 | 碱骨料反应 | 20.0 |
| 15 | 放射性 | 6.0 |
| 16 | 饱和面干吸水率 | 4.4 |

（2）取样批量

按同分类、规格、类别及日产量每 600t 为一批，不足 600t 亦为一批，日产量超过 2000 t，按 1000t 为一批，不足 1000t 亦为一批。

## 八、建筑砂浆

依据：《建筑砂浆基本性能试验方法》（JGJ/T 70—2009）、《砌体结构工程施工质量验收规范》（GB 50203—2011）。

### 1. 取样方法

建筑砂浆试验用料应从同一盘砂浆或同一车砂浆中取样。取样量不应少于试验所需量的 4 倍。当施工过程中进行砂浆试验时，砂浆取样方法应按相应的施工验收规范执行（在砂浆搅拌机出料口或在湿拌砂浆的储存容器出料口随机取样制作砂浆试块，现场拌制的砂浆，同盘砂浆只应作 1 组试块，试块标养 28d 后作强度试验。预拌砂浆中的湿拌砂浆稠度应在进场时取样检验），并宜在现场搅拌点或预拌砂浆卸料点的至少 3 个不同部位及时取样。对于现场取得的试样，试验前应人工搅拌均匀。从取样完毕到开始进行各项性能试验，不宜超过 15min。

### 2. 取样批量

砌筑砂浆的验收批，同一类型、强度等级的砂浆试块不应少于 3 组；同一验收批砂浆只有 1 组或 2 组试块时，每组试块抗压强度平均值应大于或等于设计强度等级值的 1.10 倍；对于建筑结构的安全等级为一级或设计使用年限为 50 年及以上的房屋，同一验收批砂浆试块的数量不得少于 3 组。

每一检验批且不超过 250m³ 砌体的各类、各强度等级的普通砌筑砂浆，每台搅拌机应至少抽检一次。验收批的预拌砂浆、蒸压加气混凝土砌块专用砂浆，抽检可为 3 组。

## 九、混凝土

依据：《混凝土结构工程施工质量验收规范》（GB 50204—2015）、《普通混凝土拌合物性能试验方法标准》（GB 50080—2016）。

### 1. 取样方法

同一组混凝土拌合物的取样，应在同一盘混凝土或同一车混凝土中取样。取样数量应多于试验所需量的 1.5 倍，且不宜小于 20L。混凝土拌合物取样应具有代表性，宜采用多次采样法。在同一盘混凝土或同一车混凝土中的 1/4 处、1/2 处和 3/4 处分别取样，并搅拌均匀；第一次取样和最后一次取样的时间间隔不宜超过 15min。取样后 5min 内开始各项性能试验。用于检查结构构件混凝土强度的标准养护试件，应在混凝土的浇筑地点随机抽取。

### 2. 取样批量

每拌制 100 盘且不超过 100m³ 的同一配合比混凝土，取样不得少于一次；每工作班拌制的同一配合比的混凝土不足 100 盘时，取样不得少于一次；每次连续浇筑超过 1000m³ 时，同一配合比的混凝土每 200m³ 取样不得少于一次；每一楼层、同一配合比混凝土，取样不得少于一次；每次取样应至少留置一组试件。

## 十、防水涂料和卷材

依据：《屋面工程质量验收规范》（GB 50207—2012）、《地下防水工程质量验收规范》（GB 50208—2011）。

### 1. 取样方法

防水材料品种较多，防水涂料的抽样方法按不同产品的相关标准要求进行，如聚氨酯防水涂料型式检验：每批产品中随机抽取两组样品，一组用于检验，另一组样品封存备用。每组至少 5kg（多组分产品按比例抽取），抽样前产品应搅拌均匀。若采用喷涂方式，取样数量根据需要抽取。沥青和高分子防水卷材抽样方法按本书第七章第一节相关内容进行。

### 2. 取样批量

（1）屋面工程防水材料按附表 3 进行。

附表 3  屋面工程防水卷材和涂料抽样批量

| 序号 | 名称 | 现场抽样批量 |
|---|---|---|
| 1 | 高聚物改性沥青防水卷材 | 大于 1000 卷抽 5 卷，每 500～1000 卷抽 4 卷，100～499 卷抽 3 卷，100 卷以下抽 2 卷 |
| 2 | 合成高分子防水卷材 | |
| 3 | 高聚物改性沥青防水涂料 | 每 10t 为一个批，不足 10t 按一批抽样 |
| 4 | 合成高分子防水涂料 | |
| 5 | 聚合物水泥防水涂料 | |

（2）地下工程防水材料抽样按附表 4 进行。

附表 4  地下工程防水卷材和涂料抽样批量

| 序号 | 名称 | 现场抽样批量 |
|---|---|---|
| 1 | 高聚物改性沥青防水卷材 | 大于 1000 卷抽 5 卷，每 500～1000 卷抽 4 卷，100～499 卷抽 3 卷，100 卷以下抽 2 卷 |
| 2 | 合成高分子防水卷材 | |
| 3 | 有机水涂料 | 每 5t 为一个批，不足 5t 按一批抽样 |
| 4 | 无机防水涂料 | 每 10t 为一个批，不足 10t 按一批抽样 |
| 5 | 膨润土防水材料 | 每 100 卷为一批，不足 100 卷按 1 批抽样；100 卷以下抽 5 卷 |

## 十一、钢筋

依据：《钢筋混凝土用钢 第1部分：热轧光圆钢筋》（GB/T 1499.1—2017）、《钢筋混凝土用钢 第2部分 热轧带肋钢筋》（GB/T 1499.2—2018）、《混凝土结构工程施工质量验收规范》（GB 50204—2015）、《钢和铁 化学成分测定用试样的取样和制样方法》（GB/T 20066—2006）。

**1. 取样方法**

（1）热轧光圆钢筋取样方法按附表5进行。

附表5　热轧光圆钢筋取样方法和数量

| 序号 | 检测项目 | 取样数量/个 | 取样方法 | |
|---|---|---|---|---|
| 1 | 化学分析（熔炼分析） | 1 | 去除表面涂层、除湿、除尘以及除去其他形式的污染；应尽可能避开孔隙、裂纹、疏松、毛刺、折叠或其他表面缺陷；质量应足够大以便可能进行必要的复验。对屑状或粉末状样品，其质量一般为100g | |
| 2 | 拉伸 | 2 | 不同根（盘）钢筋切取 | 不允许平削加工 |
| 3 | 弯曲 | 2 | 不同根（盘）钢筋切取 | |
| 4 | 尺寸 | 逐支（盘） | — | |
| 5 | 表面 | 逐支（盘） | — | |
| 6 | 重量偏差 | ≥5，每支长度≥500mm | 不同的钢筋上截取 | |

（2）热轧带肋钢筋取样方法按附表6进行。

附表6　热轧带肋钢筋取样方法

| 序号 | 检测项目 | 取样数量/个 | 取样方法 | |
|---|---|---|---|---|
| 1 | 化学分析（熔炼分析） | 1 | 去除表面涂层、除湿、除尘以及除去其他形式的污染；应尽可能避开孔隙、裂纹、疏松、毛刺、折叠或其他表面缺陷；质量应足够大以便可能进行必要的复验；对屑状或粉末状样品，其质量一般为100g | |
| 2 | 拉伸 | 2 | 不同根（盘）钢筋切取 | |
| 3 | 弯曲 | 2 | 不同根（盘）钢筋切取 | 不允许平削加工 |
| 4 | 反向弯曲 | 1 | 任一根（盘）钢筋切取 | |
| 5 | 重量偏差 | ≥5，每支长度≥500mm | 不同的钢筋上截取 | |
| 6 | 尺寸 | 逐支（盘） | — | |
| 7 | 表面 | 逐支（盘） | — | |
| 8 | 疲劳性能 | 5 | 不同根（盘）钢筋切取 | |
| 9 | 晶粒度 | 2 | 不同根（盘）钢筋切取 | |

注：疲劳性能与晶粒度只进行型式试验。

**2. 取样批量**

（1）交货检验

钢筋按批进行检验，每一批由同一牌号、炉罐号、规格（尺寸）的钢筋组成。每批重量不大于60t。超过60t，每增加40t（或不足40t的余数），增加一个拉伸试验试样和弯曲试验试样。

（2）进场检验

钢筋进场检测，当满足① 经产品认证符合要求的钢筋；或② 同一工程、厂家、牌号、规格的钢筋、成型钢筋，连续3次进场检验均一次检验合格，其检验批容量扩大一倍。

成型钢筋进场时，同一工程、同一类型、同一原材料来源、同一组生产设备生产的成型钢筋，检验批量不应大于30t。

盘卷钢筋进场时，同一厂家、同一牌号、同一规格调直钢筋，重量不大于30t为一批；每批见证取3件试件。当连续三批检验均一次合格时，检验批的容量可扩大为60t。

## 十二、化学外加剂

依据：《混凝土结构工程施工质量验收规范》（GB 50204—2015）、《混凝土外加剂》（GB 8076—2008）、《混凝土外加剂应用技术规范》（GB 50119—2013）。

**1. 取样方法**

化学外加剂取样有点样和混合样两种。点样是在一次生产产品时所取得的1个试样。混合样是3个或更多的点样等量均匀混合而取得的。每一批号取样量不少于0.2t水泥所需用的外加剂量。每一批号取样应充分混匀，分为两等份，其中一份按检测项目进行试验，另一份密封保存半年，以备有疑问时，提交国家指定的检验机关进行复验或仲裁。

**2. 取样批量**

生产厂应根据产量和生产设备条件，将产品分批编号。掺量大于1％（含1％）同品种的外加剂每一批号为100t，掺量小于1％的外加剂每一批号为50t。不足100t或50t的也应按一个批量计，同一批号的产品必须混合均匀。

混凝土外加剂进场（厂）时，按同一生产厂家、同一等级、同一品种、同一批号且连续进场（厂）的外加剂，不超过5t为一批，每批抽样数量不应少于一次。

各类混凝土外加剂进场取样批量也可按《混凝土外加剂应用技术规范》（GB 50119—2013）进行。该规范中详细地规定了每一种混凝土外加剂进场取样批量。

## 十三、墙体块状材料

**1. 烧结普通砖**

依据：《烧结普通砖》（GB/T 5101—2017）。

（1）取样方法

外观质量检测的试样采用随机抽样法，在每一检验批的产品堆垛中抽取。尺寸偏差和其他检验项目样品用随机抽样方法从外观质量检验后的样品中抽取。抽样数量按附表7进行。

附表7　烧结普通砖抽样数量

| 序号 | 检测项目 | 取样数量/块 |
|---|---|---|
| 1 | 外观质量 | 50 |
| 2 | 尺寸偏差 | 20 |
| 3 | 强度等级 | 10 |
| 4 | 泛霜 | 5 |
| 5 | 石灰爆裂 | 5 |
| 6 | 吸水率和饱和系数 | 5 |
| 7 | 冻融 | 5 |
| 8 | 放射性 | 2 |
| 9 | 欠火砖、酥砖、螺旋纹砖 | 50 |

（2）取样批量

检验批的构成原则和批量大小按《砌墙砖检验规则》［JC 466—1992（1996）］规定。3.5～15万块为一批，不足3.5万块按一批计。

**2. 烧结空心砖和空心砌块**

依据：《烧结空心砖和空心砌块》（GB/T 13545—2014）。

（1）取样方法

外观质量和欠火砖（砌块）、酥砖（砌块）检测的样品采用随机抽样法，在每一检验批的产品堆垛中抽取。其他检验项目样品用随机抽样方法从外观质量检验合格的样品中抽取。抽样数量按附表8进行。

附表8　烧结空心砖和空心砌块抽样数量

| 序号 | 检测项目 | 取样数量/块 |
|---|---|---|
| 1 | 外观质量［欠火砖（砌块）、酥砖（砌块）］ | 50 |
| 2 | 尺寸偏差 | 20 |
| 3 | 强度 | 10 |
| 4 | 密度 | 5 |
| 5 | 孔排列及其结构 | 5 |
| 6 | 泛霜 | 5 |
| 7 | 石灰爆裂 | 5 |
| 8 | 吸水率和饱和系数 | 5 |
| 9 | 冻融 | 5 |
| 10 | 放射性核素限量 | 3 |

（2）取样批量

检验批的构成原则和批量大小按《砌墙砖检验规则》［JC 466—1992（1996）］规定。3.5～15万块为一批，不足3.5万块按一批计。

**3. 烧结多孔砖和多孔砌块**

依据：《烧结多孔砖和多孔砌块》（GB 13544—2011）。

（1）取样方法

外观质量检测的试样采用随机抽样法，在每一检验批的产品堆垛中抽取。其他检验项目样品用随机抽样方法从外观质量检验合格的样品中抽取。抽样数量按附表9进行。

附表9　烧结多孔砖和多孔砌块抽样数量

| 序号 | 检测项目 | 取样数量/块 |
|---|---|---|
| 1 | 外观质量 | 50 |
| 2 | 尺寸偏差 | 20 |
| 3 | 密度等级 | 3 |
| 4 | 强度等级 | 10 |
| 5 | 孔型孔结构及孔隙率 | 3 |
| 6 | 泛霜 | 5 |
| 7 | 石灰爆裂 | 5 |
| 8 | 吸水率和饱和系数 | 5 |
| 9 | 冻融 | 5 |
| 10 | 放射性核素限量 | 3 |

（2）取样批量

检验批的构成原则和批量大小按《砌墙砖检验规则》［JC 466—1992（1996）］规定。3.5～15万块为一批，不足3.5万块按一批计。

**4. 蒸压粉煤灰砖**

依据：《蒸压粉煤灰砖》（JC/T 239—2014）。

（1）取样方法

外观质量和尺寸偏差的检测样品用随机抽样法从每一检验批的产品中抽取。其他检验项目样品用随机抽样方法从外观质量和尺寸偏差检验合格的样品中抽取。抽样数量按附表10进行。

附表10　蒸压粉煤灰砖抽样数量

| 序号 | 检测项目 | 取样数量/块 |
|---|---|---|
| 1 | 外观质量和尺寸偏差 | 100 |
| 2 | 强度等级 | 20 |
| 3 | 吸水率 | 3 |
| 4 | 线性干燥收缩值 | 3 |
| 5 | 抗冻性 | 20 |
| 6 | 碳化系数 | 25 |
| 7 | 放射性核素限量 | 3 |

（2）取样批量

同一批原材料、同一工艺生产、同一规格型号、同一强度等级和同一龄期的每 10 万块为一批，不足 10 万块按一批计。

**5. 蒸压加气混凝土砌块**

依据：《蒸压加气混凝土砌块》（GB 11968—2006）。

（1）取样方法

同品种、规格、等级的砌块，随机抽取 50 块砌块，进行外观和尺寸偏差检测。从外观和尺寸偏差合格的砌块中随机抽取 6 块制作试件：其中干密度和强度级别检测试件各为 3 组 9 块，检测强度级别的试件应标注发气方向。

（2）取样批量

同品种、规格、等级的砌块，以 10000 块为一批，不足 10000 块亦为一批。

**6. 普通混凝土小型砌块**

依据：《普通混凝土小型砌块》（GB/T 8239—2014）。

（1）取样方法

每批随机抽取 32 块做尺寸偏差和外观质量检测。从外观和尺寸偏差合格的检验批中，随机按附表 11 抽取其他检测项目的试件数量。

附表 11　普通混凝土小型砌块检测样品数量

| 序号 | 检验项目 | 取样数量/块 | |
|---|---|---|---|
| | | $(H/B) \geqslant 0.6$ | $(H/B) < 0.6$ |
| 1 | 空心率 | 3 | 3 |
| 2 | 外壁和肋厚 | 3 | 3 |
| 3 | 强度等级 | 5 | 10 |
| 4 | 吸水率 | 3 | 3 |
| 5 | 线性干燥收缩值 | 3 | 3 |
| 6 | 抗冻性 | 10 | 20 |
| 7 | 碳化系数 | 12 | 22 |
| 8 | 软化系数 | 10 | 20 |
| 9 | 放射性核素限量 | 3 | 3 |

注：$H/B$ 为高宽比，即试样在实际使用状态下的承压高度与最小水平尺寸的比值。

（2）取样批量

同一种原料配制成的相同规格、龄期、强度等级和相同生产工艺生产的 500m³ 且不超过 3 万块砌块为一批，每周生产不足 500m³ 且不超过 3 万块砌块按一批计。

以上墙体块状材料检测的取样批量均为产品标准规定，按《砌体结构工程施工质量验收规范》（GB 50203—2011）要求检测砖的强度等级时，取样批量为：同一生产厂家，烧结普通砖、混凝土实心砖 15 万块，烧结多孔砖、混凝土多孔砖、蒸压灰砂砖及蒸压粉煤灰砖每10万块各为一检验批,不足上述数量时按一批计,抽检数量为一组。

## 十四、简易土工（回填土环刀取样）

依据:《建筑地基基础工程施工质量验收规范》（GB 50202—2002）、《建筑地基处理技术规范》（JGJ 79—2012）、《土工试验方法标准（2007版）》（GB/T 50123—1999）。

**1. 取样方法**

回填土（垫层）施工过程中,用环刀切取试样时,应分层取环刀样,取样点应选择位于每层垫层厚度2/3深度处。取样时应在环刀内壁涂一薄层凡士林,刃口向下放在土层上,刀背套上环刀手柄,将环刀垂直下压,直至环刀内被土样充满,取下环刀手柄,用切土刀或其他工具将环刀连同其中的土样从土层中取出,并确保土样高出刀口,并用切土刀沿环刀外侧切削土样,边压边削至土样高出环刀,根据试样的软硬采用钢丝锯或切土刀整平环刀两端土样,擦净环刀外壁,称量环刀和土的总质量。

**2. 取样批量**

每50～100m² 面积内应设不少于1个检测点,每个独立基础下,检测点不少于1个,条形基础每10～20m 设检测点不少于1个。

## 十五、钢绞线

依据:《预应力混凝土用钢绞线》（GB/T 5224—2014）。

**1. 取样方法**

钢绞线（出厂）取样方法按附表12进行。

附表12　钢绞线（出厂）取样方法和数量

| 序号 | 检查项目 | 取样数量 | 取样部位 |
|---|---|---|---|
| 1 | 表面 | 逐盘卷 | — |
| 2 | 外形尺寸 | 逐盘卷 | — |
| 3 | 钢绞线伸直性 | 3根/每批 | 每盘卷中任意一端截取 |
| 4 | 整根钢绞线最大力 | 3根/每批 | |
| 5 | 0.2%屈服力 | 3根/每批 | |
| 6 | 最大力总伸长率 | 3根/每批 | |
| 7 | 弹性模量 | 3根/每批 | |
| 8 | 应力松弛性能 | 不小于1根/每合同批 | |

**2. 取样批量**

每批钢绞线由同一牌号、同一规格、同一生产工艺捻制的钢绞线组成,每批质量不大于60t。

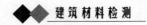

# 第二部分　检测原始记录及报告参考样表

# 主要参考文献

[1] 张亚梅．土木工程材料 ［M］．南京：东南大学出版社，2013．
[2] 肖桂元．土木工程试验 ［M］．湖南：湖南大学出版社，2014．
[3] 阎西康．土木工程材料（第1版）［M］．天津：天津大学出版社，2004．
[4] 李书进．土木工程材料 ［M］．重庆：大学出版社，2013．
[5] 邢振贤．土木工程材料 ［M］．郑州：郑州大学出版社，2006．
[6] 符芳．土木工程材料 ［M］．南京：东南大学出版社，2006．
[7] 逢鲁峰．土木工程材料 ［M］．北京：中国电力出版社，2012．
[8] 何廷树，王福川．土木工程材料 ［M］．北京：中国建材工业出版社，2013．
[9] 尚建丽．土木工程材料 ［M］．北京：中国建材工业出版社，2010．
[10] 张华．建筑材料检测 ［M］．北京：化学工业出版社，2013．
[11] 杨位洸．地基及基础 ［M］．北京：中国建筑工业出版社，1995．

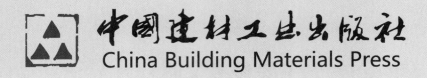

**中国建材工业出版社**
**China Building Materials Press**

我们提供

图书出版、广告宣传、企业/个人定向出版、图文设计、编辑印刷、创意写作、会议培训，其他文化宣传服务。

发展出版传媒　　　服务经济建设

传播科技进步　　　满足社会需求

| 编辑部 | 出版咨询 | 市场销售 | 门市销售 |
|---|---|---|---|
| 010-88385207 | 010-68343948 | 010-68001605 | 010-88386906 |

邮箱：jccbs-zbs@163.com　　　网址：www.jccbs.com